北 京 高 校 卓 越 青 年 科 学 家 计 划 项 目
北京市教育委员会科研计划重点项目/社会科学基金项目 联合资助出版
国家矿山安全监察局矿山安全生产科研攻关项目

“事故风险防控训练”培训法与事故案例解析

李全明 主编

气象出版社
China Meteorological Press

内容简介

本书基于我国安全生产形势总体稳定但重点行业风险依然严峻的背景，提出创新性的“事故风险防控训练”（简称“ARPT”）培训法。本书第一篇系统阐述“ARPT”培训法的概念和实施，第二篇汇编31个典型事故案例并深度解析，是“ARPT”培训法的具体应用。每个案例包括“事故详情”“事故教训与预防措施”“事故解析与风险防控”三大部分，其中“事故教训与预防措施”分为“存在的主要问题及教训”和“事故警示及预防措施”两个方面，是本书编写的重点，以生产经营单位落实主体责任为切入点，重点分析在风险管控和隐患排查治理中存在的突出问题，提出事故警示教训和防范同类事故的措施。

本书既可作为生产经营单位的安全培训教材，也可为安全监管部门制定政策提供参考，是提升全员安全素养、防范生产安全事故的实用指南。

图书在版编目（CIP）数据

“事故风险防控训练”培训法与事故案例解析 / 李全明主编. -- 北京 ： 气象出版社, 2025. 5. -- ISBN 978-7-5029-8482-3

Ⅰ. X928.03

中国国家版本馆 CIP 数据核字第 2025YY0452 号

“事故风险防控训练”培训法与事故案例解析

“Shigu Fengxian Fangkong Xunlian” Peixunfa yu Shigu Anli Jiexi

出版发行：气象出版社

地　　址：北京市海淀区中关村南大街 46 号　　**邮政编码**：100081

电　　话：010-68407112（总编室）　010-68408042（发行部）

网　　址：http：//www.qxcbs.com　　**E-mail**：qxcbs@cma.gov.cn

责任编辑：彭淑凡　　**终　　审**：张　斌

责任校对：张硕杰　　**责任技编**：赵相宁

封面设计：楠竹文化

印　　刷：三河市君旺印务有限公司

开　　本：710 mm×1000 mm　1/16　　**印　　张**：22.5

字　　数：466 千字

版　　次：2025 年 5 月第 1 版　　**印　　次**：2025 年 5 月第 1 次印刷

定　　价：88.00 元

本书编委会

主　　编：李全明

副主编：张　进　张　红　耿　超

编写人员：付搏涛　史先锋　田雍雍　陈　程
张美聪　魏　杰　王玉凯　褚衍玉
李　钢　鲁金涛　段志杰

序 1

安全生产是人类社会与工业文明发展进程中永恒的主题，其本质是科学与技术的实践，更是对生命尊严的坚守。习近平总书记高度重视安全生产工作，强调“安全生产是民生大事，一丝一毫不能放松”。近年来，随着我国工业化、城镇化进程的加速，安全生产领域面临的风险日益复杂化、多样化。《“事故风险防控训练”培训法与事故案例解析》一书的出版，恰如一面明镜，既映照出当前安全生产的痛点，也为解决安全培训有效性不足的问题提供了科学方法与技术路径。

北方工业大学城市安全与应急科研团队创新性地提出“事故风险防控训练”培训法（简称“ARPT”培训法），此培训法正是将工程学、管理学与行为科学深度融合的创新成果。其核心逻辑是“典型案例剖析→事故风险溯源→提出防控措施→事故推演训练”，体现了从“现象还原”到“本质挖掘”、从“被动应对”到“主动防御”的科学思维。这种以典型案例剖析为起点、以事故风险溯源为基础、以提出防控措施为关键、以事故推演训练为结果的闭环体系，完全契合现代安全工程“预防—控制—应急”的全周期理念。

“ARPT”培训法是理论与实践相结合的重要成果。与传统培训方法相比，“ARPT”培训法具有三大突破：一是强调系统性分析，提出“双维度四层面分析法”，系统性解析事故全要素风险；二是注重实战推演，通过多样化培训方式，将理论转化为实操能力；三是实现全员培训，生产经营单位各层级人员全部参与培训，推动落实全员安全生产责任。这种理论与实践深度融合的培训方法，为提升全员安全素质提供了可复制的路径。

“ARPT”培训法敏锐地捕捉到“智慧安全生态”这一趋势，在培训中融入现代技术手段：“伤情体验培训式”通过 VR 虚拟现实技术模拟事故后果，直击“侥幸心理”这一人性弱点；“应急演练培训式”借助实时监控技术，可以提高生产经营单位各职能部门的应急处置和协同作战能力。这些探索体现了“技术赋能安全”的前沿理念，为构建“智慧安全生态”贡献了力量。

“ARPT”培训法摒弃了空洞的口号式教育，转而以严谨的工程思维和实证方法，帮助从业者理解风险演化的客观规律，掌握防控措施的底层逻辑。无论是生产经营单位主要负责人、安全管理人员，还是一线员工，皆可从中获得启示——唯有将“尊重科学、敬畏规律”的理念深植于心，方能真正实现从“被动应对”到“主动防御”的跨越。

我相信，《“事故风险防控训练”培训法与事故案例解析》一书的出版，能够为提高全员安全意识、落实全员安全生产责任、提升生产经营单位本质安全管理水平做出积极的贡献。

中国科学院院士

北京航空航天大学教授

2025年3月

序 2

安全生产是践行总体国家安全观、推进国家治理体系和治理能力现代化的重要组成部分。习近平总书记指出“安全生产事关人民福祉，事关经济社会发展大局”；强调“所有企业都必须认真履行安全生产主体责任，做到安全投入到位、安全培训到位、基础管理到位、应急救援到位，确保安全生产”。

在《安全生产治本攻坚三年行动方案（2024—2026 年）》深入开展之际，北方工业大学城市安全与应急科研团队创新性地提出了“事故风险防控训练”培训法（简称“ARPT”培训法），并编写出版《“事故风险防控训练”培训法与事故案例解析》一书，为安全培训工作提供了新的科学方法。

本书体现了“一厂出事故，万厂受教育”的精神。书中对近些年发生的 31 起典型事故案例进行了系统的梳理，包括违规动火作业引发的火灾、电气线路引发的燃爆、液氨泄露、实验室危化品爆炸、燃气爆炸、粉尘爆炸、建筑物坍塌、高空坠落、电动车火灾、有限空间中毒窒息、矿山高陡边坡和爆炸品管理等，这些案例均源于已发生的真实事故，重现事故发生发展及应急救援的全过程，详细回顾事故起因、经过和后果，可作为生产经营单位开展安全警示教育培训工作的重要参考资料。

本书体现了“安全第一、预防为主、综合治理”的方针。案例在事故调查报告直接原因基础上，深入解析事故单位在人、机、环、管等方面存在的问题，重点突出事故单位在落实安全生产责任、风险分级管控与隐患排查治理双重预防机制、安全投入、安全教育培训、现场应急处置等方面存在的隐患和系统性短板；针对事故中暴露的问题，紧密衔接法律法规与行业重大隐患判定标准，明确了法律法规红线与责任边界，生产经营单位可以举一反三，汲取事故教训，以案为鉴、警钟长鸣，落实自查自改责任，提高安全生产管理水平。

本书以“人民至上、生命至上”为指导，以真实的事故案例为基础，以落实全员安全生产责任、提升全员安全生产意识为根本，突出实用性和可操作性，是一本实用、好用的工具书。希望本书能够为安全教育培训工作提供有益的借鉴和帮助。

北京市应急管理局原一级巡视员、副局长
教授级高级工程师

2025 年 4 月

前 言

近年来，我国生产安全事故总量、重特大事故起数等持续下降，防范化解系统性风险、重大安全风险的能力不断提升，安全生产形势总体稳定向好。但不可忽视的是，在重点行业、重点领域安全生产形势依然严峻复杂，预防和遏制重特大事故的任务仍然艰巨。习近平总书记指出，必须坚决遏制重特大事故频发势头，对易发重特大事故的行业领域采取风险分级管控、隐患排查治理双重预防性工作机制，推动安全生产关口前移。

北方工业大学城市安全与应急科研团队经过深入调研，认真总结在雄安新区组织开展的“安全生产基层行”培训活动的成功经验，并借鉴国内外安全培训的先进做法，创新安全生产教育培训的方式方法，提出“事故风险防控训练”培训法（简称“ARPT”培训法），并整理汇编了31个典型事故警示案例，进行深度解析，开展有针对性的培训教育。

本书立足提升生产经营单位“人”的安全意识，从“关键人”入手，抓住“关键环节”，提高生产经营单位主要负责人和全员落实安全责任的意识和能力。

本书以典型事故警示案例为载体，系统梳理事故成因，剖析事故反映的深层次问题，以全面提升安全生产教育培训效果为目标，做到“一厂出事故，万厂受教育”，通过事故案例警示教育培训，落实企业主体责任，推动关口前移，有效防范同类事故发生。

本书中的事故案例以事故调查报告为基础，每个案例第一部分“事故详情”分为“事故基本情况”“涉事单位及相关责任人情况”“事故发生经过及应急救援情况”“事故直接原因”“责任追究情况”五个方面，是在事故调查报告原文的基础上进行整理归纳而成，其中“事故直接原因”是事故调查报告的原文。每个案例第二部分“事故教训与预防措施”分为“存在的主要问题及教训”和“事故警示及预防措施”两个方面，这是本书编写的重点，基于事故调查报告的内容，通过收集、分析事故相关报道、文献等材料，以生产经营单位落实主体责任为切入点，重点分析在风险管控和隐患排查治理中存在的突出问题，提出事故警示教训和防范同类事故的措施。为了便于读者参考研读与事故相关的基本知识和有关法律法规文件，编写了第三部分“事故解析与风险防控”，深度剖析事故发生的根本原因，并摘录《中华人民共和国安全生产法》、行业专项法律法规、行业重大隐患判定标准中直接相关的条款。

本书的编写和出版得到了以下项目的资助：①北京高校卓越青年科学家计划项目（No. JWZQ20240101017）；②北京市教育委员会科研计划重点项目、北京市社会科学基金项目联合资助（批准号：SZ202310009003，22GJB003）；③国家矿山安全监察局矿山安全生产科研攻关项目（No. 210）。特此表示诚挚的感谢！

由于本书涉及资料众多，编写时间仓促，加上编者水平有限，难免存在疏漏和不妥之处，敬请读者谅解和批评指正。

李全明

2025 年 2 月 18 日

目　录

第一篇
“事故风险防控训练”培训法

第一章 “事故风险防控训练”培训法概述

一、“事故风险防控训练”培训法的背景与意义

安全生产事关人民福祉，事关经济社会发展大局。党的十八大以来，习近平总书记始终把人民生命安全放在首位，高度重视安全生产工作，指出“人命关天，发展决不能以牺牲人的生命为代价”；强调“安全生产是民生大事，一丝一毫不能放松，要以对人民极端负责的精神抓好安全生产工作”；强调“所有企业都必须认真履行安全生产主体责任，做到安全投入到位、安全培训到位、基础管理到位、应急救援到位，确保安全生产”。

近年来，尽管我国在安全生产领域取得了显著成效，但安全事故依然频繁发生，重特大事故时有发生，给人民群众的生命财产安全带来了严重威胁。

安全生产事故是量变到质变的过程，而事故发生的背后往往都有一个共同原因——安全意识淡薄。据统计，多数事故都是由于人的不安全行为造成的，防范化解重大事故风险的关键在于提高“人的意识”，提高“人的意识”关键在于安全培训，为此，《国务院安委会关于进一步加强安全培训工作的决定》中强调“安全培训不到位是重大安全隐患”。

《中华人民共和国安全生产法》第二十八条规定：生产经营单位应当对从业人员进行安全生产教育和培训，保证从业人员具备必要的安全生产知识，熟悉有关的安全生产规章制度和安全操作规程，掌握本岗位的安全操作技能，了解事故应急处理措施，知悉自身在安全生产方面的权利和义务。未经安全生产教育和培训合格的从业人员，不得上岗作业。

2024年，国务院安委会印发《安全生产治本攻坚三年行动方案（2024—2026年）》，要求“开展生产经营单位主要负责人安全教育培训行动”“开展生产经营单位从业人员安全素质能力提升行动”“开展全民安全素质提升行动”等八大行动。强调开展生产经营单位主要负责人、安全管理人员和一线员工的安全培训是重中之重，是夯实企业安全生产工作基础、提高企业安全生产水平的关键。

为此，笔者经深入调研、科学研究、多年实践，特别是总结了“雄安新区城市安全新兴风险研究中心”开展的“安全生产基层行”大培训活动的成功经验，提出了“事故（accident）风险（risk）防控（prevention）训练（training）”培训

法，简称“ARPT”培训法。

二、“ARPT”培训法的内涵与核心要素

（一）“ARPT”培训法的内涵

“事故风险防控训练”（“ARPT”）培训法的内涵具有三层含义：第一，对已经发生的事故进行综合、深入分析，剖析事故发生前的风险点；第二，根据事故发生前的风险点提出防范同类事故的措施；第三，以警示案例为载体，对参训人员进行有针对性的训练，提高全员安全生产意识。

1. 事故（accident）

一般是指当事人违反法律法规或由疏忽失误造成的意外死亡、疾病、伤害、损坏或者其他严重损失的情况，是发生于预期之外的造成人身伤害或财产或经济损失的事件。

2. 风险（risk）

《企业安全生产标准化基本规范》将风险定义为“发生危险事件或有害暴露的可能性，与随之引发的人身伤害、健康或财产损失的严重性组合”。安全风险强调的是损失的不确定性，包括发生可能性的不确定、发生时间的不确定、导致后果的不确定等。风险是人们在后果产生之前基于现状、以往的经验等做出的主观判断或推测，因为一旦损失产生，那就是事故或者事件，也就不能称之为风险了。

3. 防控（prevention）

指通过系统性分析已发生事故的成因与风险点，制定并实施针对性措施以预防同类事故再次发生的过程。包括事故回溯分析、防控措施制定。

（1）事故回溯分析：对已发生的事故进行技术、管理、组织及文化层面的深度剖析，识别事故发生前的潜在风险点。

（2）防控措施制定：基于分析结果，提出具体防范措施（如优化流程、强化监管、完善制度等），从源头降低风险发生的可能性。

4. 训练（training）

指以事故案例为载体，通过多样化、互动性强的教育形式，提升全员安全意识和实战能力的过程。包括案例驱动、实践结合、全员参与。

（1）案例驱动：利用真实事故案例作为培训素材，强化参训人员对风险后果的认知。

（2）实践结合：采用应急演练等方法，将理论知识与实际操作紧密结合，提升风险预判和应急处置能力。

（3）全员参与：通过多种培训方式，对不同层级人员（生产经营单位主要负责人、安全管理人员、一线员工）全部进行训练，落实全员安全生产责任，构建

“事前预防型”安全管理。

（二）“ARPT”培训法的核心要素

“ARPT”培训法的核心要素包括典型案例剖析、事故风险溯源、提出防控措施、事故推演训练。

以事故警示案例为载体，以事故警示教育为主线，以系统性培训演练为手段，以提高全员安全生产意识为根本，以防范同类事故发生为目标，构建“典型案例剖析→事故风险溯源→提出防控措施→事故推演训练”四位一体的安全培训新模式。

“典型案例剖析”是“ARPT”培训法的起点，安全管理部门收集本行业典型事故案例，基于事故调查报告对真实事故案例进行深度解析，编写“事故详情”（事故基本情况、涉事单位及相关责任人情况、事故发生经过及应急救援情况、事故直接原因、责任追究情况），使参训人员直观理解事故发生的全过程。

“事故风险溯源”是“ARPT”培训法的基础，安全管理部门剖析典型案例后，采用“双维度四层面”分析法，围绕生产经营单位主体责任与全员安全生产责任两个维度，从技术、管理、组织、文化四个层面展开，系统性解析事故全要素风险，编写事故“存在的主要问题及教训”，为后续“制定防控措施”提供科学依据。

“提出防控措施”是“ARPT”培训法的关键，安全管理部门基于“事故风险溯源”的深度分析，针对分析出的技术、管理、组织及文化四层面风险，制定系统化、标准化且可复制的“事故警示及预防措施”，并编写“事故解析与风险防控”（与案例相关的基本知识和主要法律法规要求）。

“事故推演训练”是“ARPT”培训法的结果，安全管理部门首先组织编写事故案例，然后进行案例培训。如上所述，每个案例分为三个部分进行编写，一是事故详情，二是事故教训与预防措施，三是事故解析与风险防控。将编写的案例整合起来，构建“ARPT”培训案例库，作为培训素材。通过“班前会培训式”“轮值安全班长培训式”“伤情体验培训式”“座谈会培训式”“集中宣讲培训式”“应急演练培训式”等培训方式，对参训人员进行培训。

三、“ARPT”培训法的特点

（一）全面分析事故发生前的风险

“ARPT”培训法创新性地提出“双维度四层面”事故风险分析法，突破了传统单一维度的分析方法。

该分析法从主体责任（生产经营单位主体责任）与全员责任（全员安全生产责任）“双维度”切入，通过技术、管理、组织、文化“四层面”实现风险全要素解析：技术层面追溯直接诱因、管理层面挖掘间接成因、组织层面揭示系统漏洞、文化层面剖析认知偏差，全方位解构风险链条。这一方法不仅覆盖显性风险，还深入挖掘隐性管理缺陷和安全文化短板，为系统性风险防控提供科学依据。

（二）复盘推演事故发生的全过程

“ARPT”培训法构建了“典型案例剖析→事故风险溯源→提出防控措施→事故推演训练”四位一体的安全培训模式。该模式不仅重现事故发生的全过程，而且通过详细回顾事故前因、经过和后果，深入解析事故中各环节的风险点。这种系统性复盘方法有助于提升全员风险意识，提炼出普适性的防控措施。

（三）深入分析生产经营单位落实主体责任存在的问题

“ARPT”培训法不仅仅局限于技术和操作层面的培训，而是特别强调对生产经营单位在落实安全生产主体责任时存在的问题进行深度剖析。通过系统解析事故案例中暴露的全员安全生产责任制不落实、风险分级管控与隐患排查治理双重预防机制不健全、员工安全教育培训不到位等突出问题，揭示生产经营单位在责任落实、风险防控及能力建设中的短板，为生产经营单位明确法律遵从边界、完善制度体系、强化动态管理提供了精准改进方向。

（四）有针对性地提出预防同类事故发生的防控措施

“ARPT”培训法注重“提出防控措施”和“事故推演训练”，针对每个事故案例中暴露的问题，构建专门的事故风险防控措施，提出切实可行的防范方案。通过“事故推演训练”，使参训人员不仅学会理论，更能在实践中完善现场处置方案，有针对性地防控同类事故发生。

（五）普及事故涉及的基本知识和法律法规要求

“ARPT”培训法在编制事故案例时，不仅详细梳理“事故详情”和“事故教训与预防措施”，而且专门设置“事故解析与风险防控”模块。这一模块对事故涉及的安全生产的基本知识、主要法律法规（如《中华人民共和国安全生产法》及相关行业标准）进行归纳整理，使参训人员能够系统学习事故背后的法律责任和监管要求，从而提高对事故风险防控的认识。

第二章 “事故风险防控训练”培训法的应用

一、“ARPT”培训法的应用场景

（一）班前会培训式

班前会培训式可用于日常作业前，通过每日案例警示强化全员风险辨识和防控能力。

实施步骤：

（1）班组长根据当日作业类型、设备操作及环境特点，从 ARPT 案例库中选取同场景、同工序、同风险类别的典型事故案例，确保案例与当天任务高度关联。

（2）班组长提前梳理案例核心信息，重点标注与当日作业相关的风险要素，明确可行的防控措施。

（3）班组长用 3～5 分钟简述“事故详情”（可配合图片或短视频），引发直观警示。

（4）结合当日作业内容，对比事故案例中的风险点。

（5）明确具体防控措施。

（6）班组长设置 1～2 个突发场景，要求员工口述处置流程，验证应急知识掌握情况。

（7）班组长记录会议要点、员工互动表现及未解决问题，以一个月为周期汇总至安全管理部门，作为 ARPT“培训效果评估”的输入。

（二）轮值安全班长培训式

轮值安全班长培训式可用于安全管理薄弱或新员工较多的班组，通过角色轮换提升全员安全意识。

实施步骤：

（1）安全管理部门制订轮值计划，明确轮值安全班长的名单，确定轮值周期（如每月轮换一次），并告知全员。

（2）轮值期间，“轮值安全班长”需承担班组日常安全管理职责，包括组织案例学习、风险排查、填写记录等，确保权责清晰。

（3）轮值安全班长从 ARPT 案例库中挑选 1 个与本班组作业高度相关的事故案例，轮值安全班长需提前熟悉事故案例，整理出关键风险点，并标注案例中的防控措施。

（4）轮值安全班长主导案例剖析会，用 3～5 分钟简述事故详情（可结合图片或视频资料）。

（5）组织班组成员围绕"如果当时你在现场，如何避免事故发生"展开讨论，重点分析案例中作业流程的薄弱环节。

（6）结合班组实际与事故案例中的防控措施，共同制定 1～2 条可落实的防控措施。

（7）轮值安全班长在《轮值记录表》中记录讨论结果和优化措施，并现场签字确认。

（8）轮值安全班长根据班组作业特点，列出本岗位的 3～5 项高风险操作，带领班组成员对设备、环境、操作流程进行逐项检查，发现隐患立即整改，无法立即解决的问题，填写《隐患整改单》。

（9）轮值结束后，轮值安全班长将《轮值记录表》和《隐患整改单》汇总为《岗位风险防控报告》，提交至安全管理部门，作为 ARPT"培训效果评估"的输入。

（10）下一任轮值安全班长需查阅前一任的报告，确保风险防控措施持续落实，避免重复性问题。

（三）伤情体验培训式

伤情体验培训式针对高危岗位，在专项任务前通过沉浸式体验强化事故后果认知。

实施步骤：

（1）安全管理部门需结合当前生产任务及岗位特性，从 ARPT 案例库中选取与参训人员工作场景高度相关的事故案例。

（2）通过图文、视频等形式，向参训人员清晰还原"事故详情"，重点剖析"事故教训与预防措施"，引发参训者共鸣。

（3）使用 VR 虚拟现实技术或模拟伤情道具（如佩戴负重装置模拟骨折、烟雾模拟器模拟火灾），真实再现事故场景，让参训人员亲身体验事故造成的身体伤害、心理冲击及后果影响。

（4）体验结束后，发放《安全反思模板》，要求参训者从"身体感受、心理冲击、风险认知、改进承诺"四方面撰写个人体会。

（5）安全管理部门汇总个人体会，作为 ARPT"培训效果评估"的输入，提炼共性问题，将反思转化到具体工作中。

（四）座谈会培训式

座谈会培训式可用于阶段性安全总结，通过集体讨论优化防控措施。

实施步骤：

(1) 根据隐患排查台账或行业动态，从 ARPT 案例库中选取与当前生产场景高度关联的典型事故案例。

(2) 提前将案例材料发至参会人员，并要求参会人员结合自身岗位预读并标注疑问点，确保参会时“有备而来”。

(3) 根据岗位类型或作业流程将参会人员分为 4～6 人小组（如机械组、电气组、仓储组），每组指定一名记录员和一名发言代表。

(4) 会议开场播放事故相关视频，强化视觉冲击力，主持人员引导提问：“如果这是你的班组，事故发生时你会如何应对？日常作业中有无类似风险点？应采取哪些防控措施？”

(5) 各小组展开讨论，剖析事故背后隐藏的风险，结合案例材料中的“事故教训与预防措施”，从“技术改进、流程优化、责任落实”三个方面提出具体防控措施。

(6) 每组发言代表用 5 分钟简述防控措施，其他组可质疑或补充。

(7) 全员通过匿名投票选出几项最可行措施，现场修订后形成《岗位防控优化清单》，提交至安全管理部门，作为 ARPT“培训效果评估”的输入。

（五）集中宣讲培训式

集中宣讲培训式适用于重大项目启动、工艺变更或新设备投用前，系统性讲解法规与案例，强化风险管控措施。

实施步骤：

(1) 生产经营单位主要负责人担任总协调，安全管理部门、生产技术部门、人力资源部门成立专项培训小组，明确本次培训的核心目标，制订详细的集中宣讲培训方案。

(2) 根据培训内容需求，邀请行业专家、资深安全管理人员或企业内部讲师，优先选择具有事故处理经验或法规解读背景的讲师。

(3) 安全管理部门从 ARPT 案例库中选取与本行业相关的事故案例。

(4) 讲师根据事故案例制作 PPT，包含事故案例剖析、法律法规及行业重大隐患判定标准解读、事故警示视频等，采用“案例＋理论＋视频”多维模式授课。

(5) 讲师提前设计试题库，内容覆盖法律法规要点、防控措施及岗位实操规范，培训结束后进行现场闭卷测试。

(6) 安全管理部门汇总笔试成绩，作为 ARPT“培训效果评估”的输入。

（六）应急演练培训式

应急演练培训式通过案例警示和实地演练，提升安全意识与应急技能。

实施步骤：

(1) 安全管理部门从ARPT案例库中选取与本行业相关的高风险事故案例，结合企业实际作业环境与设备布局，设计针对性的应急演练预案。

(2) 预案需明确演练目标、事故场景模拟、角色分工、应急处置流程及协同机制，编制《应急演练手册》。

(3) 提前向参训人员下发案例材料，要求参训人员预习，了解事故发生的前因后果。

(4) 召开应急演练培训会，结合案例视频剖析事故案例，重点强调事故的"风险触发点"与"防控盲区"。

(5) 发放《应急演练手册》，逐条讲解预案步骤，使参训人员明确责任分工，组织参训人员分组复述流程，确保全员理解无误。

(6) 组织参训人员应急演练，全程计时并记录各环节响应时间与操作规范性，实时监控演练过程，对违规操作（如未按路线撤离）立即叫停，现场示范正确动作，并追加一次模拟训练。

(7) 演练结束后，全员就地召开总结会，参训人员依次发言，自评操作失误点，主持人汇总共性问题并进行点评。

(8) 发放问卷，涵盖"预案实用性""演练真实性""个人收获"等维度，要求参训人员24小时内提交至安全管理部门，作为ARPT"培训效果评估"的输入，并结合参训人员的问卷反馈优化预案。

二、"ARPT"培训法的实施步骤

"ARPT"培训法的实施可分为六个步骤。

第一步，制订培训计划。

生产经营单位主要负责人牵头，安全管理部门、生产技术部门、设备管理部门、人力资源部门等制订年度或阶段性培训计划，明确培训对象、内容、方式、时间安排、责任分工及资源配置。针对不同层级设计差异化培训目标，确保理论深度与实操指导并重。

第二步，收集事故案例。

安全管理部门负责收集本行业近20年典型事故案例，包括企业内部历史事件、同行业公开案例、政府通报案例等，优先选择具有代表性、可追溯性的案例。

第三步，编制"事故风险防控训练"案例。

安全管理部门编写事故案例（可参考本书编写的31个事故案例）。以事故调查

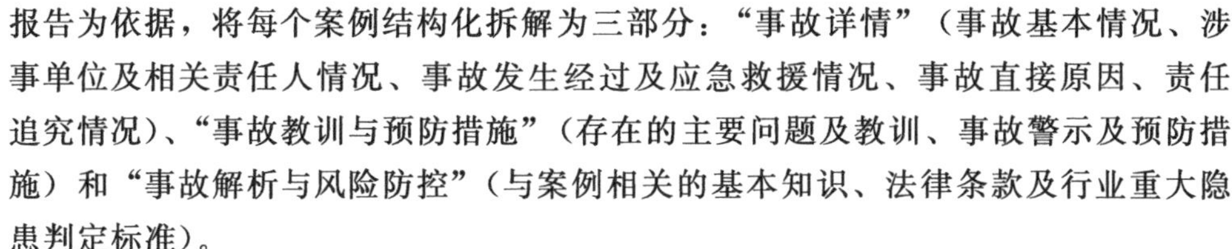

报告为依据，将每个案例结构化拆解为三部分：“事故详情”（事故基本情况、涉事单位及相关责任人情况、事故发生经过及应急救援情况、事故直接原因、责任追究情况）、“事故教训与预防措施”（存在的主要问题及教训、事故警示及预防措施）和“事故解析与风险防控”（与案例相关的基本知识、法律条款及行业重大隐患判定标准）。

第四步，构建“ARPT”培训案例库。

安全管理部门将编制的事故案例整合起来，构建“ARPT”培训案例库，“ARPT”培训案例库可以是纸质教材的形式或电子教材的形式。

根据最新事故信息、行业动态及法律法规变化，定期对“ARPT”培训案例库进行修订和补充，确保所用案例具有时效性和针对性。

第五步，确定培训演练方式。

安全管理部门根据参训人员的层级，选择“ARPT”培训法中适宜的培训方式对参训人员进行培训演练：一线员工可采用班前会培训式、轮值安全班长培训式、伤情体验培训式、应急演练培训式；安全管理人员侧重座谈会培训式、集中宣讲培训式；生产经营单位主要负责人等领导可采用集中宣讲培训式。

第六步，优化培训内容和方式。

安全管理部门成立专门的培训优化工作组，负责制订和落实改进计划。将培训效果结果与年度培训计划紧密结合，形成闭环管理。通过定期总结与经验分享，持续完善培训体系，确保培训内容、方法与流程始终处于优化状态，实现最优的安全培训效果。

第二篇
事故案例解析

案例1　天然气泄漏　危害猛于虎

——湖北省十堰市“6·13”重大燃气爆炸事故暴露出的主要问题与警示

一、事故详情

（一）事故基本情况

2021年6月13日06时42分许，位于湖北省十堰市张湾区艳湖社区的集贸市场发生重大燃气爆炸事故，造成26人死亡，138人受伤，其中重伤37人，直接经济损失约5395.41万元（见图1）。

图1　事故现场照片

事故发生后，党中央、国务院高度重视，习近平总书记立即作出重要指示，要求全力抢救伤员，做好伤亡人员亲属安抚等善后工作，尽快查明原因，严肃追究责任。习近平总书记强调，近期全国多地发生生产安全事故、校园安全事件，各地区和有关部门要举一反三、压实责任，增强政治敏锐性，全面排查各类安全隐患，防范重大突发事件发生，切实保障人民群众生命和财产安全，维护社会大局稳定，为建党百年营造良好氛围。

事故调查组调查认定，湖北省十堰市张湾区艳湖社区集贸市场“6·13”重大燃气爆炸事故是一起重大生产安全责任事故。

（二）涉事单位及相关责任人情况

1. 事故发生单位——十堰东风中燃城市燃气发展有限公司（以下简称十堰东风中燃公司）

公司类型为有限责任公司，法定代表人、董事长蔡某，总经理黄某；经营范围包括城市燃气输配、经营、开发、安装、维修及燃气工程设计和安装、燃气具销售、LPG 营销服务等。

2. 涉事其他企业

中国燃气控股有限公司、华润置地（武汉）物业管理有限公司及其所属润联物业、东风汽车集团有限公司及其原所属东风燃气公司。

3. 事发建筑物基本情况

事故中发生爆炸的建筑物（以下简称涉事故建筑物），位于张湾区艳湖社区集贸市场，坐落于茶树沟河道上，西端邻近艳湖桥，东端毗邻艳湖小区 26 号居民楼，共建有两层，钢混结构，核定建筑面积 2850.44 m^2（见图 2）。

图 2　涉事故建筑物方位图

涉事故建筑物一层分布有商铺 19 间（其中 17 间补办有房产证，东西两端的 2 间违规加建商铺无房产证），事故发生时，共有 6 家商户正在营业；其他商户虽未开门营业，但有 4 家商户存在留人夜宿守店情况；涉事故建筑物二层为老年人活动中心、培训机构等，事故发生时无人（见图 3）。

爆炸事故建筑三维复原图

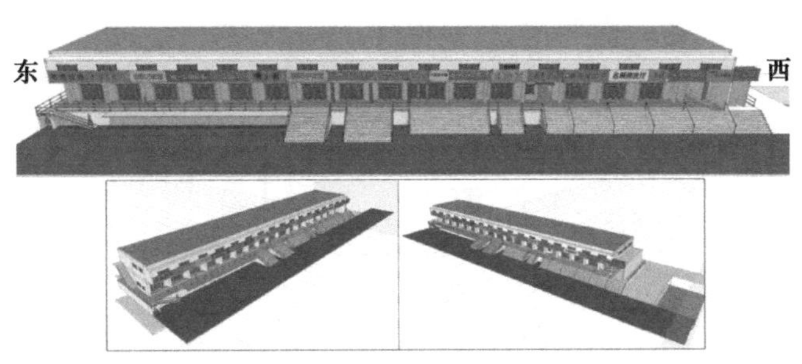

图 3　涉事故建筑物三维图

4. 发生事故的燃气管道

涉事故管道为向芙蓉小区供气的中压支管，采用 D57×4 无缝钢管，设计压力 0.4 MPa，工作压力 0.25 MPa，属于特种设备。管道泄漏点位于涉事故建筑物下方河道墙体南侧排水口附近（见图 4、图 5）。

事故管道（D57×4），在 2015 年 12 月之前运营管理单位为东风燃气公司，2015 年 12 月之后运营管理职责移交给十堰东风中燃公司。该公司明确，管道的日常巡检维护由运营部负责，大中型改造由工程部负责（见图 6）。

图 4　事发区域燃气管道布置图

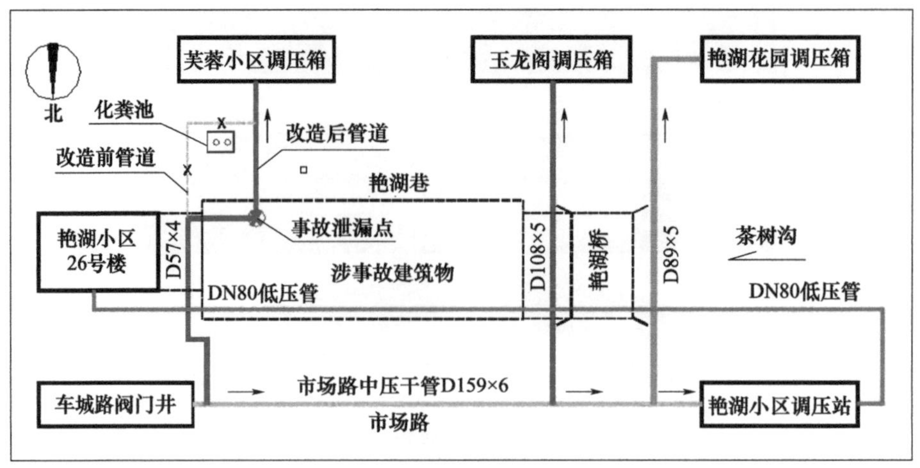

图 5　事发区域燃气管道流程关系图

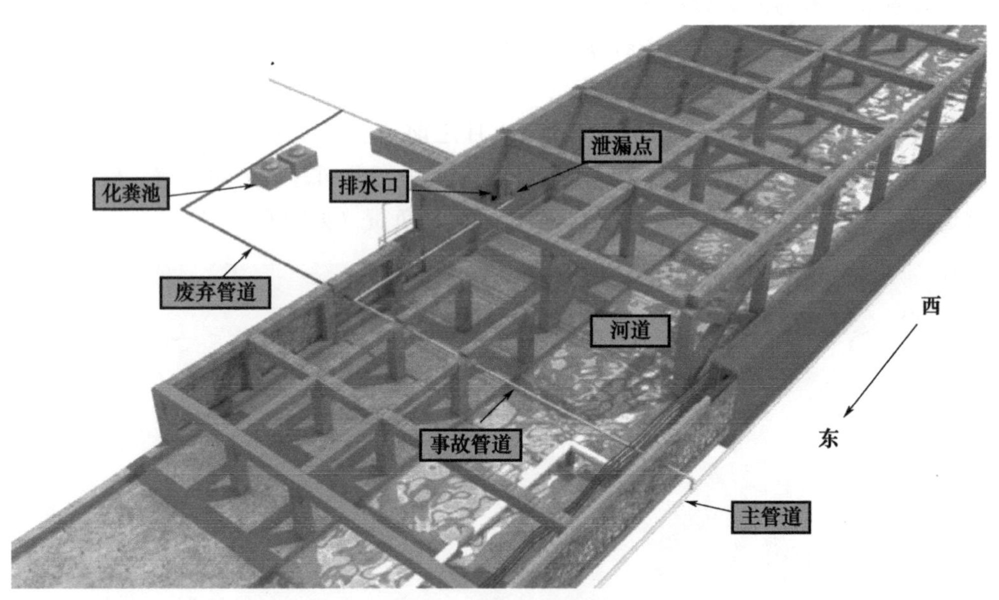

图 6　芙蓉小区 D57×4 中压支管建设、改造走向三维图

5. 事故主要责任人

黄某（十堰东风中燃公司总经理）、江某（十堰东风中燃公司总经理助理）、孔某（十堰东风中燃公司巡线、维护抢修工）等 11 名十堰东风中燃公司涉事责任人。

中国燃气控股有限公司及其所属十堰东风中燃公司、华润置地（武汉）物业管理有限公司及其所属润联物业、东风汽车集团有限公司及其原所属东风燃气公

司等单位32名相关责任人。

政府有关部门公职人员34人。

（三）事故发生经过及应急救援情况

1. 燃气泄漏处置情况

（1）公安部门处置情况

05时38分，十堰市110指挥中心（以下简称110指挥中心）接到罗女士报警："41厂菜市场河道下天然气管道泄漏。"立即指令东岳公安分局南区派出所值班民警仇某、张某出警处置。

06时00分，值班民警仇某、张某驾车到达现场，立即向报警人了解情况，并按照报警人的描述，将车直接开到艳湖桥桥头，发现桥下河道有黄色雾状气体往上飘，伴有强烈的臭味。张某下车劝说路边围观群众"不要抽烟，赶紧离开"。仇某把车开到艳湖社区后，迅速从警车后备厢中取出警戒带实施现场警戒。随后，在云南路路口处摆放锥形桶、拉警戒带并封闭道路，边劝导疏散群众边向110指挥中心报告："这里有危险！需增派警力！"

06时30分至38分，两名民警和十堰东风中燃公司抢修队员孔某、王某进入桥下河道观察处置。随后，王某告知现场消防人员、民警："阀门已经关闭，没啥事了，你们可以回去了。"但民警和消防队员没有撤离。

06时38分至40分，两名民警继续实施现场警戒和劝离群众。

06时42分01秒，发生爆炸。

（2）消防部门处置情况

05时53分，十堰市消防救援支队119指挥中心（以下简称119指挥中心）接到张湾区居民报警："41厂菜市场河道下天然气管道泄漏。"119指挥中心遂通知十堰东风中燃公司抢险。

06时04分，张湾消防中队消防车到达现场。并沿艳湖巷墙脚往西走，并顺着桥边的梯子下到河床上，发现桥下大量的黄色雾状气体往外涌。陈某、肖某佩戴空气呼吸器进桥侦查，察看洞内情况，由于烟雾量大、光线昏暗，为确保安全，两人退出至河道梯子附近观察。其他消防队员大多下车在市场路维持秩序，广播提醒，警戒并劝离围观群众。

（3）企业处置情况

6月13日05时49分至52分，十堰东风中燃公司调度中心值班员王某某先后接到两名手机用户关于"41厂菜市场有天然气泄漏，有黄色烟雾"的报告。

06时14分，十堰东风中燃公司抢修队员孔某、王某驾车到达现场。并向十堰东风中燃公司抢修队队长李某报告："现场黄色雾气大，有漏气啸叫声，味道刺鼻，无法进入河道查漏施救。"李某指令两名抢修队员立即关闭中压阀门。

06 时 22 分，抢修队员孔某、王某到达车城路与云南路交叉口处，关闭燃气管网截断阀门，切断事故区域气源。

06 时 30 分至 38 分，抢修队员孔某、王某和两名民警进入桥下河道观察处置，由于桥洞内光线昏暗，无法进入侦查。此时桥洞内泄漏声消失，外涌的黄色天然气颜色逐渐变淡，流速变缓，灰尘减少。公司抢修队员王某告知现场消防人员、民警：“阀门已经关闭，没啥事了，你们可以回去了。”

06 时 42 分 01 秒，爆炸发生。

07 时 23 分，十堰东风中燃公司向十堰市城市管理执法委员会燃气热力办报告事故。

2. 爆炸破坏情况

根据模拟分析与计算结果，涉事故建筑物底部河道内参与爆炸的天然气体积约 600 m^3，爆炸当量 225 kgTNT（见图 7）。

图 7　涉事故建筑物破坏情况

3. 救援情况

经救援队伍连续奋战 42 h，截至 15 日 01 时 07 分，搜寻到最后一名遇难者。救援人员总共从严重坍塌的废墟中搜救出被埋压群众 38 人，其中生还 12 人，死亡 26 人。

（四）事故直接原因

专家组结合有关技术鉴定、现场勘查、询问笔录和视频资料等综合分析，事故直接原因为天然气中压钢管严重腐蚀导致破裂，泄漏的天然气在集贸市场涉事故建筑物下方河道内密闭空间聚集，遇餐饮商户排油烟管道排出的火星发生爆炸。

原因分析：调查组认定，涉事故建筑物东南角下方河道内 D57×4 中压天然气管道，紧邻芙蓉小区排水口，受河道内长期潮湿环境影响，且管道弯头外防腐未按防腐蚀规范施工，导致潮湿气体在事故管道外表面形成电化学腐蚀，腐蚀产物物料膨胀致使整个防腐层损坏，造成管道腐蚀，加上管道企业未及时巡检维护、整改事故隐患，导致管道壁厚逐步减薄造成部分穿孔。

泄漏的天然气在河道内密闭空间蓄积，形成爆炸性混合气体。

泄漏点上方的聚满园餐厅炉灶处于燃烧状态，炉灶上方吸油烟机将炉灶火星吸入直径 40 cm 的 PVC 排烟管道直排至河道密闭空间，引爆密闭空间内爆炸性混合气体，致事故发生。

（五）责任追究情况

1. 追究刑事责任

十堰东风中燃公司对事故负有直接责任，黄某、江某、孔某等 11 名相关人员涉嫌犯罪，已由司法机关采取刑事强制措施。

中国燃气控股有限公司及其所属十堰东风中燃公司、华润置地（武汉）物业管理有限公司及其所属润联物业、东风汽车集团有限公司及其原所属东风燃气公司等单位对事故负有责任，32 名责任人被依法依纪依规追究责任。

2. 党纪政务处分

包括 11 名省管干部在内的 34 名公职人员受到撤职、免职等处理。

二、事故教训与预防措施

（一）存在的主要问题及教训

1. “先天不足，后天不补”，长期存在的事故隐患最终酿成事故灾难

（1）违规设计、违规建设埋下事故隐患。

东风燃气公司，2005 年 3 月对涉事故建筑物燃气管道进行建设时违反《城市规划法》和《湖北省河道管理实施办法》规定，未聘请有资质的设计单位进行设计，未依法申请有关部门审批。

2008 年 10 月对事故管道（D57×4）进行局部改造时，也未聘请有资质的设计单位进行设计，未将燃气管道弯头外按防腐蚀规范要求敷设于套管内，违规将管

道穿越集贸市场并敷设于涉事故建筑物下方，从而形成重大事故隐患。

与中燃公司在移交燃气管道资产时未注明燃气管道从涉事故建筑物下方密闭空间中穿越等有关安全注意事项。

（2）隐患排查整改工作长期流于形式。

涉事故管道使用中，先后作为营运维护单位的东风燃气公司和十堰东风中燃公司，多年来未能对管道穿越集贸市场并敷设于涉事故建筑物下方这个重大事故隐患进行整改消除。

（3）燃气泄漏事故频发多发，存在系统性重大事故风险。

2020 年 1 月至 2021 年 5 月该公司燃气管网发生腐蚀漏气 188 处；2018 年至 2020 年十堰市 110 和 119 平台记录该公司燃气泄漏报警共计 130 次；事故发生时该公司 31 处燃气管网压力传感系统压力监测点位中有 13 处出现故障，压力、温度等参数无法上传；事发燃气管道压力传感器自 2021 年 2 月至事发时一直处于故障状态。但企业对此一直视而不见。

2. 应对突发事件能力不足，应急处置出现严重错误

（1）64 min 没有疏散群众，应急反应迟缓。

事故风险意识极差，从 05 时 38 分群众报警到 06 时 42 分许爆炸发生，时间长达 64 min，没有采取有效措施，未能及时疏散群众，使重大风险隐患酿成重大事故。

（2）应急管理责任不落实，关键人员未到岗。

企业主要负责人、公司带班的领导未赶赴现场组织指挥应急处置工作。现场巡查处突人员对事故处置严重不当，未按照专项应急预案实施现场检查、设立警戒、禁绝火源、疏散人群、有效防护等应急措施。

（3）没有防止回火爆炸，应急处置严重错误。

公司巡线维护抢修员孔某、王某第一次进入现场未携带燃气检测仪检测气体；且不熟悉所要关闭的阀门位置所在，只关闭了事故管道上游端的燃气阀门，未及时关闭事故管道下游端的燃气阀门，以便保持管道内正压和防止回火爆炸。

（4）对现场存在的爆炸风险判断存在严重错误。

在燃爆危险未消除的情况下，现场维修人员告知现场处置的公安、消防人员"阀门已经关闭了，没啥事了，你们可以回去了"，严重误导现场应急处置工作。

（5）安全防范和应急逃生宣传严重缺失。

部分群众对城镇燃气泄漏等突发事件危险性认识严重不足，缺乏自我防护意识和知识能力。

3. 管道的日常安全巡检责任严重不落实

（1）巡检员发现事故隐患不整治消除。

6 月 11 日，巡线员发现事故建筑物周边另一处架空管腐蚀隐患，仅拍一张照片上传客服部"巡线群"，公司未采取任何跟进措施，对燃气安全管理极不负责、

麻木不仁。

（2）日常安全检测维护不落实。

2015 年至 2020 年，十堰东风中燃公司已持续 5 年未对集贸市场燃气管道开展深入检查，平时只在集贸市场两边的大路上走一走、看一看、听一听，不到河道下面相对危险的区域开展巡线；自 2015 年公司成立起，尤其是十堰东风中燃公司负责涉事故管道巡线人员自公司成立至事发时，从未下河道对事故管道进行巡查。事故发生后为逃避责任追究在《巡线登记台账》中伪造补登巡线记录。

（3）定期安全检测维护不落实。

违反《特种设备安全监察条例》规定，未对包括事故管道在内的中压管道开展定期检查（每月至少一次）。未依法开展每年一次的年度检查或委托具有资质的第三方机构开展检验检测。未定期对管道的外防腐层进行检查和维护。

4. 运行维护和检修人员配备不足

公司违反《燃气经营许可管理办法》（建城规〔2019〕2 号）规定，在拥有燃气居民用户 32.58 万户、商业用户 2359 户等情形下，从事运维抢修人员的 41 人中实际持有《燃气经营企业从业人员专业培训考核合格证书》仅 20 人（每 1 万户应配备 4 人）。

5. 安全生产教育培训不到位

分管安全总经理助理江某未取得《燃气经营企业从业人员专业培训考核合格证》。企业三级教育培训不到位，巡线班组负责人张某从未参加过巡线业务培训，不了解巡线职责，不会使用燃气检测仪。

6. 安全生产投入保障不足，燃气检测仪不能满足工作需要

安全装备配备不足，巡线班组仅有的 4 台燃气检测仪中 3 台存在故障；未按照规程要求，结合工作实际需要配备必要的防毒面具等应急处置防护物品。

7. 将商铺“一租了之”，未对排油烟管道的风险进行辨识

润联物业作为涉事故建筑物一楼商铺的实际控制人和物业管理人，对“聚满园餐厅”餐饮等商户设置直通河道的 PVC 排油烟管道存在的风险未进行辨识，没有认识其危害性，未予以制止；对“聚满园餐厅”等 7 户承租户长期使用明火经营早点的行为未予制止和督促整改。未依法履行安全检查义务，将商铺“一租了之”。

6 月 13 日早上，聚满园餐厅使用明火，火星被吸油烟机集烟罩通过敷设在外墙连通河道的 PVC 排油烟管道直排至河道，引爆了已经泄漏充满河道的天然气，导致发生爆炸事故。

（二）事故警示及预防措施

燃气供应企业应全面落实主体责任，建立健全安全生产管理体系；加大安全生产投入，积极应用先进技术和装备；加强教育培训，提高员工的安全意识和操

作技能；加强双重预防体系建设，提高安全检查和隐患排查治理质量；加强应急管理和救援能力建设，积极履行社会责任，重点做好以下工作。

1. 加强对老旧燃气管网的智能化、精细化管理

应用远程监控、机器人等先进技术和装备，定期检查和维护燃气管道，及时发现并修复锈蚀、破损等问题，防止燃气泄漏；在老旧管网穿行的人员密集场所、燃气管井、居民小区等重点部位加装远传燃气泄漏自动报警装置，实现实时监测和预警；加快推进燃气老旧管网改造，提高管道的安全性和可靠性。

2. 提高事故风险的意识

定期开展安全教育和培训，包括事故案例分析、安全操作规程、紧急应对措施等；一旦发现燃气泄漏严重的重大风险，要及时疏散群众。

3. 提高应对突发事件的能力和现场处置的技术水平

制定和完善燃气爆炸事故应急预案，明确应急处置流程和责任分工；定期组织应急演练，提高应急响应速度和处置能力；进行针对性的培训，提高应急人员的专业技术水平。

4. 提高隐患排查治理的质量

建立完善的隐患排查机制，定期对燃气设施进行安全检查，确保及时发现并消除安全隐患；对排查出的隐患要立即整改，并跟踪整改情况，确保整改到位。

5. 配齐配足燃气巡检员并加强培训

燃气巡检员是特种作业人员，必须严格持证上岗；确保巡检人员要掌握管道检测、维护、应急处理等技能，以及使用相关工具和设备的方法；配备足够的燃气巡检员，确保巡检工作能够全面覆盖燃气供应区域内的所有管线和设施，不留死角。

6. 加强安全监管和执法力度

监管部门要加强对燃气企业的监督检查，确保其遵守安全生产法律法规和标准；对违法违规行为要依法依规严肃查处，形成有效震慑。

三、事故解析与风险防控

（一）天然气管道及其组成部分

1. 天然气管道

天然气管道是用于输送天然气（包括油田生产的伴生气）的管道系统（见图8），又称输气管道。天然气是一种清洁、高效的能源，通过管道可以将其从开采地或者储存设施运输到城市门站、工业用户和居民用户等各类终端消费场所，从而实现能源的分配和利用。例如，从遥远的天然气气田输送天然气到城市，为居民家中的炉灶、热水器提供燃料，也为工业生产中的加热炉等设备供应能源。

2. 天然气管道的组成部分

（1）管道主体

是天然气输送的通道，其长度根据输送距离而定。管道的壁厚根据管道的压力等级、管径和材质等因素确定。例如，高压输气管道的壁厚要比低压配气管道厚很多，以确保能够承受相应的压力。

（2）管件

弯头：用于改变管道的走向。在管道铺设过程中，由于地形、建筑物等因素的影响，需要使用弯头来实现管道的弯曲。其弯曲角度有多种，如 90°、45°等（见图 9）。

图 8　天然气管道外观图

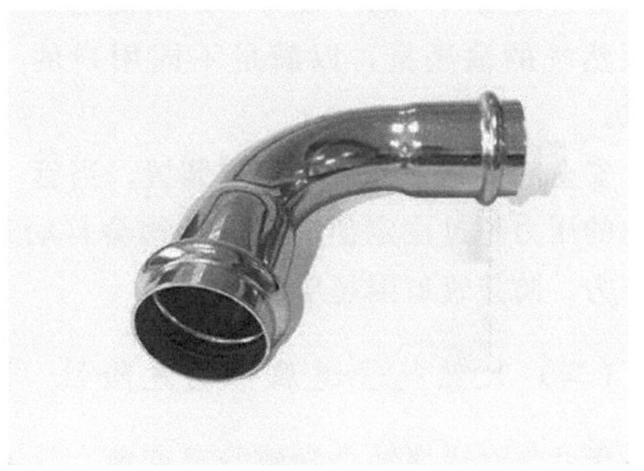

图 9　90°弯头外观图

三通：可以将一根管道分成两根，或者将两根管道合并为一根。在天然气管道网络中，三通用于分支管道的连接，比如从主输气管道引出分支管道供应给附近的用户（见图 10）。

大小头（异径管）：用于连接不同管径的管道。在管道系统中，有时需要改变管径来适应不同的流量要求或者连接不同规格的设备（见图 11）。

图 10　天然气管道三通外观图

图 11　异径管外观图

(3) 阀门

截断阀：主要功能是截断天然气的流动。在管道维护、检修或者发生紧急情况时，可以通过关闭截断阀来隔离管道的某一段。截断阀有多种类型，如球阀、闸阀等，球阀具有开关迅速、密封性好的特点，闸阀则适用于大口径管道的截断（见图 12）。

图 12　球阀外观图

调节阀：用于调节天然气的流量和压力。通过改变阀门的开度，可以精确地控制天然气的输送量，以满足不同用户的需求。

安全阀：是一种安全保护装置。当管道内的压力超过设定值时，安全阀会自动开启，释放部分天然气，以降低管道内的压力，防止管道因超压而破裂。

（二）天然气管道腐蚀的危险性

天然气管道腐蚀会导致管壁变薄。管道通常需要承受一定的压力来输送天然气，当管壁由于腐蚀而不能承受内部压力时，就会出现破裂或穿孔，从而使天然气泄漏。

1. 爆炸风险

天然气的主要成分是甲烷，它是一种易燃易爆的气体。一旦泄漏到空气中，在合适的浓度（甲烷的爆炸极限为 5%～15%）和火源条件下，就会引发剧烈的爆炸，对周围的人员、建筑物和设施造成毁灭性的伤害。例如，在一些工业区域，如果天然气管道腐蚀泄漏，遇到工厂内的明火或者电气设备产生的电火花，爆炸产生的冲击波可能会摧毁附近的车间、仓库，造成人员伤亡和巨大的财产损失。

2. 环境污染

天然气泄漏后会进入大气环境，甲烷是一种温室气体，它的温室效应比二氧化碳还要高。大量的天然气泄漏会加剧全球气候变暖的趋势。据研究，单位质量的甲烷在 100 年的时间尺度内，其全球变暖潜能值（GWP）是二氧化碳的 28～36 倍。

除了甲烷外，天然气中还可能含有少量的硫化氢等有害杂质。硫化氢是一种剧毒气体，有臭鸡蛋气味。它会对土壤、水体等环境要素造成污染，影响生态平衡。如果天然气管道腐蚀泄漏发生在靠近水体或者土壤的区域，硫化氢会进入水体或土壤，危害水生生物和土壤中的微生物。

3. 危害身体健康

天然气泄漏也会导致人员中毒。高浓度的天然气会置换空气中的氧气，使人因缺氧而窒息。而且天然气中的甲烷和硫化氢等对人体也有一定的危害，长时间暴露在泄漏的天然气环境中会危害人体健康。

（三）主要法律法规要求

1.《中华人民共和国安全生产法》部分条款

第二十二条 生产经营单位的全员安全生产责任制应当明确各岗位的责任人员、责任范围和考核标准等内容。

生产经营单位应当建立相应的机制，加强对全员安全生产责任制落实情况的监督考核，保证全员安全生产责任制的落实。

第四十一条第二款 生产经营单位应当建立健全并落实生产安全事故隐患排查治理制度，采取技术、管理措施，及时发现并消除事故隐患。事故隐患排查治理情况应当如实记录，并通过职工大会或者职工代表大会、信息公示栏等方式向从业人员通报。其中，重大事故隐患排查治理情况应当及时向负有安全生产监督管理职责的部门和职工大会或者职工代表大会报告。

2.《中华人民共和国石油天然气管道保护法》部分条款

第十八条 管道企业应当按照国家技术规范的强制性要求在管道沿线设置管道标志。管道标志毁损或者安全警示不清的，管道企业应当及时修复或者更新。

第二十二条 管道企业应当建立、健全管道巡护制度，配备专门人员对管道线路进行日常巡护。管道巡护人员发现危害管道安全的情形或者隐患，应当按照规定及时处理和报告。

3.《城镇燃气管理条例》部分条款

第十七条 燃气经营者应当向燃气用户持续、稳定、安全供应符合国家质量标准的燃气，指导燃气用户安全用气、节约用气，并对燃气设施定期进行安全检查。

燃气经营者应当公示业务流程、服务承诺、收费标准和服务热线等信息，并按照国家燃气服务标准提供服务。

第三十五条 燃气经营者应当按照国家有关工程建设标准和安全生产管理的规定，设置燃气设施防腐、绝缘、防雷、降压、隔离等保护装置和安全警示标志，定期进行巡查、检测、维修和维护，确保燃气设施的安全运行。

4.《城镇燃气经营安全重大隐患判定标准》部分条款

第六条 燃气经营者在燃气管道和调压设施安全管理中，有下列情形之一的，判定为重大隐患：

（一）在中压及以上地下燃气管线保护范围内，建有占压管线的建筑物、构筑物或者其他设施；

（二）除确需穿过且已采取有效防护措施外，输配管道在排水管（沟）、供水管渠、热力管沟、电缆沟、城市交通隧道、城市轨道交通隧道和地下人行通道等地下构筑物内敷设；

（三）调压装置未设置防止燃气出口压力超过下游压力允许值的安全保护措施。

5.《特种设备重大事故隐患判定准则》部分条款

4.1 特种设备有下列情形之一仍继续使用的，应判定为重大事故隐患。

a）特种设备未取得许可生产、因安全问题国家明令淘汰、已经报废或者达到报废条件。

b）特种设备发生过事故，未对其进行全面检查、消除事故隐患。

c）未按规定进行监督检验或者监督检验不合格。

d）有4.2～4.10中规定的超过规定参数、使用范围的情形。

4.4 压力管道有下列情形之一仍继续使用的，应判定为重大事故隐患。

a）定期检验的检验结论为“不符合要求”或“不允许使用”。

b）安全阀、爆破片装置、紧急切断装置缺失或失效。

案例2　祸起"双嘴瓶"　饭店成火海

——宁夏银川富洋烧烤店"6·21"特别重大燃气爆炸事故暴露出的主要问题与警示

一、事故详情

（一）事故基本情况

2023年6月21日20时37分许，宁夏回族自治区银川市兴庆区富洋烧烤民族街店（以下简称富洋烧烤店）发生一起特别重大燃气爆炸事故，造成31人死亡、7人受伤，直接经济损失5114.5万元（见图1）。

图1　事故现场照片

调查认定：宁夏银川富洋烧烤店"6·21"特别重大燃气爆炸事故是一起因相关企业违法违规检验、经营，并配送不符合标准的液化石油气瓶，烧烤店在使用中违规操作发生泄漏爆炸，地方党委政府及其有关部门履职不到位、燃气安全失管失控，造成的生产安全责任事故。

(二)涉事单位及相关责任人情况

1. 事故发生单位——富洋烧烤店

富洋烧烤店是以烧烤为主，具有卡拉OK功能的餐厅，法定代表人马某，实际控制人刘某、张某夫妻。该店位于银川市兴庆区民族南街新世纪花园二组团13号楼，由17号、18号营业房连成一体，共两层，总建筑面积为366.56 m^2（见图2）。

图2 事发前富洋烧烤店照片

2. 燃气供应单位

（1）宁夏铂澜能源有限公司（以下简称铂澜公司），为涉事企业气瓶供气企业，法定代表人马某某。

（2）宁夏龙江清洁能源有限公司（以下简称龙江公司），为铂澜公司提供燃气，法定代表人张某某。

（3）哈纳斯公司，为涉事企业管道天然气供气企业。

3. 气瓶检测公司

宁夏国华检测技术有限公司（以下简称国华公司），法定代表人周某。

4. 事故主要责任人

富洋烧烤店实际控制人刘某、张某，法定代表人马某，店长索某，前厅经理海某，后厨主管李某。

龙江公司、铂澜公司实际控制人王某，龙江公司法定代表人张某某，铂澜公司法定代表人马某某。

国华公司法定代表人周某，生产负责人刘某某。

（三）事故发生经过及应急救援情况

1. 事故发生经过

2023 年 6 月 14 日，铂澜公司工作人员将 2 个 50 kg 的气液双相液化石油气钢瓶（俗称“双嘴瓶”，见图 3）配送至富洋烧烤店，并将调压器安装在涉事钢瓶的气相阀上，用气正常。

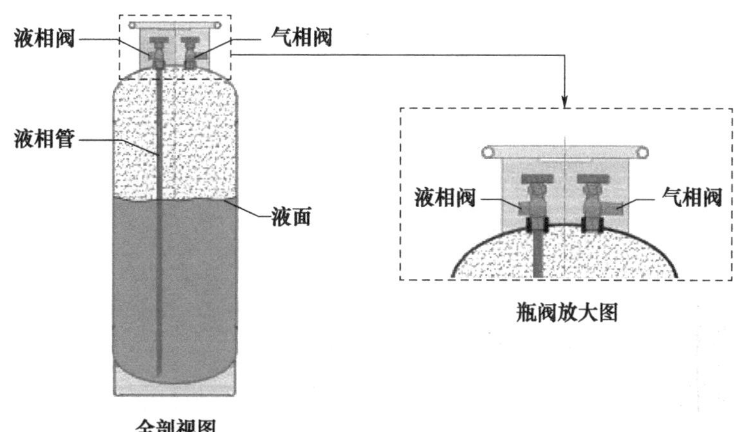

气液双相液化石油气钢瓶结构解剖图，该类气瓶是用于气化装置的液化石油气储存设备。瓶体内有液相管与液相阀门相连，液态石油气从气瓶底部经液相管、液相阀出口排出，通过气化装置气化后，再通过调压器通往用气设备。液面以上自然气化的气体自气相阀排出，通过调压器后通往用气设备。气相阀和液相阀出口处压印有明显的“气”“液”标识。气相阀有自闭装置，液相阀没有自闭装置

图 3　涉事气液双相液化石油气钢瓶剖视图

6 月 20 日 23 时 49 分，店员马某山在打扫卫生时，卸下涉事钢瓶气相阀上的调压器，将钢瓶转动挪出，之后平推回原位，导致原本朝内的液相阀朝外，并误将气相阀调压器安装到液相阀上。

21 日 18 时 16 分起，后厨主管李某当天第一次打开涉事钢瓶进行烧烤，共断续使用三次，发现瓶阀与调压器连接处异常，有微量泄漏、闻到异味，误认为调压器存在问题，便将调压器卸下，做外观检查后装回液相阀继续使用。

20 时许，李某再次发现异常，随即关闭液相阀，卸下调压器进行拆解，发现内部构件损坏，并告知前厅经理海某。

20 时 11 分 58 秒，海某致电铂澜公司，被告知“先把阀门关上之后就不要乱动了，公司这边尽快安排售后到店内维修处理”。

20 时 18 分 24 秒，海某进入后厨，查看调压器后，安排李某到五金店购买调压器。

20 时 29 分 49 秒，李某返回将购买的调压器（经鉴定为假冒伪劣产品）仍误装回液相阀上，并多次尝试点火，均没有成功。

20 时 36 分 24 秒，海某让马某山去搬另一只备用钢瓶，同时开始拆卸涉事钢瓶的调压器。

36 分 42 秒，调压器与液相阀的接口处有少量"白雾"状液化石油气喷出（第一次喷射状泄漏），海某快速将调压器顶回后"白雾"消失。

36 分 51 秒，李某在关闭液相阀时拧错了方向，由"关"为"开"，喷出约 3 m 长的"白雾"（第二次喷射状泄漏）。

37 分 19 秒，海某关闭液相阀未果，误拉动连接调压器的软管，导致泄漏量加大（见图 4）。

图 4　涉事故气瓶泄漏时的厨房监控画面

37 分 54 秒，泄漏的液化石油气与空气混合达到爆炸极限，遇厨房内正在使用天然气的灶具明火发生爆炸。

经模拟测算，参与爆炸的液化石油气量为 4.85～6.06 kg。

事故共造成 31 人死亡，其中一楼 2 人、二楼 29 人；7 人受伤，均位于一楼大厅。死亡的 31 人中，店员 4 人、顾客 27 人；受伤的 7 人中，店员 5 人、顾客 2 人。

2. 应急救援情况

事故发生后，应急管理部、住房城乡建设部、商务部、市场监管总局等有关部门迅速响应，组成联合工作组赶赴现场指导事故救援处置工作。

银川市消防救援支队于 21 日 20 时 38 分 24 秒接警，消防救援人员于 20 时 46 分到达现场。

宁夏消防部门共调集 5 个消防救援站、20 辆消防车、102 名指战员第一时间赶赴现场救援；宁夏卫生健康部门调派 18 辆急救车、71 名急救人员转运救治伤员。

至 23 时 40 分，经过 2 个多小时的艰苦救援，共搜救出 31 名被困人员，并开展 15 轮排查确认，确保被困人员没有遗漏，未发生次生事故。

（四）事故直接原因

通过对事故现场进行勘查、取样、检测，经水介质模拟液化石油气喷射试验和液化石油气泄漏燃烧实验验证，以及委托第三方机构进行爆炸数值模拟，调查认定事故的直接原因是：液化石油气配送企业违规向烧烤店配送有气相阀和液相阀的“双嘴瓶”，店员误将气相阀调压器接到液相阀上，使用发现异常后擅自拆卸安装调压器造成液化石油气泄漏，处置时又误将阀门反向开大，导致大量泄漏喷出，与空气混合达到爆炸极限，遇厨房内明火发生爆炸进而起火。由于没有组织疏散、唯一楼梯通道被炸毁的隔墙严重堵塞、二楼临街窗户被封堵并被锚固焊接的钢制广告牌完全阻挡，严重影响人员逃生，导致伤亡扩大。

（五）责任追究情况

1. 追究刑事责任

富洋烧烤店实际控制人刘某、张某，法定代表人马某，店长索某等 4 人涉嫌重大责任事故罪，已被公安机关采取强制措施；前厅经理海某、后厨主管李某因在事故中重伤经抢救无效死亡，不再追究刑事责任。

龙江公司、铂澜公司实际控制人王某涉嫌重大责任事故罪，已被公安机关采取强制措施。

龙江公司法定代表人张某某，铂澜公司法定代表人马某某，国华公司法定代表人周某、生产负责人刘某某涉嫌重大责任事故罪、提供虚假证明文件罪，已被公安机关采取强制措施。

2. 党纪政务处分

宁夏回族自治区纪检监察机关、中央纪委国家监委驻应急管理部纪检监察组按照干部管理权限，依规依纪依法对事故中涉嫌违纪违法的 66 名公职人员进行了严肃追责问责。

另外，两名中管干部对事故发生负有重要领导责任，中央纪委对二人分别给予党内警告、党内严重警告处分。

二、事故教训与预防措施

（一）存在的主要问题及教训

1. 燃气使用单位未落实安全生产和消防安全主体责任，富洋烧烤店存在多项重大事故隐患

（1）违规使用“双气源”，不具备安全用气条件。

富洋烧烤店违规使用管道天然气和液化石油气“双气源”，未设置专用气瓶

间，使用超过 2 米的橡胶软管、可调节式调压器、无熄火保护装置灶具，未安装液化石油气泄漏报警装置，不具备安全用气条件。

(2) 错误操作接错瓶阀，且多次擅自违规拆装调压阀。

员工不掌握燃气安全相关知识，不清楚 50 kg“双嘴瓶”安全风险，违规操作处置。店内的“双嘴瓶”调压器本来接在气相阀上，事发前一天晚上，烧烤店员工为方便打扫卫生，卸下调压器，旋转移出“双嘴瓶”，但在移回原位时液相阀和气相阀朝向异位，员工误把液相阀当成了气相阀，并将调压器错接到液相阀上。一旦开阀使用，极易导致调压器损坏、液化石油气泄漏。

事发当天晚上，店员拧开阀门用气烧烤时发现异常、闻到异味，相继两次擅自拆卸安装调压器，在第三次卸下调压器后又违规拆解，发现损坏后致电询问配送公司，但没有听从劝阻，自行购置劣质调压器又接回液相阀上。至此，在反复操作中一直没有意识到本应接到气相阀的调压器被错接到液相阀上。在第四次拆卸调压器时，由于未关闭阀门发生泄漏，此时本应紧急关闭阀门，却误将阀门反向开大，处置中又误拉连接软管，使接口进一步松动，导致泄漏加剧。

(3) 生命通道不畅通。

富洋烧烤店作为具有卡拉 OK 功能的餐厅本应有 2 个楼梯通道，但实际只有 1 个。

店主在装修卡拉 OK 包房时为隔音用装饰板、岩棉等将二楼外窗封堵成墙，又采用锚固焊接的钢制广告牌将二楼外窗完全封堵，造成“堵上加堵”，致使二楼部分被困人员无法通过窗户逃生，最终造成二楼被困人员伤亡扩大。

(4) 安全意识和应急处置能力极度匮乏。

未制定燃气应急处置预案，未定期组织应急演练，发现燃气使用异常后未按照燃气企业要求关闭瓶阀并等待上门维修，而是自行购买调压器更换。

在燃气大量泄漏时，未组织人员立即撤离，液化石油气从 20 时 36 分 51 秒开始大量泄漏到 37 分 54 秒爆炸，有 1 min 3 s 的疏散时间。期间，烧烤店经理让店员赶快报警，但没有通知一、二楼顾客撤离，错失了人员逃生的最佳时机。

2. 燃气供应单位安全管理混乱，违法违规经营

(1) 铂澜公司无证经营，违规配送“双嘴瓶”，安检失职。

铂澜公司未取得燃气经营许可证，擅自从事燃气经营活动，相关从业人员未经燃气管理部门培训考核。

配送管理混乱，将不符合规定的 50 kg“双嘴瓶”送至无气化装置、不具备安全用气条件的富洋烧烤店，并一次性配送 2 只，放任用户自行换瓶连灶。

入户安检流于形式，未尽到安全宣传义务，未告知 50 kg“双嘴瓶”安全风险，未对不具备安全用气条件的富洋烧烤店停止供气。

(2) 龙江公司违规取得许可，违规改造“双嘴瓶”，违规供气。

龙江公司违规取得燃气经营许可和气瓶充装许可，资质申报材料弄虚作假，持燃气经营企业从业人员培训考核证人员不足，违规用铂澜公司员工充当本公司经营负责人、技术负责人，未按规定配备专职安全管理员、充装人员。

违规在 50 kg 新标准“双嘴瓶”液相阀“加芯”，将其变为老标准气瓶，放任其流入无气化装置的餐饮场所，带来错接风险。

违规长期使用“口袋码”充装非自有气瓶，向无燃气经营许可的铂澜公司和 30 多个“黑气”贩子提供用于经营的燃气。

(3) 哈纳斯公司未履行安检职责。

不认真履行入户安检职责，发现富洋烧烤店使用“双气源”、灶具无熄火保护装置、无切断阀等问题后，未按规定停止供应天然气，也未向有关部门报告。

3. 气瓶检测公司违法骗取核准证，气瓶检验弄虚作假

国华公司在无专业技术人员、持证检验员的情况下，违规通过“挂证”、冒充有证人员等不正当方式骗取特种设备检验检测机构核准证，在被市场监管部门检查发现后，继续弄虚作假应付检查。未按要求为涉事气瓶在内的老标准 50 kg“双嘴瓶”更换新标准大口径液相瓶阀，放任不合规气瓶流入市场。气瓶检验弄虚作假，无证检验人员不按技术规程进行气瓶检验工作，并多次假冒有证人员签名出具气瓶检验报告。

4. 政府有关部门未切实履行安全生产监管职责

(1) 专项整治敷衍了事，致使 50 kg“双嘴瓶”违规检验、充装、配送、使用等全链条突出问题隐患没有得到有效整治，养痈遗患，酿成恶果。

(2) 源头管理失职失责，监管和审批部门不履职不作为，致使涉事企业长期违法违规，为所欲为，在源头管理上为事故埋下重大安全隐患。

(3) 餐饮场所安全失管漏管，未有效督促加强餐饮场所等用户端的监管和指导，在组织开展燃气安全整治“百日行动”及日常“双随机一公开”联合执法检查中，一家餐饮燃气用户也没有抽查检查。

(二) 事故警示及预防措施

1. 严格遵守法律法规，严禁使用“双嘴瓶”

餐饮企业等使用燃气的单位要严格遵守燃气安全相关的法律法规和标准规范，不使用违规的燃气设备和气瓶，餐饮场所应使用有气相阀的“单嘴瓶”，禁止使用“双嘴瓶”。

2. 加强员工的安全教育，提高应急处置能力

餐饮企业等使用燃气的单位要对员工进行系统的燃气安全知识培训，包括燃气的特性、正确的操作方法等，培训后进行考核，确保员工具备必要的安全技能和知识。

建立健全应急预案，确保其可行性，定期组织员工进行应急演练，提高员工的应急意识和应急处置能力。

3. 定期检查维护设备

餐饮企业等使用燃气的单位要对燃气管道、阀门、调压器、气瓶等设备进行定期检查和维护，确保其处于良好的运行状态。及时更换老化、损坏的设备部件，发现安全隐患立即整改。

4. 确保生命通道的畅通

餐饮企业等使用燃气的单位要对疏散通道进行定期的检查和维护，确保疏散通道内没有杂物堆积、门和窗户能够正常开启关闭、照明设施完好等。

5. 加强气瓶管理，规范气瓶配送工作

燃气供应单位要确保所供应的气瓶符合安全标准和相关规定，严格按照餐饮场所的需求配送正确类型的气瓶。比如该事故中，按规定餐饮场所应使用仅有气相阀的"单嘴瓶"，但配送公司却违规配送了"双嘴瓶"，燃气供应单位必须杜绝此类错误。

燃气供应单位要对供应的燃气质量进行严格检测和把控，确保其成分、热值等指标符合国家标准，防止因气源质量问题引发安全事故。

6. 加强对燃气用户端的安全检查

燃气供应单位要增加对用户端燃气设施的安全检查频率和力度，不仅仅是在初次供气时进行检查，在日常使用过程中也要定期上门检查。检查内容包括用户的燃气器具是否合格、连接软管是否老化、是否存在私拉乱接等违规行为，并及时督促用户整改。

7. 政府有关部门严格市场准入，全面规范行业发展秩序

要对燃气经营和气瓶充装许可严格把关，规范审批程序，加强监督，坚决防止通过不正当手段取得经营许可资质。

严格餐饮企业开业前的消防安全检查工作，不符合安全疏散等消防要求的坚决停止营业。

加强事中事后监管，对取得许可的企业要定期组织资质许可条件评估，对安全隐患严重、经营无序、弄虚作假、不符合条件的企业，坚决依法撤销许可。

三、事故解析与风险防控

（一）"双嘴瓶"及其工作原理

1. "双嘴瓶"

气液双相液化石油气钢瓶（俗称"双嘴瓶"）是一种用于储存液化石油气（LPG）的容器。它主要由瓶体、瓶阀、护罩等部件组成。瓶体一般是采用优质碳

素钢或低合金钢经冲压、焊接等工艺制成，能够承受一定的压力，确保 LPG 在安全的环境下储存。瓶阀是控制 LPG 进出钢瓶的关键部件，它的质量和性能直接影响钢瓶的安全性。护罩则起到保护瓶阀等部件的作用（见图 5）。

图 5　“双嘴瓶”外观图

液化石油气在钢瓶内呈现气液双相状态。在常温下，一部分 LPG 会汽化，形成气相，处于钢瓶上部空间；而另一部分仍为液态，位于钢瓶底部。

2.“双嘴瓶”工作原理

当钢瓶阀门打开时，钢瓶内气相部分的液化石油气在自身压力作用下通过管道流向燃气器具。随着气相部分的消耗，液态的液化石油气会逐渐汽化补充气相部分。这个汽化过程是一个吸热过程，它会吸收周围环境的热量。这就是为什么有时候钢瓶在使用过程中表面会出现结霜现象，因为钢瓶表面的温度因 LPG 汽化吸热而降低，使得周围空气中的水蒸气遇冷结成霜。

（二）“双嘴瓶”的危险性

1. 爆炸危险

（1）超压物理爆炸

液化石油气在钢瓶内呈气液双相状态，其压力与温度密切相关。在温度升高时，液态石油气汽化速度加快，会使钢瓶内压力急剧上升。例如，在炎热的夏季，如果钢瓶放置在阳光直射的地方，瓶内温度可能会大幅升高。

若钢瓶超装，内部没有足够的气相空间来缓冲压力变化，当温度变化时，压力很容易超过钢瓶的耐压极限，引发物理性爆炸。这种爆炸威力巨大，钢瓶碎片会以高速向四周飞溅，对周围人员和设施造成严重伤害。

（2）泄漏爆炸

钢瓶的瓶阀、焊缝、瓶体等部位可能出现泄漏情况。一旦液化石油气泄漏，会在空气中迅速扩散并与空气混合形成可燃混合气。其主要成分丙烷、丁烷等的爆炸极限范围较窄，如丙烷爆炸极限是2.1%～9.5%，丁烷是1.9%～8.5%。

当可燃混合气遇到火源，如明火、静电火花、电器开关产生的电火花等，就会发生化学爆炸。例如，在一个通风不良的厨房，若钢瓶泄漏，当有人开启抽油烟机时产生的电火花就可能引发爆炸。

2. 火灾危险

液化石油气是易燃气体，其热值高，燃烧速度快。一旦泄漏并遇到火源，就会燃烧形成火灾。例如，从钢瓶泄漏出来的石油气被炉灶上的明火点燃后，火焰会沿着泄漏方向迅速蔓延。

而且在燃烧过程中，火焰温度较高，会使周围温度升高。如果附近有其他易燃物，如木制家具、窗帘等，很容易被引燃，从而扩大火灾范围。

3. 中毒危险

（1）缺氧窒息

液化石油气泄漏后会在一定空间内积聚，排挤空气中的氧气。当空气中的液化石油气浓度过高时，会导致氧气含量降低。

人员在这种环境中，会因缺氧而出现呼吸困难、头晕、乏力等症状，严重时可能会导致窒息死亡。

（2）有害气体中毒

液化石油气中可能含有少量杂质，如硫化氢等有毒气体。当这些气体被人体吸入后，会对人体的呼吸系统、神经系统等造成损害。

硫化氢中毒的症状包括头痛、恶心、呕吐、意识障碍等。长时间暴露在含有有害气体的环境中，会对人体健康产生长期的不良影响。

（三）主要法律法规要求

1.《中华人民共和国安全生产法》部分条款

第二十二条 生产经营单位的全员安全生产责任制应当明确各岗位的责任人员、责任范围和考核标准等内容。

生产经营单位应当建立相应的机制，加强对全员安全生产责任制落实情况的监督考核，保证全员安全生产责任制的落实。

第二十七条第一款 生产经营单位的主要负责人和安全生产管理人员必须具备与本单位所从事的生产经营活动相应的安全生产知识和管理能力。

第二十八条第一款 生产经营单位应当对从业人员进行安全生产教育和培训，

保证从业人员具备必要的安全生产知识，熟悉有关的安全生产规章制度和安全操作规程，掌握本岗位的安全操作技能，了解事故应急处理措施，知悉自身在安全生产方面的权利和义务。未经安全生产教育和培训合格的从业人员，不得上岗作业。

第三十条　生产经营单位的特种作业人员必须按照国家有关规定经专门的安全作业培训，取得相应资格，方可上岗作业。

特种作业人员的范围由国务院应急管理部门会同国务院有关部门确定。

第四十一条第二款　生产经营单位应当建立健全并落实生产安全事故隐患排查治理制度，采取技术、管理措施，及时发现并消除事故隐患。事故隐患排查治理情况应当如实记录，并通过职工大会或者职工代表大会、信息公示栏等方式向从业人员通报。其中，重大事故隐患排查治理情况应当及时向负有安全生产监督管理职责的部门和职工大会或者职工代表大会报告。

2.《城镇燃气管理条例》部分条款

第十五条　国家对燃气经营实行许可证制度。从事燃气经营活动的企业，应当具备下列条件：

（一）符合燃气发展规划要求；

（二）有符合国家标准的燃气气源和燃气设施；

（三）有固定的经营场所、完善的安全管理制度和健全的经营方案；

（四）企业的主要负责人、安全生产管理人员以及运行、维护和抢修人员经专业培训并考核合格；

（五）法律、法规规定的其他条件。

符合前款规定条件的，由县级以上地方人民政府燃气管理部门核发燃气经营许可证。

第十七条　燃气经营者应当向燃气用户持续、稳定、安全供应符合国家质量标准的燃气，指导燃气用户安全用气、节约用气，并对燃气设施定期进行安全检查。

燃气经营者应当公示业务流程、服务承诺、收费标准和服务热线等信息，并按照国家燃气服务标准提供服务。

第十八条　燃气经营者不得有下列行为：

（一）拒绝向市政燃气管网覆盖范围内符合用气条件的单位或者个人供气；

（二）倒卖、抵押、出租、出借、转让、涂改燃气经营许可证；

（三）未履行必要告知义务擅自停止供气、调整供气量，或者未经审批擅自停业或者歇业；

（四）向未取得燃气经营许可证的单位或者个人提供用于经营的燃气；

（五）在不具备安全条件的场所储存燃气；

（六）要求燃气用户购买其指定的产品或者接受其提供的服务；

（七）擅自为非自有气瓶充装燃气；

（八）销售未经许可的充装单位充装的瓶装燃气或者销售充装单位擅自为非自有气瓶充装的瓶装燃气；

（九）冒用其他企业名称或者标识从事燃气经营、服务活动。

3.《中华人民共和国特种设备安全法》部分条款

第四十九条 移动式压力容器、气瓶充装单位，应当具备下列条件，并经负责特种设备安全监督管理的部门许可，方可从事充装活动：

（一）有与充装和管理相适应的管理人员和技术人员；

（二）有与充装和管理相适应的充装设备、检测手段、场地厂房、器具、安全设施；

（三）有健全的充装管理制度、责任制度、处理措施。

充装单位应当建立充装前后的检查、记录制度，禁止对不符合安全技术规范要求的移动式压力容器和气瓶进行充装。

气瓶充装单位应当向气体使用者提供符合安全技术规范要求的气瓶，对气体使用者进行气瓶安全使用指导，并按照安全技术规范的要求办理气瓶使用登记，及时申报定期检验。

第五十二条 特种设备检验、检测工作应当遵守法律、行政法规的规定，并按照安全技术规范的要求进行。

特种设备检验、检测机构及其检验、检测人员应当依法为特种设备生产、经营、使用单位提供安全、可靠、便捷、诚信的检验、检测服务。

4.《城镇燃气经营安全重大隐患判定标准》部分条款

第四条 燃气经营者在安全生产管理中，有下列情形之一的，判定为重大隐患：

（一）未取得燃气经营许可证从事燃气经营活动；

（二）未建立安全风险分级管控制度；

（三）未建立事故隐患排查治理制度；

（四）未制定生产安全事故应急救援预案；

（五）未建立对燃气用户燃气设施的定期安全检查制度。

第五条 燃气经营者在燃气厂站安全管理中，有下列情形之一的，判定为重大隐患：

（一）燃气储罐未设置压力、罐容或液位显示等监测装置，或不具有超限报警功能；

（二）燃气厂站内设备和管道未设置防止系统压力参数超过限值的自动切断和放散装置；

（三）压缩天然气、液化天然气和液化石油气装卸系统未设置防止装卸用管拉脱的联锁保护装置；

（四）燃气厂站内设置在有爆炸危险环境的电气、仪表装置，不具有与该区域爆炸危险等级相对应的防爆性能；

（五）燃气厂站内可燃气体泄漏浓度可能达到爆炸下限20%的燃气设施区域内或建（构）筑物内，未设置固定式可燃气体浓度报警装置。

第七条　燃气经营者在气瓶安全管理中，有下列情形之一的，判定为重大隐患：

（一）擅自为非自有气瓶充装燃气；

（二）销售未经许可的充装单位充装的瓶装燃气；

（三）销售充装单位擅自为非自有气瓶充装的瓶装燃气。

第九条　燃气经营者在对燃气用户进行安全检查时，发现有下列情形之一，不按规定采取书面告知用户整改等措施的，判定为重大隐患：

（一）燃气相对密度大于等于0.75的燃气管道、调压装置和燃具等设置在地下室、半地下室、地下箱体及其他密闭地下空间内；

（二）燃气引入管、立管、水平干管设置在卫生间内；

（三）燃气管道及附件、燃具设置在卧室、旅馆建筑客房等人员居住和休息的房间内；

（四）使用国家明令淘汰的燃气燃烧器具、连接管。

5.《特种设备重大事故隐患判定准则》部分条款

4.1　特种设备有下列情形之一仍继续使用的，应判定为重大事故隐患。

a）特种设备未取得许可生产、因安全问题国家明令淘汰、已经报废或者达到报废条件。

b）特种设备发生过事故，未对其进行全面检查、消除事故隐患。

c）未按规定进行监督检验或者监督检验不合格。

d）有4.2～4.10中规定的超过规定参数、使用范围的情形。

4.5　移动式压力容器或者气瓶充装有下列情形之一的，应判定为重大事故隐患。

a）未经许可，擅自从事移动式压力容器充装或者气瓶充装活动。

b）移动式压力容器、气瓶错装介质。

c）充装设备设施上的紧急切断装置缺失或失效，仍继续使用的。

案例3　五次报警置若罔闻违规操作害人害己

——北京市通州区“10・9”燃气爆炸事故暴露出的主要问题与警示

一、事故详情

（一）事故基本情况

2023年10月9日14时53分许，北京市通州区梨园镇九棵树中路998号北京京容合餐饮服务有限公司（以下简称京容合公司）发生燃气爆炸事故，造成1人死亡、16人受伤，直接经济损失367.07万元（见图1）。

调查认定，通州区“10・9”燃气爆炸事故是一起一般生产安全责任事故。

图1　事故现场照片

（二）涉事单位及相关责任人情况

1. 事故发生单位——京容合公司

事发单位是京容合公司，其厨房发生燃气爆炸事故。事发地点位于通州区九棵树中路 998 号，该建筑为钢混结构，地上 3 层（局部 4 层）、地下 2 层，总建筑面积为 29241.94 m^2，该建筑房屋性质为商品房，规划用途为商业。

事发建筑一层底商从南向北依次为北京那一年烟火餐饮有限公司、北京嘉和一品餐饮管理有限公司（以下简称嘉和一品公司）、京容合公司、秋果酒店、北京先宝妇产医院。

2. 事故相关单位

北京市燃气集团有限责任公司第三分公司（隶属于北京市燃气集团有限责任公司，以下简称市燃气集团三分公司），经营范围为燃气经营；销售燃气设备用具、燃气专用设备和施工材料；检测、检修、安装燃气设备等。

3. 事故主要责任人

(1) 杨某：市燃气集团三分公司员工，现工作岗位为市燃气集团三分公司梨园服务中心户内运行工，工作职责为对非居民用户开展安全巡检及安全管理、抄收管理、计量管理、客户关系维护等，事发建筑内 4 家非居民用户均由杨某负责管理。

(2) 张某：杨某临时雇佣人员，持有技改安全巡检专项工作上岗证书，不具有燃气管道安装及拆除盲板等工作资质。

(3) 甘某：京容合公司负责人。

（三）事故发生经过及应急救援情况

1. 事故发生经过

2023 年 10 月 8 日上午，甘某前往市燃气集团三分公司梨园燃气服务中心购气，供气合同已到期，杨某与售气工作人员沟通后，在供气合同未续签的情况下，违规出售 2000 元燃气（760 m^3）。

2023 年 10 月 8 日晚上，甘某与燃气灶具厂家两名工人一同到事发店内调试灶具，燃气灶具打火未成功。

2023 年 10 月 9 日，杨某安排张某电话联系甘某上门通气。

2023 年 10 月 9 日 13 时 52 分，张某进入事发店内，拆除球阀末端与紧急切断阀之间的钢制盲板，后紧固法兰螺栓，尝试灶具打火仍未成功。随后，张某从天然气管道末端排空口直接向室内排放管道内空气，排放时间约半小时。

2023 年 10 月 9 日 14 时 31 分，秋果酒店燃气报警器连接的 01 号传感器报警（第一次报警）。

2023 年 10 月 9 日 14 时 32 分，秋果酒店燃气报警器连接的 02 号传感器报警（第二次报警）。

2023 年 10 月 9 日 14 时 45 分，嘉和一品公司燃气报警器低报、高报接连报警（第三次、第四次报警），自动切断阀切断燃气供应，嘉和一品公司员工联系杨某到现场查看。

2023 年 10 月 9 日 14 时 51 分左右，杨某到达京容合公司，看到张某正拧开燃气管道法兰螺栓准备更换法兰垫片，杨某闻到天然气气味并要求张某停止施工，但张某不认为是天然气气味。随后杨某到嘉和一品公司厨房查看燃气报警器报警情况。

2023 年 10 月 9 日 14 时 53 分，秋果酒店燃气报警器连接的 01 号传感器高报启动（第五次报警）。

2023 年 10 月 9 日 14 时 53 分 40 秒，事发建筑物发生爆炸。

2. 应急救援情况

2023 年 10 月 9 日 14 时 55 分，市消防救援总队 119 指挥中心接警，先后调派总队、支队两级全勤指挥部 7 个消防站、18 部消防车、110 名指战员参加救援。

15 时 01 分，消防人员到场，立即对现场实施管控。经消防救援力量 5 轮次现场搜索，共转运送医 17 人（见图 2）。

图 2　应急救援现场照片

（四）事故直接原因

事故调查组结合现场勘验、检测鉴定、视频资料、询问笔录和专家意见等综合分析，本次事故的直接原因是：张某在京容合公司厨房内拆除天然气管道盲板后，违规放散天然气管道内气体，造成天然气持续泄漏，扩散至京容合公司厨房及相邻门店厨房等区域，与空气混合达到爆炸极限浓度，在京容合公司厨房内遇电气火花发生爆炸，导致事故发生。

（五）责任追究情况

1. 追究刑事责任

杨某、张某因涉嫌重大责任事故罪，于 2023 年 11 月 10 日，被公安机关采取

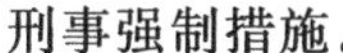

刑事强制措施。

2. 给予行政处罚的单位及人员

北京市燃气集团三分公司：通州区应急管理部门依据《中华人民共和国安全生产法》等有关规定，对其罚款50万元。

北京市燃气集团三分公司主要负责人赵某：通州区应急管理部门依据《中华人民共和国安全生产法》等有关规定，对其罚款15.724万元。

3. 给予党纪政务处分

北京市燃气集团三分公司党委书记、副总经理、户内一所所长等多人，被给予党内警告、诫勉、政务警告等处分。

通州区城市管理委、城管执法局、梨园镇政府等部门的14名相关公职人员因履行燃气供应安全生产监督管理职责不到位等原因，被给予党内警告、政务记过等处理。

二、事故教训与预防措施

（一）存在的主要问题及教训

1. 杨某："侥幸无畏"——无视法律法规和企业的管理规定

杨某违反市燃气集团关于非居民用户燃气设施拆改迁相关管理规定，利用职务便利介绍个人私自承揽燃气设施安装、改造工程，并从中谋取利益；违反市燃气集团非居民用户复气相关规定，擅自安排不具备操作资格的个人改动燃气设施、开展复气操作。

2. 张某："无知无畏"——无证作业、违规操作

张某未经允许冒用其他公司名义违法承接燃气管道安装、改造工程；使用燃气集团内部上岗证冒充有燃气施工资格人员开展施工作业；在不具备操作资格、不掌握本岗位安全知识的情况下，擅自违规拆除、改装、安装燃气设施。

3. 市燃气集团三分公司主体责任不落实，管理混乱

（1）市燃气集团三分公司对企业员工长期私自承揽燃气设施拆改迁工程的现象失察失管。

（2）对非居民用户的燃气设施拆改迁管理存在严重问题。

（3）对内部培训上岗证书管理不严格。

（4）市燃气集团三分公司未严格落实用户停气程序，未向非居民用户出具《暂停供气（限制购气）告知单》。

（5）未在隐患告知单整改期内对存在安全隐患用户采取停气措施，且未向城市管理综合执法部门报告。

（6）未按规定对长期不使用燃气、合同过期用户落实限供及限购处理，在用

户购气时仅提示合同过期，但用户仍可正常购气。

(7) 未落实市燃气集团关于停气用户复气前燃气设施报装、严密度试验等要求违规售气。

4. 政府有关部门履行燃气供应安全生产监督管理职责不到位

未有效督促市燃气集团三分公司落实燃气供应安全责任。

未对市燃气集团三分公司提供的用户明细与事发点位燃气使用情况存在明显矛盾的问题进行核查检查，未发现事发点位供用气合同过期的问题。

未按要求对事发用气点开展监督检查，未发现燃气报警器缺失、燃气报警器未通电的问题。

（二）事故警示及预防措施

1. 燃气供应单位应加强内部管理，严禁员工私自承揽燃气设施拆改迁工程

燃气单位是高危行业必须全面严格落实主体责任，加强管理，提高从业人员的安全意识和规矩意识，建立并严格执行管理制度，严禁“三违”行为。

2. 建立并完善现场应急处置方案

制定应急预案，定期开展应急演练，提高员工的应急意识和应急能力。当燃气报警器发出报警时，要立即采取相应的应急措施，及时消除隐患。发现险情，立即报警并处置。

3. 特种作业人员必须持证上岗

所有特种作业人员都应经过严格的安全培训，做到持证上岗；必须严格遵守燃气安全操作规程，严禁违规操作，确保安全。

4. 加强设备维修和检查

燃气使用单位安装并定期检查、维护可燃气体报警器，确保其正常工作。

5. 加强监管和执法力度

监管部门要严厉打击违法私自承揽燃气设施安装、改造工程的行为。

三、事故解析与风险防控

（一）燃气报警器及其作用

1. 燃气报警器

燃气报警器就是探测燃气浓度的探测器，其核心元部件为气敏传感器，安装在可能发生燃气泄漏的场所，当燃气在空气中的浓度超过设定值，探测器就会被触发报警，并对外发出声光报警信号，如果连接报警主机和接警中心则可联网报警，同时可以自动启动排风设备、关闭燃气管道阀门等（见图 3）。

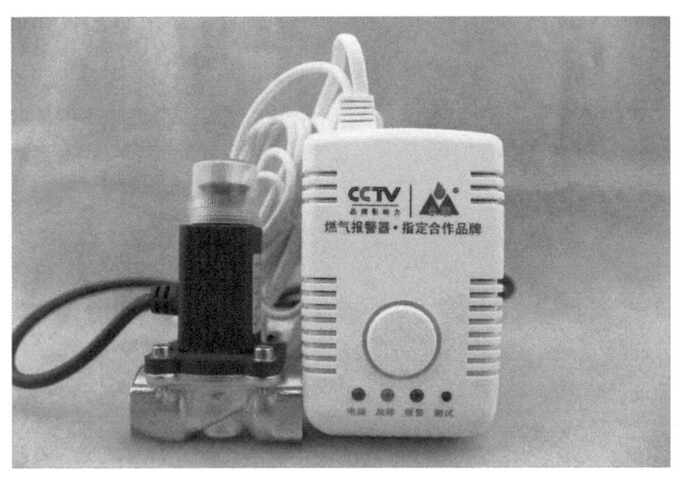

图 3 燃气报警器外观图

2. 燃气报警器的作用

有关部门经长期测试得出结论，燃气报警器防止燃气爆炸事故与一氧化碳中毒发生的有效率达 95%以上。

（1） 预防燃气爆炸事故

燃气泄漏后，在空气中达到一定的浓度范围时，遇到火源就会发生爆炸。

燃气报警器能够敏锐地检测空气中燃气的浓度。当燃气（如天然气、液化石油气等）在环境中发生泄漏，且泄漏量达到一定浓度（通常天然气爆炸下限的一定百分比，例如达到爆炸下限的 20%～25%）时，报警器就会被触发，用户就可以关闭燃气阀门、通风换气等，将燃气浓度降低到安全范围，有效防止爆炸事故的发生。

（2） 预防中毒事件

某些燃气（如一氧化碳）是有毒气体。一氧化碳无色、无味、无刺激性，人体吸入后会与血红蛋白结合，使血红蛋白失去携氧能力，导致人体组织缺氧，严重时可致人死亡。

燃气报警器可以检测一氧化碳等有毒燃气的浓度，当浓度超过安全限值时发出警报。例如，在使用燃气热水器的浴室环境中，如果通风不良，可能会产生一氧化碳积聚，燃气报警器能及时发现并提醒用户，避免一氧化碳中毒事件的发生。

（3） 自动排气与切断功能

燃气报警器（见图 4）可以与排风、切断等系统相连，一旦检测到泄漏，可以自动启动这些安全措施，这种自动化的响应机制对于确保居民的安全至关重要。

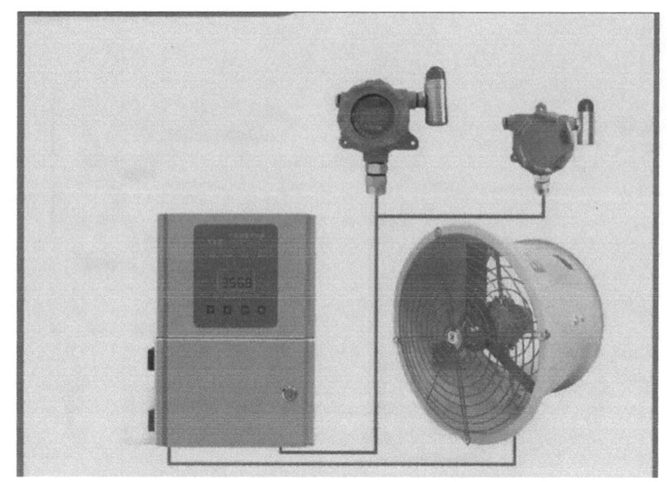

图 4　具有自动排气功能的燃气报警器

（4）保障生活质量

通过预防燃气泄漏的严重后果，燃气报警器有助于维护家庭的生活质量和确保居住者的安全。

（二）燃气报警器安装规范

1. 选择合适的位置

燃气报警器应安装在易产生燃气泄漏的区域，如厨房、浴室、锅炉房等。同时需要选择距离气源半径 1.5 m 范围内、空气流动好的位置，以提高燃气泄漏的检测准确性。

2. 安装高度要求

天然气和煤气报警器距天花板 0.3 m，液化石油气报警器距地面 0.3 m（见图 5）。

3. 避免阳光直射

安装燃气报警器时应避免阳光直射。阳光直射燃气报警器会影响其正常工作，甚至损坏其探测器。应选择安装位置避开阳光直射的地方，以保证报警器的稳定运行。

4. 避免与其他设备干扰

燃气报警器应远离其他可能干扰其工作的设备，如电视、音箱、音响等。避免将报警器与其他电子设备放在同一空间，以免产生干扰，影响燃气泄漏的检测准确性。

5. 安装固定可靠

燃气报警器应采用固定安装方式，保证其安装稳定可靠，不易松动、摇晃或掉落。可以使用墙壁固定螺丝或吊顶挂钩等方式固定报警器，使其能够长时间稳定地工作。

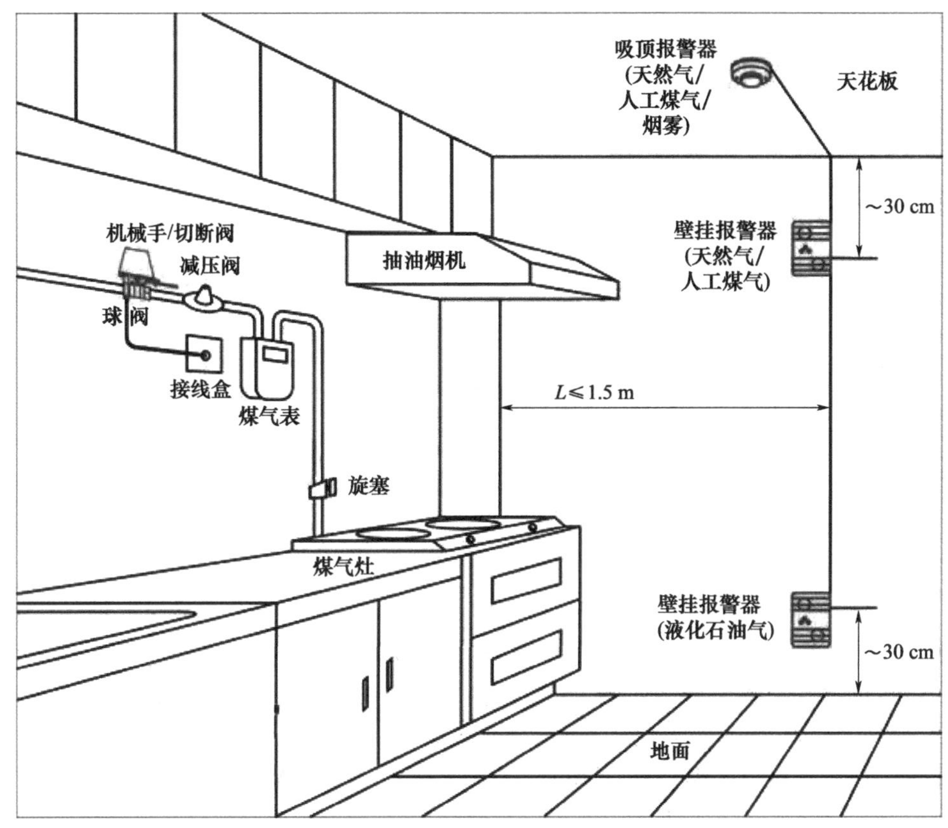

图 5　燃气报警器安装示意图

6. 保持清洁维护

安装燃气报警器后，应定期对其进行清洁维护。使用柔软的布擦拭外壳和探测器，避免积尘或其他杂物影响报警器的工作效果。同时，应定期更换电池，确保电池的正常供电，以保证报警器的长期使用。

7. 安装后测试报警器

安装完毕后，需要进行测试，确保报警器的工作正常。可以通过按下测试按钮或用火机等工具产生一点火焰，来测试报警器是否能够正常发出警报声。在测试中，需要注意保证安全，避免因不慎引起火灾事故。

8. 定期维护与检验

燃气报警器安装后，需要定期进行维护与检验。一般建议每 6 个月进行一次检验，包括检查电池是否正常、探测器的灵敏度是否正常、报警声音是否清晰等，并进行相应的维护保养。如果发现报警器出现故障或电池电量不足时，应及时更换或修理。

（三）主要法律法规要求

1.《中华人民共和国安全生产法》部分条款

第二十二条第一款 生产经营单位的全员安全生产责任制应当明确各岗位的责任人员、责任范围和考核标准等内容。

第三十六条 餐饮等行业的生产经营单位使用燃气的，应当安装可燃气体报警装置，并保障其正常使用。

第四十一条第二款 生产经营单位应当建立健全并落实生产安全事故隐患排查治理制度，采取技术、管理措施，及时发现并消除事故隐患。事故隐患排查治理情况应当如实记录，并通过职工大会或者职工代表大会、信息公示栏等方式向从业人员通报。其中，重大事故隐患排查治理情况应当及时向负有安全生产监督管理职责的部门和职工大会或者职工代表大会报告。

2.《城镇燃气管理条例》部分条款

第十八条 燃气经营者不得有下列行为：

（一）拒绝向市政燃气管网覆盖范围内符合用气条件的单位或者个人供气；

（二）倒卖、抵押、出租、出借、转让、涂改燃气经营许可证；

（三）未履行必要告知义务擅自停止供气、调整供气量，或者未经审批擅自停业或者歇业；

（四）向未取得燃气经营许可证的单位或者个人提供用于经营的燃气；

（五）在不具备安全条件的场所储存燃气；

（六）要求燃气用户购买其指定的产品或者接受其提供的服务；

（七）擅自为非自有气瓶充装燃气；

（八）销售未经许可的充装单位充装的瓶装燃气或者销售充装单位擅自为非自有气瓶充装的瓶装燃气；

（九）冒用其他企业名称或者标识从事燃气经营、服务活动。

第二十八条 燃气用户及相关单位和个人不得有下列行为：

（一）擅自操作公用燃气阀门；

（二）将燃气管道作为负重支架或者接地引线；

（三）安装、使用不符合气源要求的燃气燃烧器具；

（四）擅自安装、改装、拆除户内燃气设施和燃气计量装置；

（五）在不具备安全条件的场所使用、储存燃气；

（六）盗用燃气；

（七）改变燃气用途或者转供燃气。

3.《北京市燃气管理条例》部分条款

第二十条 燃气供应企业受理非居民的用气开户申请的，应当对其用气环境进行安全检查；有下列情形之一的，燃气供应企业不得与其签订供用气合同，不得供气：

（一）用气场所为违法建设；

（二）拒绝安全检查，或者经安全检查，用气场所、燃气设施或者用气设备不符合安全用气条件；

（三）用气场所未安装燃气泄漏报警装置。

第二十七条　燃气用户应当在具备安全用气条件的场所正确使用燃气和管道燃气自闭阀、气瓶调压器等设施设备；安装、使用符合国家和本市有关标准和规范的燃气燃烧器具及其连接管、燃气泄漏报警装置，并按照使用年限要求进行更换。

第三十六条　任何单位和个人不得侵占、毁损，擅自拆除、改装、安装或者移动燃气设施。

燃气供应企业对燃气门站、储配站、区域性调压站、燃气供应站、市政燃气管道等燃气设施进行拆除、改造、迁移的，应当到区城市管理部门办理燃气设施改动行政许可手续。

燃气供应企业改动燃气设施，应当符合下列条件：

（一）有改动燃气设施的申请报告；

（二）改动后的燃气设施符合燃气发展规划、安全等有关规定；

（三）有安全施工的组织、设计和实施方案；

（四）有安全防护及不影响燃气用户安全、正常用气的措施；

（五）法律、法规和规章规定的其他条件。

区城市管理部门应当自受理燃气设施改动申请之日起十二个工作日内，依照法定程序作出行政许可决定。

燃气供应企业应当按照行政许可决定的要求实施作业。

4.《城镇燃气经营安全重大隐患判定标准》部分条款

第四条　燃气经营者在安全生产管理中，有下列情形之一的，判定为重大隐患：

（一）未取得燃气经营许可证从事燃气经营活动；

（二）未建立安全风险分级管控制度；

（三）未建立事故隐患排查治理制度；

（四）未制定生产安全事故应急救援预案；

（五）未建立对燃气用户燃气设施的定期安全检查制度。

5.《特种设备重大事故隐患判定准则》部分条款

4.1　特种设备有下列情形之一仍继续使用的，应判定为重大事故隐患。

a）特种设备未取得许可生产、因安全问题国家明令淘汰、已经报废或者达到报废条件。

b）特种设备发生过事故，未对其进行全面检查、消除事故隐患。

c）未按规定进行监督检验或者监督检验不合格。

d）有4.2～4.10中规定的超过规定参数、使用范围的情形。

4.5 移动式压力容器或者气瓶充装有下列情形之一的，应判定为重大事故隐患。

a）未经许可，擅自从事移动式压力容器充装或者气瓶充装活动。

b）移动式压力容器、气瓶错装介质。

c）充装设备设施上的紧急切断装置缺失或失效，仍继续使用的。

案例4　心中无安全　违规酿苦果

——北京市西城区“2·23”液化石油气爆炸事故暴露出的主要问题与警示

一、事故详情

（一）事故基本情况

2021年2月23日08时14分许，位于北京市西城区西绒线胡同1号的北京德峰餐厅（以下简称德峰餐厅）发生液化石油气爆炸事故，造成1人死亡、6人受伤，直接经济损失约473.64万元（见图1）。

图1　事故现场照片

（二）涉事单位及相关责任人情况

1. 事故发生单位——德峰餐厅

德峰餐厅：经营场所为北京市西城区西绒线胡同1号，经营者赵某，经营范围为餐饮服务，销售食品。

2. 事故相关单位

(1) 北京市通州白庙液化石油气储灌站（以下简称白庙储灌站）：位于北京市通州区宋庄镇白庙村，经营范围包括储存、销售液化石油气，危险货物运输等，具有燃气经营许可证和道路危险货物运输经营许可证。

(2) 河北省三河泰达燃气公司：经营范围包括储存、销售液化石油气，具有燃气经营许可证。

3. 事故主要责任人

(1) 陈某：德峰餐厅实际经营人。

(2) 赵某、郭某和郭某某：白庙储灌站司机，不具备危险化学品从业资格和《中华人民共和国道路运输从业人员从业资格证》。

(3) 黄某、黄某某和王某：白庙储灌站实际经营人、投资人。

(4) 赵某：白庙储灌站法定代表人。

（三）事故发生经过及应急救援情况

1. 事故发生经过

2021 年 2 月 22 日，德峰餐厅实际经营人陈某联系赵某配送液化石油气。

23 日 05 时 30 分许，赵某、郭某驾驶白庙储灌站车牌号为京 MBD753 的厢式危险货物运输车前往河北省三河泰达燃气公司充装液化石油气。

07 时 54 分许，郭某某搬运 1 只气瓶进入德峰餐厅厨房，并将 1 只更换后的气瓶搬离餐厅。赵某在更换气瓶、接入集气装置并打开瓶阀后，发现瓶阀上部发生泄漏，关闭瓶阀离开餐厅。

07 时 56 分许，赵某携带普通钢质扳手、垫片等第二次进入德峰餐厅气瓶间，拆卸发生泄漏的瓶阀进行维修时，阀芯在瓶内液化石油气压力作用下崩出。赵某找到阀芯，顶着喷射的液化石油气装入瓶阀并关闭阀门后离开餐厅。

08 时 08 分许，郭某进入德峰餐厅气瓶间，拧紧赵某拆卸的瓶阀部件并多次开关瓶阀测漏后离开。

08 时 12 分许，郭某返回德峰餐厅进行通风，赵某随之到餐厅门口。

08 时 14 分许，郭某行至德峰餐厅气瓶间附近时爆炸发生；德峰餐厅房顶整体塌落且大部分墙体倒塌、损毁，相邻房屋不同程度受损。

2. 应急救援情况

2 月 23 日 08 时 17 分许，市消防救援总队 119 指挥中心接警后，先后调派 13 部消防车、50 名指战员到场开展应急救援。西城区 120 急救中心派出医疗救护人员到场开展受伤人员救治，西城区公安分局、交通支队迅速开展事故现场秩序维护管理、周边交通疏导管控，属地街道疏散附近居民 39 人。

08 时 28 分，救援人员发现一名被困人员并于 08 时 32 分将其救出。

09 时 34 分许，救援人员搜救出另一名被困人员。事故共造成 1 人死亡、6 人受伤。

（四）事故直接原因

专家组结合有关技术鉴定、现场勘查、询问笔录和视频资料等综合分析，本次事故的直接原因为：液化石油气配送人员在更换事发餐厅气瓶间内液化石油气气瓶后，发现瓶阀上部发生泄漏，在现场违规拆卸瓶阀，导致液化石油气从瓶阀处快速泄漏并扩散到气瓶间、厨房等区域，与空气混合达到爆炸极限浓度，遇电气火花发生爆炸，导致事故发生。

（五）责任追究情况

1. 追究刑事责任

（1）燃气供应单位：白庙储灌站擅自出租燃气经营许可证、违规使用外地气源、违规向许可区域外的用户供应瓶装液化石油气、涉事车辆超载运输燃气并违反禁行规定。被处以 20 万元以上 50 万元以下的罚款，并依法吊销其燃气经营许可证和道路危险货物运输经营许可证；其实际经营人、法定代表人、负责日常管理工作的人员和涉事司机共计 8 人被依法追究刑事责任。

（2）燃气使用单位：德峰餐厅气瓶间设置不符合标准，未采取有效通风措施，未安装液化石油气泄漏报警装置，电气设备不符合防爆要求，在不具备安全条件的场所使用燃气。被处以 20 万元以上 50 万元以下的罚款，其实际经营人被处以上一年年收入 30%的罚款。

（3）另外 2 名涉嫌买卖国家机关公文、证件的人员：被依法追究刑事责任。河北省三河泰达燃气有限公司违规充装不符合安全技术规范要求的气瓶，被处以 8 万元的罚款。

2. 党纪政务处分

西城区、通州区行业主管部门及属地街道共计 6 人被追责问责；纪检监察机关向有关行业主管部门下发纪检监察建议，要求对相关问题进行整改。

二、事故教训与预防措施

（一）存在的主要问题及教训

1. 燃气供应单位主体责任不落实、违法违规问题严重

（1）白庙储灌站员工无资质上岗

赵某、郭某和郭某某作为白庙储灌站司机均不具备危险化学品从业资格和《中华人民共和国道路运输从业人员从业资格证》（道路危险货物运输驾驶员、道

路危险货物运输押运员），伪造和非法购买《中华人民共和国道路运输从业人员从业资格证》。

（2）白庙储灌站员工培训不到位、违规操作

赵某、郭某违反安全生产操作流程及规定，在现场违规拆卸液化石油气瓶阀，造成液化石油气泄漏发生爆炸，对事故发生负有直接责任。

（3）白庙储灌站经营人非法租用燃气经营许可证、进行非法燃气经营

黄某、黄某某、王某作为白庙储灌站实际经营人、投资人未履行安全生产职责。在未取得燃气经营许可的情况下，租用白庙储灌站经营资质，非法从事燃气经营，非法经营数额巨大。赵某作为白庙储灌站法定代表人，擅自将燃气经营许可证非法出租给黄某、黄某某、王某等人用于非法经营。

（4）违规充装含有“二甲醚”的气体、违规经营

泰达燃气公司为白庙储罐站的气瓶充装液化石油气时未仔细检查气瓶，违规充装不符合安全技术规范要求的气瓶，对该事故的发生负有一定责任。

2. 燃气使用单位主体责任不落实、设备和场所存在严重事故隐患

（1）德峰餐厅经营人隐患消除不及时

陈某，德峰餐厅实际经营人，未及时消除餐厅气瓶间不具备安全条件的事故隐患，燃气使用单位气瓶间设置不符合标准，不具备安全用气条件，未采取有效通风措施，对事故发生负有责任。

（2）德峰餐厅设备不完善

本次事故德峰餐厅电气设备不符合防爆要求，未安装液化石油气泄漏报警装置。

3. 有关行政单位对违法违规问题查处不力，监管不严

有关行政单位在日常执法检查工作中不严不细，未能及时发现燃气使用单位存在的安全隐患以及燃气供应单位存在的违规转包、违规使用外地气源、违规跨区经营等问题；对道路危险货物运输安全执法检查的力度不够；未能及时发现、查处涉事车辆违反禁行规定的违法行为。

（二）事故警示及预防措施

1. 燃气供应单位应严格遵守法律法规，合法经营

要加强员工的安全教育和培训，提高员工的安全意识和应急处置能力；确保员工具备专业技能并严格遵守安全操作规程，严禁员工无资质上岗。

2. 燃气使用场所必须具备安全使用的条件

应采取有效通风措施，应安装液化石油气泄漏报警装置，电气设备应符合防爆要求。不具备安全条件不能使用燃气。

3. 建立健全应急管理机制

燃气使用单位应制定完善的应急预案并定期进行演练。确保在发生紧急情况时能够迅速、有效地进行处置，最大限度地减少事故损失。

4. 加强设备设施安全检查与维护

燃气使用单位应定期对气瓶间、管道、阀门等设备设施进行检查和维护，确保其处于良好状态。同时，应安装泄漏报警装置等安全设备，及时发现并消除安全隐患。

5. 强化监管与执法力度

有关部门应加强对燃气使用单位和供应单位的监管力度，严厉打击违法违规行为。对于存在安全隐患的单位，要依法依规进行处理，确保安全生产。

三、事故解析与风险防控

（一）液化石油气及其危险性

1. 液化石油气

液化石油气是指在环境温度和压力适当的情况下，能被液化或以液相储存和输送的石油气体（见图 2）；它主要来自石油加工过程中各种加工装置的副产气体，也有一部分来自天然气（包括油田伴生气）。

图 2　液化石油气瓶外观图

液化石油气具有高热值、无烟尘、无炭渣等优点，因此被广泛应用于民用燃料、工业燃料以及化工原料等方面。在化工生产方面，液化石油气经过分离可以得到乙烯、丙烯等烯烃类化合物，用于生产合成塑料、合成橡胶、合成纤维等化工产品。此外，液化石油气还用于有色金属冶炼、农产品烘烤和工业窑炉的焙烧等领域。

2. 液化石油气的危险性

(1) 液化石油气的易爆特性

液化石油气第一个特点也是最大的特点就是液化石油气的易爆性。液化石油气的主要成分丙烷、丁烷等属于易燃易爆气体。其爆炸极限较窄，丙烷的爆炸极限为2.1%～9.5%，丁烷的爆炸极限为1.5%～8.5%。这意味着当液化石油气在空气中的浓度处于这个范围内时，遇到火源就极易发生爆炸，产生巨大的破坏力。

液化石油气燃烧时能够释放出大量热量，例如丙烷的热值约为50.38 MJ/kg，丁烷的热值约为46.52 MJ/kg。单单从热值来进行比较液化石油气要比普通的煤气的热值要高出好几倍，所以当液化石油气出现安全事故时就会出现爆炸的情况。在爆炸之后就会出现燃烧现象，液化石油气的燃烧也与爆炸的威力相似，破坏性大。

(2) 液化石油气的易燃特性

液化石油气具有石油的主要成分，这些成分包括丙烷、丁烷、丙烯、丁烯等，它们都是典型的烃类化合物，也具备烃类化合物最大的特点就是易燃性。而且液化石油气成分中包含的这些烃类化合物的闪点和自燃点较低，很容易引起燃烧。

(3) 液化石油气的毒性

液化石油气是一种有毒性的气体，但是这种毒性的挥发是有一定条件的。只有当液化石油气在空气中的浓度超过了10%时才会挥发出让人体出现反应的毒性。当人体接触到这样的毒性气体之后就会出现呕吐、恶心甚至昏迷的情况，给人体带来极大的伤害。

(4) 液化石油气的易流性

液化石油气是非常容易流淌的，一旦出现泄漏的情况液化石油气就会从储存器里流淌出来。而且一般情况下1 L的液化石油气在流淌出来后就会挥发成350 L左右的气体，这些气体在遇到明火（比如电火花）的时候就会产生燃烧，造成严重的火灾。

(5) 环境危害

①空气污染

一旦发生泄漏，液化石油气中的丙烷、丁烷等成分会挥发到大气中，增加大气中烃类物质的浓度，对空气质量产生影响。

若遇到火灾爆炸事故，燃烧产生的烟雾和废气中含有大量的颗粒物、一氧化碳、二氧化碳等污染物，会对周围大气环境造成严重污染，影响空气质量和能见度，危害人体健康和生态系统。

②土壤及水体污染

如果液化石油气在储存或运输过程中发生泄漏，液态的液化石油气可能会渗入土壤，对土壤的物理、化学性质产生影响，污染土壤环境。

部分泄漏的液化石油气可能会随着雨水等径流进入水体，影响水体的化学组成和水质，对水生生物造成危害，破坏水生生态系统。

（二）违章操作及其风险

1. 充装环节的违章操作

（1）超量充装

正常情况下，液化石油气气瓶有规定的充装系数。例如，常见的 YSP-15 型（15 kg）气瓶，按照标准充装量为 14.5±0.5 kg。如果超过这个量进行充装，当温度升高时，液态液化石油气会迅速膨胀。因为液态液化石油气的膨胀系数较大，在温度变化时体积变化明显。

超量充装后的气瓶就像一个“定时炸弹”，内部压力可能会超过气瓶的耐压极限，导致气瓶破裂，引发液化石油气泄漏，一旦遇到明火或者静电等点火源，就会发生爆炸。

（2）混装气体

液化石油气主要成分是丙烷、丁烷等。如果在充装时将其他不可兼容的气体（如空气或者其他可燃但性质不同的气体）混入，例如，空气与液化石油气混合后，会改变混合气体的爆炸极限范围。

正常液化石油气的爆炸极限为 1.5％～9.5％，混入空气后，可能会使爆炸极限范围变宽，使燃烧或爆炸更容易发生。而且不同气体可能在瓶内发生化学反应，也会增加安全风险。

2. 使用环节的违章操作

（1）倒卧使用

液化石油气气瓶正常使用时应该直立放置。当气瓶倒卧时，液态石油气会流向瓶口，在这种情况下打开阀门，液态石油气会以液态形式流出。

液态石油气从瓶口流出后会迅速汽化，与周围空气混合形成可燃混合气，而且其流出速度快，一旦遇到火源，产生的火焰会沿着液态石油气流动方向迅速回燃至瓶内，引起瓶内液化石油气燃烧，导致爆炸。

（2）加热气瓶

有些用户为了让气瓶内的液化石油气尽可能全部用完，会采用加热气瓶的方式，如用火烤或者用热水直接淋在气瓶上。这样做会使瓶内液体受热膨胀，压力急剧上升。同时，过高的温度可能会破坏气瓶的材质性能，使气瓶耐压能力下降，增加气瓶破裂的风险。

(3) 私自拆卸瓶阀或减压阀

瓶阀或减压阀是保证液化石油气安全使用的重要部件。私自拆卸可能会损坏这些部件的密封性能。

例如，瓶阀如果没有安装好或者密封垫损坏，就会导致液化石油气泄漏。而且在拆卸过程中，如果操作不当还可能引起静电产生，进而引发火灾或爆炸。

3. 储存环节的违章操作

(1) 高温环境储存

如果将液化石油气气瓶放置在高温环境中，例如靠近炉灶或者在阳光直射的地方长时间存放。瓶内液化石油气会因为温度升高而膨胀，导致压力增大。

一般来说，液化石油气气瓶的设计温度通常在一定范围内（如－40～60 ℃），超过这个范围，气瓶就可能出现安全问题。长时间处于高温环境下，会加速气瓶部件老化，降低气瓶的安全性。

(2) 与易燃、易爆物品混存

有些用户会将液化石油气气瓶与汽油、酒精等其他易燃、易爆物品存放在一起。如果发生泄漏，液化石油气与其他易燃气体或者液体挥发的蒸气混合，会使危险系数成倍增加。

一旦有火源出现，就会引发连锁反应，导致火灾或者爆炸事故的范围扩大。

(三) 主要法律法规要求

1.《中华人民共和国安全生产法》部分条款

第三十条 生产经营单位的特种作业人员必须按照国家有关规定经专门的安全作业培训，取得相应资格，方可上岗作业。

特种作业人员的范围由国务院应急管理部门会同国务院有关部门确定。

第三十六条 餐饮等行业的生产经营单位使用燃气的，应当安装可燃气体报警装置，并保障其正常使用。

第五十七条 从业人员在作业过程中，应当严格落实岗位安全责任，遵守本单位的安全生产规章制度和操作规程，服从管理，正确佩戴和使用劳动防护用品。

2.《城镇燃气管理条例》部分条款

第十八条 燃气经营者不得有下列行为：

（一）拒绝向市政燃气管网覆盖范围内符合用气条件的单位或者个人供气；

（二）倒卖、抵押、出租、出借、转让、涂改燃气经营许可证；

（三）未履行必要告知义务擅自停止供气、调整供气量，或者未经审批擅自停业或者歇业；

（四）向未取得燃气经营许可证的单位或者个人提供用于经营的燃气；

（五）在不具备安全条件的场所储存燃气；

（六）要求燃气用户购买其指定的产品或者接受其提供的服务；

（七）擅自为非自有气瓶充装燃气；

（八）销售未经许可的充装单位充装的瓶装燃气或者销售充装单位擅自为非自有气瓶充装的瓶装燃气；

（九）冒用其他企业名称或者标识从事燃气经营、服务活动。

第二十五条　燃气经营者应当对其从事瓶装燃气送气服务的人员和车辆加强管理，并承担相应的责任。

3.《北京市燃气管理条例》部分条款

第二十三条　燃气供应企业应当建立健全用户服务制度，规范服务行为，并遵守下列规定：

（一）与用户签订供用气合同，明确双方的权利与义务；

（二）建立健全用户服务信息系统，完善用户服务档案；

（三）销售燃气符合国家和本市价格管理有关规定，并执行法定的价格干预措施、紧急措施；

（四）在业务受理场所公示业务流程、服务项目、服务承诺、作业标准、收费标准和服务受理、投诉电话等内容；向社会公布服务受理及投诉电话；

（五）定期对用户的用气场所、燃气设施和用气设备免费进行入户安全检查，作好安全检查记录；发现存在安全隐患的，书面告知用户进行整改；

（六）不得对用户投资建设的燃气工程指定设计单位或者施工单位，不得要求用户购买其指定经营者的产品；

（七）对供应范围内的燃气用户进行技术指导和技术服务。

第二十七条　燃气用户应当在具备安全用气条件的场所正确使用燃气和管道燃气自闭阀、气瓶调压器等设施设备；安装、使用符合国家和本市有关标准和规范的燃气燃烧器具及其连接管、燃气泄漏报警装置，并按照使用年限要求进行更换。

第三十条　禁止在燃气使用中有下列行为：

（一）向未取得本市燃气经营许可证的单位或者个人购买燃气；

（二）向签订供用气合同以外的单位或者个人购买燃气；

（三）利用气瓶倒装燃气；

（四）摔、砸、滚动、倒置气瓶；

（五）加热气瓶、倾倒瓶内残液或者拆修瓶阀等附件；

（六）实施影响燃气计量表正常使用的行为；

（七）在安装燃气计量表、阀门等燃气设施的房间内堆放易燃易爆物品、居住和办公，在燃气设施的专用房间内使用明火；

（八）发现燃气设施或者用气设备异常、燃气泄漏、意外停气时，在现场使用明火、开关电器或者拨打电话；

（九）将燃气管道作为负重支架或者电器设备的接地导线；

（十）无正当理由拒绝入户安全检查，或者拒不整改用气安全隐患；

（十一）安装、使用国家和本市已明令淘汰或者已超出使用年限的用气设备；

（十二）其他危害公共安全和公共利益的燃气使用行为。

4.《城镇燃气经营安全重大隐患判定标准》部分条款

第四条 燃气经营者在安全生产管理中，有下列情形之一的，判定为重大隐患：

（一）未取得燃气经营许可证从事燃气经营活动；

（二）未建立安全风险分级管控制度；

（三）未建立事故隐患排查治理制度；

（四）未制定生产安全事故应急救援预案；

（五）未建立对燃气用户燃气设施的定期安全检查制度。

第七条 燃气经营者在气瓶安全管理中，有下列情形之一的，判定为重大隐患：

（一）擅自为非自有气瓶充装燃气；

（二）销售未经许可的充装单位充装的瓶装燃气；

（三）销售充装单位擅自为非自有气瓶充装的瓶装燃气。

5.《特种设备重大事故隐患判定准则》部分条款

4.1 特种设备有下列情形之一仍继续使用的，应判定为重大事故隐患。

a）特种设备未取得许可生产、因安全问题国家明令淘汰、已经报废或者达到报废条件。

b）特种设备发生过事故，未对其进行全面检查、消除事故隐患。

c）未按规定进行监督检验或者监督检验不合格。

d）有4.2～4.10中规定的超过规定参数、使用范围的情形。

4.5 移动式压力容器或者气瓶充装有下列情形之一的，应判定为重大事故隐患。

a）未经许可，擅自从事移动式压力容器充装或者气瓶充装活动。

b）移动式压力容器、气瓶错装介质。

c）充装设备设施上的紧急切断装置缺失或失效，仍继续使用的。

案例5 “无中生有”增夹层 酒店坍塌后果痛

——福建省泉州市欣佳酒店2020年“3·7”坍塌事故暴露出的主要问题与警示

一、事故详情

（一）事故基本情况

2020年3月7日19时14分，位于福建省泉州市鲤城区的欣佳酒店所在建筑物发生坍塌事故（见图1），造成29人死亡、42人受伤，直接经济损失5794万元。事发时，该酒店为泉州市鲤城区新冠肺炎疫情防控外来人员集中隔离健康观察点。

事故调查组认定，福建省泉州市欣佳酒店“3·7”坍塌事故是一起主要因违法违规建设、改建和加固施工导致建筑物坍塌的重大生产安全责任事故。

图1 建筑物坍塌后现场航拍照片

（二）涉事单位及相关责任人情况

1. 事故发生单位——欣佳酒店

欣佳酒店建筑物位于泉州市鲤城区常泰街道上村社区南环路 1688 号，建筑面积约 6693 m^2（见图 2），实际所有权归泉州市新星机电工贸有限公司，未取得不动产权证书。自 2018 年 6 月起，杨某将欣佳酒店承包给林某、林某某经营。

图 2　建筑物卫星定位图

该公司在未依法履行任何审批程序的情况下，于 2012 年 7 月，在涉事地块新建一座四层钢结构建筑物（一层局部有夹层，实际为五层）；于 2016 年 5 月，在欣佳酒店建筑物内部增加夹层，由四层（局部五层）改建为七层；于 2017 年 7 月，对第四、五、六层的酒店客房等进行了装修（见图 3）。

图 3　事故发生前建筑物及周边环境情况还原图

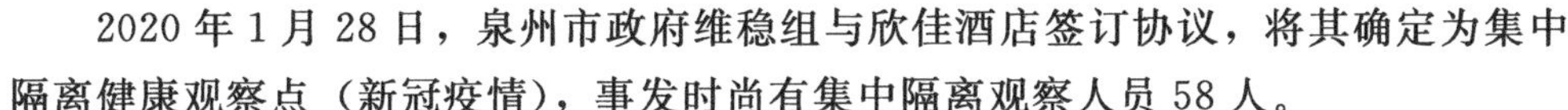

2020年1月28日，泉州市政府维稳组与欣佳酒店签订协议，将其确定为集中隔离健康观察点（新冠疫情），事发时尚有集中隔离观察人员58人。

2. 事故相关单位

（1）泉州市新星机电工贸有限公司

泉州市新星机电工贸有限公司成立于2006年2月，法定代表人、执行董事兼总经理杨某，公司类型为有限责任公司，经营范围包括销售机电设备（不含特种设备）、电子产品、建筑材料（不含危险化学品）、五金、百货，生产、加工机械配件。

事发前，公司股东出资情况为杨某占60%，杨某芬、杨某瑜、杨某红（三人均系杨某女儿）共占40%。

（2）相关服务机构

福建省建筑工程质量检测中心有限公司、福建省泰达消防检测有限公司等技术服务机构。

3. 事故主要责任人

泉州市新星机电工贸公司和欣佳酒店实际控制人杨某、欣佳酒店承包经营人林某、欣佳酒店承包经营人林某某等23名企业相关责任人员。

（三）事故发生经过及应急救援情况

1. 事故发生经过

2020年3月7日17时40分许，欣佳酒店一层大堂门口靠近餐饮店一侧顶部一块玻璃发生炸裂。

18时40分许，酒店一层大堂靠近餐饮店一侧的隔墙墙面扣板出现2～3 mm宽的裂缝。

19时06分许，酒店大堂与餐饮店之间钢柱外包木板发生开裂。

19时09分许，隔墙鼓起5 mm；2～3 min后，餐饮店传出爆裂声响。

19时11分许，建筑物一层东侧车行展厅隔墙发出声响，墙板和吊顶开裂，玻璃脱胶。

19时14分许，目击者听到幕墙玻璃爆裂巨响。

19时14分17秒，欣佳酒店建筑物瞬间坍塌，历时3 s。

事发时楼内共有71人被困，其中外来集中隔离人员58人、工作人员3人（1人为鲤城区干部、2人为医务人员）、其他入住人员10人（2人为欣佳酒店服务员、5人为散客、3人为欣佳酒店员工朋友）。

2. 应急救援情况

3月7日19时35分，泉州市消防救援支队所属力量首先赶到事故现场，立即开展前期搜救。

随后，福建省消防救援总队从福州、厦门、漳州等调来 1086 名指战员、56 名专家、125 名医务人员和 20 部救护车进行救援。

经过 112 小时全力救援，至 3 月 12 日 11 时 04 分，人员搜救工作结束，搜救出 71 名被困人员，其中 42 人生还，29 人遇难（见图 4）。

图 4　现场救援情况

（四）事故直接原因

事故调查组通过深入调查和综合分析，认定事故的直接原因是：事故单位将欣佳酒店建筑物由原四层违法增加夹层改建成七层，达到极限承载能力并处于坍塌临界状态，加之事发前对底层支承钢柱违规加固焊接作业引发钢柱失稳破坏（见图 5），导致建筑物整体坍塌。

图 5　钢柱屈曲变形与加固焊接情况

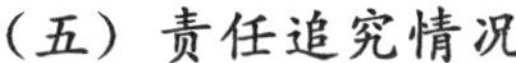

（五）责任追究情况

1. 追究刑事责任

（1）福建省公安机关对泉州市新星机电工贸公司和欣佳酒店实际控制人杨某、欣佳酒店承包经营人林某、欣佳酒店承包经营人林某某等 23 名企业相关责任人员依法立案侦查并采取刑事强制措施。

（2）福建省纪检监察机关依规依纪依法对事故中涉嫌违纪、职务违法、职务犯罪的公职人员进行了严肃追责问责。其中，7 名公职人员涉嫌严重违纪违法被立案审查调查，移送司法机关追究刑事责任，包括泉州市国土资源局原局长赖某、泉州市鲤城区人大常委会原副主任陈某、泉州市公安局鲤城分局原副局长张某、泉州市消防救援支队应急通信与车辆勤务站原站长刘某、泉州市公安局鲤城分局治安大队原副大队长王某、泉州市公安局鲤城分局治安大队一中队原指导员吴某、泉州市鲤城区临江街道党工委原书记张某某。

2. 党纪政务处分

福建省纪检监察机关对 41 名存在失职失责问题的公职人员给予了党纪政务处分。

二、事故教训与预防措施

（一）存在的主要问题及教训

1. 违法违规建设和改建，冒险增加夹层

泉州市新星机电工贸有限公司在未取得建设用地规划许可证和建设工程规划许可证，未组织勘察、设计，未将施工图设计文件报送施工图审查机构审查，未办理工程质量监督和安全监督手续，未取得建筑工程施工许可证等情况下，将工程发包给无资质施工人员，开工建设四层（局部五层）钢结构建筑物。为使该违法建设“符合政策”，申报鲤城区特殊情况建房并获批同意，该违法建筑未经竣工验收备案即投入使用。

在未依法履行基本建设程序、未依法取得相关许可的情况下，又擅自加盖夹层，组织无资质的施工人员，将原为四层（局部五层）的建筑物改扩建为七层，未经竣工验收及备案投入使用（见图 6）。

增加夹层改建为七层后，建筑物结构的实际竖向荷载已超过其极限承载能力，结构中部分关键柱出现了局部屈曲和屈服损伤，虽然通过结构自身的内力重分布仍维持平衡状态，但已经达到坍塌临界状态，对结构和构件的扰动都有可能导致结构坍塌。因此，建筑物增加夹层，竖向荷载超限，是导致坍塌的根本原因。

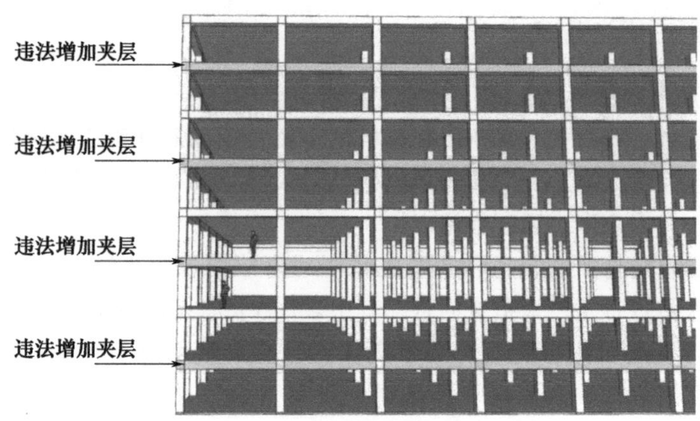

△违法将四层改建成七层

图 6　违法增加夹层示意图

2. 违法违规装修施工，违规冒险进行焊接加固作业，焊接加固工作扰动引发坍塌

泉州市新星机电工贸有限公司在未依法履行基本建设程序，未组织施工设计，未办理工程质量监督和安全监督手续，未取得建筑工程施工许可证等情况下，组织无资质的施工人员，对欣佳酒店建筑物第四至六层实施装修，完工后未经竣工验收和备案就作为酒店客房投入使用。

在发现建筑物钢柱严重变形后，未依法办理加固工程质量监督手续，违法组织无资质的施工人员对钢柱进行焊接加固作业，违规冒险蛮干。

在焊接加固作业过程中，因为没有移走钢柱槽内的原有排水管，造成贴焊的位置不对称、不统一，焊缝长度和焊接量大，且未采取卸载等保护措施，热胀冷缩等因素造成高应力状态下钢柱内力变化扰动，导致屈曲损伤扩大，钢柱加大弯曲、水平变形增大，荷载重分布引起钢柱失稳破坏，最终打破建筑结构处于临界的平衡态，导致建筑物连续坍塌。

3. 未依法及时消除事故隐患

泉州市新星机电工贸有限公司在发现欣佳酒店建筑物钢柱严重变形、存在重大安全隐患情况下，隐瞒情况，未采取人员撤离、停止经营等应急处置措施，未及时向有关部门报告。

4. 未依法采取应急处置措施

欣佳酒店在事故发生前发现墙面凸起、玻璃幕墙破碎等重大安全隐患后，未及时通知和引导人员疏散，未采取有效应急处置措施，错失了人员疏散逃生时机。

5. 违法违规出具虚假检验报告

福建省建筑工程质量检测中心有限公司在已发现欣佳酒店建筑物钢柱、钢梁构件表面无防火涂层等情况下，在杨某锵要求下，违反技术标准，作出“该楼上部承重结构所检项目的正常使用性基本符合鉴定标准要求”的结论，违规出具鉴定结果是“鲤城区欣佳酒店作为旅馆使用功能的结构正常使用性基本满足鉴定标准要求，后续使用年限为 20 年”的检验报告，且检验报告中引为鉴定依据的两部标准均已废止。

对公司有关工作人员管理不严，该公司员工在明知欣佳酒店建筑物未经专业设计、私自增加夹层改建、房屋承载力不足、存在安全隐患，明知申办旅馆业特种行业许可证需要结构安全性鉴定的情况下，依据杨某锵提供的施工白图开展鉴定，用结构正常使用性鉴定代替结构安全性鉴定，以满足杨某锵办理特种行业许可证的需要。

6. 违法违规出具建筑消防设施检测报告

福建省泰达消防检测有限公司在欣佳酒店未提供消防施工单位竣工图和设计图纸等资料情况下，组织消防设施检测，违法违规出具建筑消防设施检测报告。

7. 政府有关部门没有牢固树立“生命至上、安全第一”的理念，相关部门审批把关层层失守

鲤城区国土规划部门、城市管理部门、住房和城乡建设部门、消防机构和公安部门等有关部门对违法建筑长期大量存在的重大安全风险认识不足，没有树牢底线思维和红线意识，安全隐患排查治理流于形式。

有关部门材料审查辨不出真假、现场审查发现不了问题，甚至与不法业主沆瀣一气，使不符合要求的项目蒙混过关，违法违规问题长期存在。

（二）事故警示及预防措施

1. 严格落实安全生产主体责任

生产经营单位要依法履行基本建设程序，规范相关建设材料的审批和备案程序；严禁雇佣“三无”施工队进行违法违规建设、改建和擅自增加夹层的行为。

2. 严禁发包给无资质的施工单位单位进行施工

生产经营单位加强责任意识，一定要雇佣有资质的专业施工人员进行装修施工和焊接加固作业，严禁违规冒险蛮干的行为。

3. 加强安全培训，发现重大事故风险必须及时撤离现场人员

加强对员工的安全教育，定期开展应急演练，提高员工应对突发事件的能力。

在发现事故隐患后应立即采取人员撤离、停止经营、应急处置等措施，并向有关部门报告。

4. 提高风险防控意识

加大隐患排查力度，及时消除事故隐患，严禁刻意隐瞒安全隐患的行为。

5. 中介机构要守法经营，严禁出具虚假报告

检测机构应依法依规检测，加强管理，严格审批每一份检测报告，做到实事求是，严禁出具虚假检测报告的行为。

6. 政府部门应切实担负起“保一方平安”的重大责任

安全隐患排查治理工作不能流于形式，要真抓实干，深入细致地开展排查工作，做到不留死角、不走过场。

规范依法决策和行政审批工作流程，加强合法性审查，严禁失职渎职行为。

三、事故解析与风险防控

（一）违法增加夹层及其风险

1. 违法增加夹层

夹层，是位于两个自然楼层之间的楼层，是房屋内部空间的局部层次。例如，如果一栋房屋从外部看是两层楼房，但从内部看，局部地方却像是三层，那么这三层中间的一层就被称为夹层（见图 7）。

图 7　夹层概念图

“违法增加夹层”是指在建筑物内部，未经相关部门批准擅自增设的楼层，违法增加的夹层位于建筑物内部，而非在建筑物外部或顶部增加楼层。夹层通常是以结构板形式增设的局部楼层，为非自然层。它可能通过改造原有楼层结构、加固墙体或增加支撑结构等方式来实现。

2. 违法增加夹层的风险

(1) 改变结构受力体系

建筑物的结构设计是基于原规划的层数、空间布局和承载要求进行的。违法增加夹层会使原本的结构受力方式发生改变。例如，在没有经过结构计算和加固

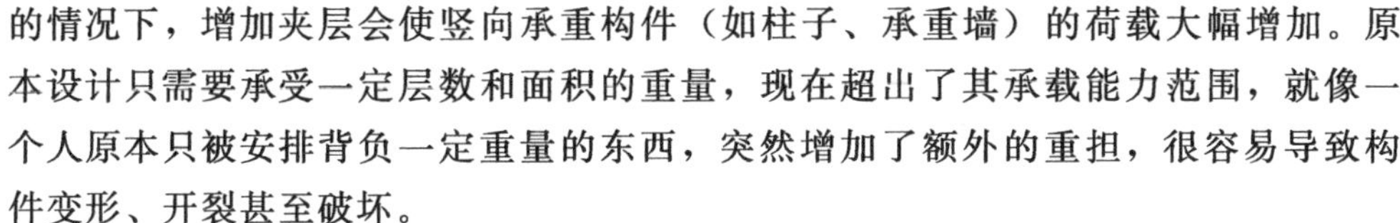

的情况下，增加夹层会使竖向承重构件（如柱子、承重墙）的荷载大幅增加。原本设计只需要承受一定层数和面积的重量，现在超出了其承载能力范围，就像一个人原本只被安排背负一定重量的东西，突然增加了额外的重担，很容易导致构件变形、开裂甚至破坏。

（2）影响建筑稳定性

建筑的稳定性依赖于合理的结构形式和均匀的质量分布。增加夹层可能会破坏这种平衡。比如，在钢结构建筑中，违法增加夹层可能改变钢构件的受力状态，导致钢结构局部失稳。就好比一个平衡的积木塔，在中间随意添加一层不规则的积木，整个塔就容易失去平衡而倒塌。而且这种不稳定因素可能会随着时间的推移逐渐累积，最终引发建筑坍塌事故。

（3）阻碍消防疏散通道

增加的夹层可能会占用原有的疏散通道空间或者改变疏散路线的布局。例如，在酒店、商场等人员密集场所，违法增加夹层后可能会使疏散楼梯的宽度变窄，或者在夹层与原楼层之间形成不符合规范的通道连接。一旦发生火灾，人们在紧急疏散时可能会因为通道狭窄、标识不清或者通道被杂物堵塞而无法快速、安全地撤离，增加了人员伤亡的风险。

（4）电气线路过载风险

增加夹层后，为了满足新增区域的用电需求，往往需要铺设新的电气线路。如果这些线路没有按照规范进行设计和安装，很容易出现线路过载的情况。例如，原有的配电箱容量是根据初始建筑设计来配置的，增加夹层后用电设备增多，可能会导致电线过热、短路等电气故障，进而引发火灾。

（二）主要法律法规要求

1.《中华人民共和国安全生产法》部分条款

第二十二条 生产经营单位的全员安全生产责任制应当明确各岗位的责任人员、责任范围和考核标准等内容。

生产经营单位应当建立相应的机制，加强对全员安全生产责任制落实情况的监督考核，保证全员安全生产责任制的落实。

第三十一条 生产经营单位新建、改建、扩建工程项目的安全设施，必须与主体工程同时设计、同时施工、同时投入生产和使用。安全设施投资应当纳入建设项目概算。

第六十三条 负有安全生产监督管理职责的部门依照有关法律、法规的规定，对涉及安全生产的事项需要审查批准（包括批准、核准、许可、注册、认证、颁发证照等，下同）或者验收的，必须严格依照有关法律、法规和国家标准或者行业标准规定的安全生产条件和程序进行审查；不符合有关法律、法规和国家标准或者行业标准规定的安全生产条件的，不得批准或者验收通过。对未依法取得批准或者验收合格的单位擅自从事有关活动的，负责行政审批的部门发现或者接到举报后应当立即予以取缔，并依法予以处理。对已经依法取得批准的单位，负责行政审批的部门发现其不再具备安全生产条件的，应当撤销原批准。

2.《中华人民共和国建筑法》部分条款

第七条 建筑工程开工前，建设单位应当按照国家有关规定向工程所在地县级以上人民政府建设行政主管部门申请领取施工许可证。

第十三条 从事建筑活动的建筑施工企业、勘察单位、设计单位和工程监理单位，按照其拥有的注册资本、专业技术人员、技术装备和已完成的建筑工程业绩等资质条件，划分为不同的资质等级，经资质审查合格，取得相应等级的资质证书后，方可在其资质等级许可的范围内从事建筑活动。

3.《中华人民共和国城乡规划法》部分条款

第四十条 在城市、镇规划区内进行建筑物、构筑物、道路、管线和其他工程建设的，建设单位或者个人应当向城市、县人民政府城乡规划主管部门或者省、自治区、直辖市人民政府确定的镇人民政府申请办理建设工程规划许可证。

4.《房屋市政工程生产安全重大事故隐患判定标准》部分条款

第四条 施工安全管理有下列情形之一的，应判定为重大事故隐患：

（一）建筑施工企业未取得安全生产许可证擅自从事建筑施工活动或超（无）资质承揽工程；

（二）建筑施工企业未按照规定要求足额配备安全生产管理人员，或其主要负责人、项目负责人、专职安全生产管理人员未取得有效安全生产考核合格证书从事相关工作；

（三）建筑施工特种作业人员未取得有效特种作业人员操作资格证书上岗作业；

（四）危险性较大的分部分项工程未编制、未审核专项施工方案，或专项施工方案存在严重缺陷的，或未按规定组织专家对"超过一定规模的危险性较大的分部分项工程范围"的专项施工方案进行论证；

（五）对于按照规定需要验收的危险性较大的分部分项工程，未经验收合格即进入下一道工序或投入使用。

案例6　小小“马凳”　大大风险

——清华大学附属中学体育馆及宿舍楼工程“12·29”筏板基础钢筋体系坍塌事故暴露出的主要问题与警示

一、事故详情

（一）事故基本情况

2014年12月29日08时20分许，在北京市海淀区清华大学附属中学体育馆及宿舍楼工程工地，作业人员在基坑内绑扎钢筋过程中，筏板基础钢筋体系发生坍塌，造成10人死亡、4人受伤（见图1）。

图1　事故现场照片

事故发生后，习近平总书记作出重要批示，要求全力搜救被困人员、救治伤员，务必把损失减少到最小程度。同时督促主管部门尽快查明原因，严肃依法依纪追究责任，并做好死难家属安抚工作。

事故调查组认定，该起事故是一起重大生产安全责任事故。

（二）涉事单位及相关责任人情况

1. 工程基本情况

清华大学附属中学体育馆及宿舍楼工程（以下简称清华附中工程）位于中关村北大街清华大学附属中学校园内，总建筑面积 20660 m^2，是集体育、住宿、餐厅、车库为一体的综合楼。该建筑地上五层、地下两层。地上分体育馆和宿舍楼两栋单体，地下为车库及人防区。清华附中工程项目实际负责人为杨某。

2. 事故所涉相关单位情况

（1）建设单位：清华大学。使用方为清华大学附属中学，法定代表人王某。清华大学基建规划处具体负责该项目的建设管理工作，并成立了项目管理部，项目经理盖某。

（2）总包单位：北京建工一建工程建设有限公司（以下简称建工一建公司），法定代表人郭某，总经理刘某。

（3）劳务分包单位：安阳诚成建设劳务有限责任公司（以下简称安阳诚成劳务公司），具体负责工程主体结构劳务施工，法定代表人张某。现场劳务队长张某某，技术负责人赵某，钢筋工工长田某、班长李某、组长李某某。

（4）监理单位：北京华清技科工程管理有限公司（以下简称北京华清技科公司），法定代表人胡某，总经理张某刚。清华附中工程项目总监理工程师郝某、执行总监张某伟、土建兼安全监理工程师田某某、土建监理工程师耿某。

（5）设计单位：清华大学建筑设计研究院有限公司（以下简称清华设计研究院），法定代表人庄某。

3. 工程承揽情况

2014 年 3 月，杨某与建工一建公司相关人员共同开展投标工作，并个人出资 10 万余元用于投标。

建工一建公司工程中标后，6 月 30 日，杨某（非建工一建公司员工）以其妻子王某某（非建工一建公司员工）名下的房产作为抵押，与建工一建公司签订了《内部承包合同》，以建工一建公司名义承揽工程。

经查，建工一建公司及其和创分公司存在非本企业员工以内部承包的形式承揽工程的行为，年收取管理费用一千余万元。

4. 事故主要责任人

（1）建工一建公司总经理刘某、副总经理徐某等 4 名建工一建公司相关责任人。

（2）清华附中工程项目实际负责人杨某、清华附中工程项目部执行经理王某立等 4 人。

（3）安阳诚成劳务公司法定代表人张某、安阳诚成劳务公司队长张某某、安阳诚成劳务公司技术负责人赵某等5人。

(4) 北京华清技科公司副总经理兼该项目总监理工程师郝某。

(5) 清华附中负责该工程项目的执行总监张某伟、土建兼安全监理工程师田某。

(三) 事故发生经过及应急救援情况

1. 事故发生经过

2014年12月28日下午，安阳劳务公司队长张某某安排塔吊班组配合钢筋工向3标段上层钢筋网上方吊运钢筋物料，用于墙柱插筋和挂钩。经调看现场监控录像，从12月28日17时58分至12月29日07时47分，共计吊运24捆钢筋物料。

12月29日06时20分，作业人员到达现场实施墙柱插筋和挂钩作业。

07时许，现场钢筋工发现已绑扎的钢筋柱与轴线位置不对应。张某某接到报告后通知赵某和放线员去现场查看核实。

08时10分，经现场确认筏板钢筋体系整体位移约10 cm。随后，赵某让钢筋班长立即停止钢筋作业，通知信号工配合钢筋工将上层钢筋网上集中摆放的钢筋吊走，并调电焊工准备加固马凳。

08时20分许，筏板基础钢筋体系失稳整体发生坍塌，将在筏板基础钢筋体系内进行绑扎作业和安装排水管作业的人员挤压在上下层钢筋网之间。

2. 应急救援情况

事故发生后，现场人员立即施救，并拨打报警电话。市区两级政府部门立即启动应急救援，对现场人员开展施救，及时将受伤人员送往医院救治。据统计，事故共计造成10人死亡、4人受伤。

(四) 事故直接原因

未按照方案要求堆放物料、制作和布置马凳，马凳与钢筋未形成完整的结构体系，致使基础底板钢筋整体坍塌，是导致事故发生的直接原因。

国家建筑工程质量监督检验中心对照《施工组织设计》和《钢筋施工方案》的要求，对现场筏板基础钢筋体系的施工情况开展了全面分析，确定该起事故的技术原因为：

(1) 未按照方案要求堆放物料。施工时违反《钢筋施工方案》第7.7条规定，将整捆钢筋物料直接堆放在上层钢筋网上，施工现场堆料过多，且局部过于集中，导致马凳立筋失稳，产生过大的水平位移，进而引起立筋上、下焊接处断裂，致使基础底板钢筋整体坍塌。

(2) 未按照方案要求制作和布置马凳，导致马凳承载力下降。现场制作的马凳所用钢筋直径从《钢筋施工方案》要求的 32 mm 减小至 25 mm 或 28 mm；现场马凳布置间距为 0.9～2.1 m，与《钢筋施工方案》要求的 1 m 严重不符，且布置不均、平均间距过大；马凳立筋上、下端焊接欠饱满。

(3) 马凳及马凳间无有效的支撑，马凳与基础底板上、下层钢筋网未形成完整的结构体系，抗侧移能力很差，不能承担过多的堆料载荷。

(五) 责任追究情况

1. 追究刑事责任

(1) 建工一建公司总经理、副总经理等 4 人，由公安机关立案侦查，依法追究刑事责任。

(2) 清华附中工程项目实际负责人杨某、清华附中工程项目部执行经理王某立等 4 人，涉嫌重大责任事故罪批准逮捕。

(3) 安阳诚成劳务公司法定代表人张某等 5 人，涉嫌重大责任事故罪批准逮捕。

(4) 北京华清技科公司副总经理兼该项目总监理工程师郝某，涉嫌重大责任事故罪批准逮捕。

(5) 清华附中负责该工程项目的执行总监张某伟、土建兼安全监理工程师田某，涉嫌重大责任事故罪批准逮捕。

2. 党纪政务处分

给予党纪、政纪处分的人员：北京建工集团董事长、总经理、党委书记、副总经理戴某等 8 人；清华大学、清华附中 3 人；海淀区住房城乡建设委 3 人。

二、事故教训与预防措施

(一) 存在的主要问题及教训

1. 未严格遵守设计规范，严重违反《钢筋施工方案》，技术管理不到位

(1) 未按照方案要求堆放物料。施工时违反《钢筋施工方案》第 7.7 条规定，将整捆钢筋物料直接堆放在上层钢筋网上，施工现场堆料过多，且局部过于集中，导致马凳立筋失稳，产生过大的水平位移，进而引起立筋上、下焊接处断裂，致使基础底板钢筋整体坍塌。

(2) 未按照方案要求制作和布置马凳。现场制作的马凳所用钢筋直径从《钢筋施工方案》要求的 32 mm 减小至25 mm 或28 mm；现场马凳布置间距为 0.9～2.1 m，与《钢筋施工方案》要求的 1 m 严重不符，且布置不均、平均间距过大；马凳立筋上、下端焊接欠饱满。

(3) 马凳及马凳间无有效的支撑。马凳与基础底板上、下层钢筋网未形成完

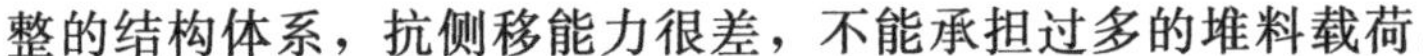

整的结构体系，抗侧移能力很差，不能承担过多的堆料载荷。

2. 风险意识淡薄，事故隐患整治不及时不彻底，现场应急处置不果断

（1）对发现的重大隐患不重视，没有及时整治到位。

07 时许，现场钢筋工发现已绑扎的钢筋柱与轴线位置不对应，张某某接到报告后并没有亲自去现场查看情况，而是通知赵某和放线员去现场查看核实。

（2）现场应急处置不果断，耽误了撤人的最后几分钟。

08 时 10 分，经现场确认，筏板钢筋体系整体位移约 10 cm。随后，赵某让钢筋班长立即停止钢筋作业，通知信号工配合，钢筋工将上层钢筋网上集中摆放的钢筋吊走，并调电焊工准备加固马凳。

08 时 20 分许，筏板基础钢筋体系失稳，整体发生坍塌，将在筏板基础钢筋体系内进行绑扎作业和安装排水管作业的人员挤压在上下层钢筋网之间。

3. 施工现场管理缺失

（1）未按照要求对作业人员实施钢筋作业的技术交底工作，致使作业人员未按照方案施工作业，擅自减小马凳钢筋直径、随意增大马凳间距，降低了马凳的承载能力。

（2）未按照要求对全员实施安全培训教育，施工现场钢筋作业人员存在未经培训上岗作业的现象。

（3）为抢赶工期，盲目吊运钢筋材料集中码放在上层钢筋网上的隐患，导致载荷集中。清华大学确定的招标工期和合同工期较市住房城乡建设委核算的定额工期，压缩了 27.6%；在施工组织过程中，强调该工程在 2015 年 10 月清华附中百年校庆期间外立面亮相，对施工单位工期安排造成了一定的影响。

（4）备案项目经理长期不在岗，专职安全员配备不足。建工一建公司对项目部项目经理统一调配和协调管理不到位，备案项目经理长期不在岗；未按照相关规定配备 2 名以上专职安全生产管理人员。

4. 管理混乱，允许不具备安全管理资格和能力的个人承揽工程

企业经营管理混乱，允许杨某以本企业名义承揽工程，致使不具备项目管理资格和能力的杨某成为项目实际负责人，客观上导致施工现场缺乏有专业知识和能力的人员统一管理。

5. 监理不到位

一是对项目经理长期未到岗履职的问题监理不到位，且事故发生后，伪造了针对此问题下发的《监理通知》。

二是对钢筋施工作业现场监理不到位，未及时发现并纠正作业人员未按照钢筋施工方案要求施工作业的违规行为。

三是对项目部安全技术交底和安全培训教育工作监理不到位，致使施工单位使用未经培训的人员实施钢筋作业。

6. 行业管理部门监督检查不到位

海淀区住房城乡建设委作为该工程项目的行业监管部门，在 2014 年 10 月 15 日对该工程开展了一次检查，检查过程中只进行了现场施工交底，未落实执法计划规定的其他内容，其他时间均未到场开展检查。

（二）事故警示及预防措施

1. 建筑施工企业要加强技术管理

制定科学合理的施工方案并严格执行，明确施工步骤、技术要求和安全措施；牢固树立遵守设计、遵守规范的意识，不能擅自改变设计、擅自改变施工方案；在施工过程中加强监督检查，确保施工方案得到严格执行。

2. 加强施工现场的隐患排查工作

发现隐患要及时进行整改，隐患整改要到位，隐患整改要做到整改措施、责任、资金、时限和预案“五到位”。

3. 牢固树立事故风险的意识

定期对施工人员进行安全培训教育，提高其安全意识和应急技能；一旦发现隐患将要发展成事故，现场人员要立即撤离施工现场。

4. 禁止盲目赶工期、抢进度

建筑工程要根据工程规模、技术难度、资源条件等因素，科学合理地规划工期；要严格按照设计的工期进行施工，不能抢工期。

5. 严格劳务分包管理

一定要将工程发包给具备资质、具备条件的企业；要严格审查劳务分包单位的资质和业绩，确保其具备承担相应工程的能力；严禁“包而不管、层层分包”的现象。

6. 政府监管部门加强监督检查力度

政府监管部门要加强对施工企业和施工现场的安全监管，根据工程规模、施工进度，合理安排监督力量，制订可行的监督检查计划，严格监管。

三、事故解析与风险防控

（一）马凳及其用途

1. 马凳

马凳在钢筋工程中是一种非常重要且具有特定用途的支撑部件。它通常由钢筋或其他合适的金属材料制成，形状类似一个简易的凳子，故而得名（见图 2）。

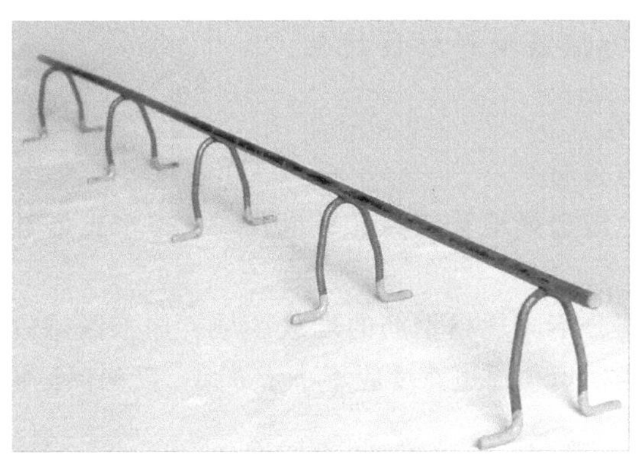

图 2　马凳外观图

2. 马凳的用途

其主要作用是支撑上层钢筋网片，确保在混凝土浇筑过程中，上下层钢筋能够保持设计要求的间距，防止上层钢筋因自重、施工荷载等因素而下沉或移位。

在大型筏板基础等钢筋布置较为密集且对钢筋位置精度要求较高的部位，马凳的设置更是至关重要。例如在高层建筑的基础筏板施工中，如果马凳的数量不足、强度不够或者设置间距过大，就可能导致上层钢筋在混凝土浇筑时发生塌陷，使钢筋的受力分布发生改变，进而影响整个基础结构的承载能力和稳定性，严重时甚至可能引发如清华大学附属中学体育馆及宿舍楼工程“12·29”筏板基础钢筋体系坍塌事故那样的悲剧。

合理设计、正确制作和规范放置马凳是保证钢筋工程质量以及整个建筑结构安全的关键环节之一。

（二）不合格马凳的危险性

1. 结构安全隐患

马凳筋作为支撑和固定上层钢筋的关键构件，其不合格可能导致上层钢筋网架失稳，进而影响整个结构的稳定性和安全性。

在长期荷载作用下，不合格的马凳筋可能因承载能力不足而发生变形或断裂，导致结构整体性能下降，存在倒塌风险。

2. 施工安全隐患

在施工过程中，如果马凳筋设置不当或质量不合格，施工人员在上面行走或操作时可能面临跌落风险，造成人身伤害。

不合格的马凳筋还可能导致施工设备（如吊机、脚手架等）无法稳定放置，增加施工过程中的安全隐患。

（三）施工现场钢筋物料堆放规范

1. 堆放场地要求

（1）场地选址与布局

①钢筋堆放场地应选择地势较高、平坦开阔、排水良好且远离易燃易爆物品存放区的位置。

②场地应合理划分不同规格钢筋的堆放区域、加工区域以及通道，各区域之间应设置明显的分隔标识，通道宽度应不小于 3 m，以确保运输车辆和吊运设备能够顺畅通行。

（2）地面处理

场地地面应进行硬化处理，可采用混凝土浇筑，硬化厚度不小于 100 mm，混凝土强度等级不低于 C20，以保证地面有足够的承载能力，防止因钢筋重量而导致地面下沉或开裂。

地面应保持平整，平整度误差不超过±10 mm，坡度应控制在 0.3%～0.5%，以便排水顺畅，避免积水浸泡钢筋。

2. 堆放方式

（1）垫高与垫底

①钢筋应堆放在专门制作的垫木或混凝土墩上，垫木或混凝土墩的间距不大于 2 m，且应沿钢筋长度方向均匀布置。

②垫木或混凝土墩的高度应不小于 200 mm，以防止钢筋直接接触地面受潮生锈。对于盘圆钢筋，可采用专用的钢筋架进行堆放，钢筋架高度不低于 300 mm。

（2）分类堆放

①按照钢筋的规格（如直径 6 mm、8 mm、10 mm 等）、品种（光圆钢筋、带肋钢筋）、强度等级（HRB335、HRB400、HRB500 等）进行分类堆放，不同类别的钢筋之间应设置明显的分隔标识，标识牌应采用坚固耐用的材料制作，标识牌上应注明钢筋的规格、品种、强度等级、产地、检验状态等信息，标识牌尺寸不小于 300 mm×200 mm，字迹应清晰、工整、不易褪色。

②对于加工后的钢筋成品和半成品，如箍筋、弯起钢筋等，应按照不同的形状、尺寸和用途分别堆放，并做好标识。

（3）堆放层数与高度限制

①直条钢筋的堆放层数应根据钢筋直径大小合理确定，一般直径不大于 12 mm 的钢筋，堆放层数不宜超过 10 层；直径 12～25 mm 的钢筋，堆放层数不宜超过 8 层；直径大于 25 mm 的钢筋，堆放层数不宜超过 6 层。

②盘圆钢筋的堆放高度不宜超过 1 m，且应采取有效的固定措施，防止滚动滑落。

③无论直条钢筋还是盘圆钢筋，其堆放总高度均不得超过 1.5 m，对于超过此高度的钢筋堆，应采取加固措施，如设置钢支架、拉设钢丝绳等，确保钢筋堆的稳定性。

（四）主要法律法规要求

1.《中华人民共和国安全生产法》部分条款

第二十二条　生产经营单位的全员安全生产责任制应当明确各岗位的责任人员、责任范围和考核标准等内容。

生产经营单位应当建立相应的机制，加强对全员安全生产责任制落实情况的监督考核，保证全员安全生产责任制的落实。

第二十七条第一款　生产经营单位的主要负责人和安全生产管理人员必须具备与本单位所从事的生产经营活动相应的安全生产知识和管理能力。

第四十一条第一款　生产经营单位应当建立安全风险分级管控制度，按照安全风险分级采取相应的管控措施。

第四十四条第一款　生产经营单位应当教育和督促从业人员严格执行本单位的安全生产规章制度和安全操作规程；并向从业人员如实告知作业场所和工作岗位存在的危险因素、防范措施以及事故应急措施。

2.《中华人民共和国建筑法》部分条款

第三十九条第一款　建筑施工企业应当在施工现场采取维护安全、防范危险、预防火灾等措施；有条件的，应当对施工现场实行封闭管理。

第五十四条第一款　建设单位不得以任何理由，要求建筑设计单位或者建筑施工企业在工程设计或者施工作业中，违反法律、行政法规和建筑工程质量、安全标准，降低工程质量。

3.《建设工程安全生产管理条例》部分条款

第二十六条　施工单位应当在施工组织设计中编制安全技术措施和施工现场临时用电方案，对下列达到一定规模的危险性较大的分部分项工程编制专项施工方案，并附具安全验算结果，经施工单位技术负责人、总监理工程师签字后实施，由专职安全生产管理人员进行现场监督：

（一）基坑支护与降水工程；

（二）土方开挖工程；

（三）模板工程；

（四）起重吊装工程；

（五）脚手架工程；

（六）拆除、爆破工程；

（七）国务院建设行政主管部门或者其他有关部门规定的其他危险性较大的

工程。

第二十三条 施工单位应当设立安全生产管理机构，配备专职安全生产管理人员。专职安全生产管理人员负责对安全生产进行现场监督检查。发现安全事故隐患，应当及时向项目负责人和安全生产管理机构报告；对违章指挥、违章操作的，应当立即制止。

第三十六条 施工单位的主要负责人、项目负责人、专职安全生产管理人员应当经建设行政主管部门或者其他有关部门考核合格后方可任职。

4.《建设工程质量管理条例》部分条款

第二十八条 施工单位必须按照工程设计图纸和施工技术标准施工，不得擅自修改工程设计，不得偷工减料。

5.《生产安全事故报告和调查处理条例》部分条款

第九条 事故发生后，事故现场有关人员应当立即向本单位负责人报告；单位负责人接到报告后，应当于1小时内向事故发生地县级以上人民政府安全生产监督管理部门和负有安全生产监督管理职责的有关部门报告。

6.《房屋市政工程生产安全重大事故隐患判定标准》部分条款

第四条 施工安全管理有下列情形之一的，应判定为重大事故隐患：

（一）建筑施工企业未取得安全生产许可证擅自从事建筑施工活动或超（无）资质承揽工程；

（二）建筑施工企业未按照规定要求足额配备安全生产管理人员，或其主要负责人、项目负责人、专职安全生产管理人员未取得有效安全生产考核合格证书从事相关工作；

（三）建筑施工特种作业人员未取得有效特种作业人员操作资格证书上岗作业；

（四）危险性较大的分部分项工程未编制、未审核专项施工方案，或专项施工方案存在严重缺陷的，或未按规定组织专家对“超过一定规模的危险性较大的分部分项工程范围”的专项施工方案进行论证；

（五）对于按照规定需要验收的危险性较大的分部分项工程，未经验收合格即进入下一道工序或投入使用。

第六条 模板工程及支撑体系有下列情形之一的，应判定为重大事故隐患：

（一）模板支架的基础承载力和变形不满足设计要求；

（二）模板支架承受的施工荷载超过设计值；

（三）模板支架拆除及滑模、爬模爬升时，混凝土强度未达到设计或规范要求；

（四）危险性较大的混凝土模板支撑工程未按专项施工方案要求的顺序或分层厚度浇筑混凝土。

第七条 脚手架工程有下列情形之一的，应判定为重大事故隐患：

（一）脚手架工程的基础承载力和变形不满足设计要求；

（二）未设置连墙件或连墙件整层缺失；

（三）附着式升降脚手架的防倾覆、防坠落或同步升降控制装置不符合设计要求、失效或缺失。

第九条　高处作业有下列情形之一的，应判定为重大事故隐患：

（一）钢结构、网架安装用支撑结构基础承载力和变形不满足设计要求，钢结构、网架安装用支撑结构超过设计承载力或未按设计要求设置防倾覆装置；

（二）单榀钢桁架（屋架）等预制构件安装时未采取防失稳措施；

（三）悬挑式卸料平台的搁置点、拉结点、支撑点未设置在稳定的主体结构上，且未做可靠连接；

（四）脚手架与结构外表面之间贯通未采取水平防护措施，或电梯井道内贯通未采取水平防护措施且电梯井口未设置防护门；

（五）高处作业吊篮超载使用，或安全锁失效、安全绳（用于挂设安全带）未独立悬挂。

第十四条　施工临时堆载有下列情形之一的，应判定为重大事故隐患：

（一）基坑周边堆载超过设计允许值；

（二）无支护基坑（槽）周边，在坑底边线周边与开挖深度相等范围内堆载；

（三）楼板、屋面和地下室顶板等结构构件或脚手架上堆载超过设计允许值。

第十六条　使用国家明令禁止和限制使用的危害程度较大、可能导致群死群伤或造成重大经济损失的施工工艺、设备和材料，应判定为重大事故隐患。

案例7　违法违规占地建祝寿宴会成苦海

——山西省临汾市襄汾县聚仙饭店“8·29”重大坍塌事故暴露出的主要问题与警示

一、事故详情

（一）事故基本情况

2020年8月29日09时40分许，临汾市襄汾县陶寺乡陈庄村聚仙饭店发生坍塌事故，造成29人死亡、7人重伤、21人轻伤，直接经济损失1164.35万元（见图1）。

图1　事故现场照片

调查认定，该起事故是一起因违法违规占地建设且在无专业设计、无资质施工的情形下，多次盲目改造扩建，建筑物工程质量存在严重缺陷，导致在经营活动中部分建筑物坍塌的生产安全责任事故。

（二）涉事单位及相关责任人情况

1. 事故发生单位——聚仙饭店

聚仙饭店由襄汾县陶寺乡陈庄村村民祁某经营，位于该乡陈庄村西、陶云线道路北侧，是祁某在其家庭承包责任田上自建的农村两层建筑物，占地面积 1146.09 m^2（含北侧院落，合 1.72 亩），建筑总面积 1157.05 m^2（含钢结构采光顶棚面积）。

聚仙饭店所在建筑物最初于 1993 年建成，后经 8 次扩建，2016 年建成现有规模，建设时间跨度 23 年。历次建设均由无资质的包工头按照祁某的要求承建或祁某聘请亲朋好友自建，无专业设计、无工程监理、无竣工验收、无相关资料。

建筑结构总体为砖混结构，局部为框架结构，主要组成部分为南楼、北楼、西房、宴会厅及钢结构采光顶棚。建筑物功能：宴会厅和北楼一层用于饭店经营，西房为厨房，南楼二层、北楼二层为居住用房，南楼一层为杂物房（见图 2）。

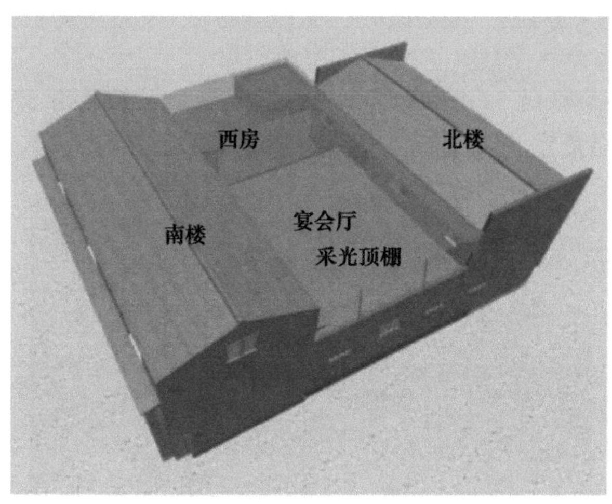

图 2 聚仙饭店模型图

事故坍塌部分为宴会厅、北楼二层南半部分和钢结构采光顶棚，坍塌部分房屋建筑面积为 252.59 m^2。

2. 事故主要责任人

（1）祁某，襄汾县陶寺乡陈庄聚仙饭店经营者。

（2）政府有关部门相关责任人 41 人。

（三）事故发生经过及应急救援情况

1. 事故发生经过

2020 年 8 月 29 日，襄汾县陶寺乡安李村村民李某、李某某兄弟二人在该乡陈庄村聚仙饭店为其父举办寿宴，预定 25 桌宴席。按照当地习俗，寿宴安排早、午两餐，早餐用餐人数 70 余人。

早餐后，59 人在宴会厅打扑克、聊天，约 20 人在北楼后院看戏，等候午宴。

09 时 40 分许，宴会厅和北楼部分房屋突然发生坍塌。事故发生时除 2 人自行逃生外，宴会厅内共有 57 人被困。

2. 应急救援情况

8 月 29 日 09 时 42 分，襄汾县公安局 110 指挥中心接报“陶寺乡陈庄村聚仙饭店房屋倒塌十来人被困”后，立即协调派出所、治安大队、消防救援大队及 120 医护人员赶赴现场。

山西省应急、公安、住建、自然资源、卫健等部门和临汾市委市政府及其有关部门立即启动应急响应，迅速组织国家综合性消防救援队伍、武警、地方专业队伍、社会救援力量等 13 支队伍 840 余人，调集大型救援装备车 20 余辆开展救援；在事故现场设立临时医疗救治点，调配 100 余名医务人员、15 辆救护车驻守，及时开展医疗处置、救治工作；出动 24 名防疫人员、3 台车辆、1 架无人机，进行事故现场防疫消杀。

8 月 30 日凌晨 03 时 52 分，抢险救援工作结束，共搜救出 57 名被困人员，其中 28 人受伤（4 名危重、6 名重症、18 名一般症状）、29 人遇难（见图 3）。

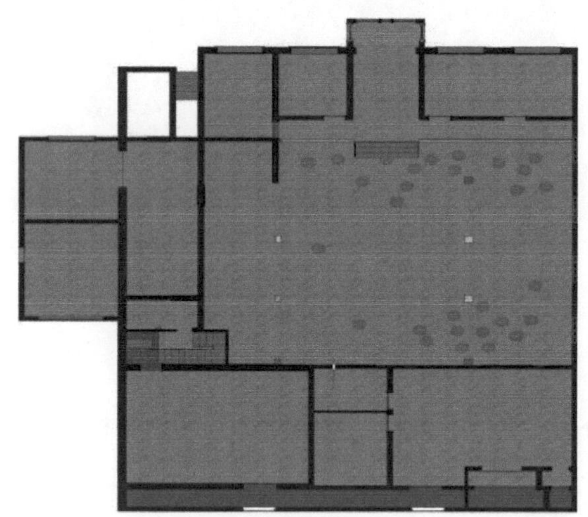

图 3　遇难者位置示意图

（四）事故直接原因

事故调查组通过深入调查和综合分析，逐一排除了人为破坏、地震、地基承载力不足及沉降变形等可能导致坍塌的因素，认定事故直接原因是：聚仙饭店建

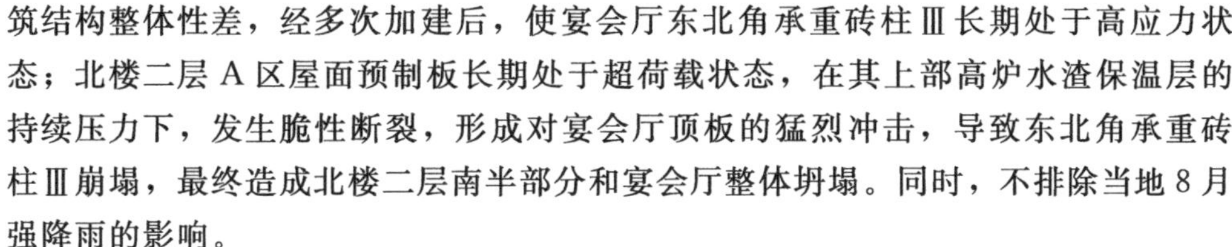

筑结构整体性差，经多次加建后，使宴会厅东北角承重砖柱Ⅲ长期处于高应力状态；北楼二层A区屋面预制板长期处于超荷载状态，在其上部高炉水渣保温层的持续压力下，发生脆性断裂，形成对宴会厅顶板的猛烈冲击，导致东北角承重砖柱Ⅲ崩塌，最终造成北楼二层南半部分和宴会厅整体坍塌。同时，不排除当地8月强降雨的影响。

1. 建筑结构整体性差

聚仙饭店宴会厅所有墙体未设置构造柱、圈梁，预制板端部无拉结、连接构造，砖柱、梁端无固定连接措施，砖柱采用包心砌法，均不符合国家规范标准要求。

2. 承重砖柱及北楼二层屋面荷载严重超载

经结构分析计算，宴会厅柱Ⅲ轴向允许承载力369 kN，极限承载力590 kN；受水前及受水后上部结构传来的轴向力分别为442 kN、456 kN，为允许承载力的1.2倍和1.24倍。北楼二层A区屋面预制板允许荷载为2.31 kN/m^2，实际荷载受水前为8.15 kN/m^2、受水后为9.7 kN/m^2，分别为允许荷载力的3.53倍和4.2倍。现场测试预制板荷载加载至2.94 kN/m^2（为允许荷载的1.27倍）时开始出现裂缝，证明北楼二层A区屋面预制板为整个建筑物最薄弱部位。

（五）责任追究情况

1. 追究刑事责任

山西省襄汾县人民法院于2022年4月29日作出判决，以重大责任事故罪判处被告人祁某有期徒刑7年。一审宣判后无抗诉、上诉，判决已发生法律效力。

2. 党纪政务处分

对事故涉及的41名有关公职人员，给予了党纪政务处分或诫勉、批评教育、责令检查等处理措施。

二、事故教训与预防措施

（一）存在的主要问题及教训

1. 聚仙饭店经营者违法占地建设、违法经营

聚仙饭店经营者祁某违法占用土地建设房屋；两次通过不正当手段取得未经审批的《集体土地建设用地使用证》；拒不执行原襄汾县国土资源局下达的《关于陈庄村村民祁某华违法占地建饭店的处罚决定》和襄汾县人民法院下达的《行政裁定书》；将未经专业设计与施工、未经过竣工验收的农房用于从事经营活动；饭店开业以来存在证照逾期经营行为。

2. 部分农民群众法制意识淡薄

按照《中华人民共和国土地管理法》《中华人民共和国城乡规划法》等法律法规规定，农村建房有“六不准”：①不准随意多层修建。②不准超面积标准建造。③不准随意翻修农房。④不准建在规划区域外。⑤不准擅自改变用途。⑥不准未批先建。

聚仙饭店坍塌事故的发生体现出部分农民群众法律知识欠缺，对法律的认识程度不足，珍惜保护土地意识淡薄，思想上存在一些错误观念和不良倾向，助长了农村个人建房用地随意性，导致农村个人建房用地管理出现了较为混乱的局面。

3. 施工队为“三无”型施工队伍

聚仙饭店历次扩建都由祁某雇佣农村自建房队完成，农村自建房队所组建的施工队伍绝大多数是临时拼凑的“三无”型施工队伍（无资质、无施工图纸、无专业技术人员），这种类型的队伍没有相关的职能部门进行监管，缺乏规范的安全防范和专业技术，在施工的过程中甚至由于对业主存在意见而人为留下质量隐患。

4. 施工队施工跟着“感觉走”

聚仙饭店事故发生的直接原因是建筑结构整体性差以及建筑受力结构不合理。农村自建房事故频发，很大程度源于这些房子在建造之初没有经过专业设计，不重视受力结构的科学性，完全按照自己的喜好与农村自建房队的经验建造。

农村建房队伍虽然有长期在农村替人建房的经验，但是所掌握的建筑技术并非专业、系统，许多农民施工员没有建筑结构专业知识，施工“跟着感觉走”，在施工过程中对施工工序能减就减，能省就省，为建筑的安全以及质量留下了多方面的隐患。

5. 政府有关部门监管不到位

（1）隐患排查不到位

襄汾县住房和城乡建设部门组织指导乡镇开展农村住房安全排查整治工作不认真，未按照有关文件对擅自改建扩建加层、野蛮装修和违法违规建房等进行重点排查。

（2）对长期违规形成违法违规行为失管失察

原襄汾县土地管理部门未认真履行土地管理职责，对原陶寺乡土地所 1993 年至 2002 年宅基地审批、违法占地查处等工作监督管理不到位；对原陶寺乡土地所宅基地审批发证混乱、土地管理台账遗失等问题失管失察；对农村违法占地建房行为打击查处不力。

（二）事故警示及预防措施

1. 提高城乡居民、农村居民建房的法律意识

农民群众应主动学习《中华人民共和国土地管理法》《中华人民共和国城乡规

划法》等相关法律法规；遵守地方政府发布的关于农村建房和宅基地管理的政策文件，以及农村建房和土地使用的规定；不擅自改变土地用途，建房前要按照规定的程序进行审批。

2. 严禁无资质施工

农村建房要经过专业的设计、施工、验收，雇佣有资质的专业施工队；抵制“三无”型施工队伍。

3. 加强城乡接合部、农村的打非治违工作

基层政府打非治违要常抓不懈、严防事故发生；严格审查农村自建房的用地、建设手续；严厉打击无资质施工、违法占地建设等行为。

4. 加大执法力度

政府有关部门发现农村违法占地、违法建设的情况，必须及时查处，严肃处理。

三、事故解析与风险防控

（一）违法改建扩建及其风险

1. 违法改建扩建

改建，是指改变建筑物立面或者平面，但不扩大原有建筑物基础和不增加建筑檐板上平及屋脊轮廓线高度的建设行为。

扩建，是指在原有建筑物水平方向或者垂直方向扩大建筑面（容）积的建设行为。

违法改建扩建，是指在未经建设、规划行政主管部门批准或违反建设审批规定的情况下，对建筑物或构筑物进行改建、扩建的行为。

2. 违法改建扩建的风险

（1）承载能力降低

违法改建扩建往往没有经过专业的结构设计和安全评估。建筑物的结构承载能力是根据其原始设计来确定的，包括基础、柱、梁、墙等构件的承载能力。例如，在原有建筑上随意增加楼层，会使建筑物的竖向荷载大大增加。如果基础和下部结构没有经过加固设计，就很可能无法承受新增的重量，导致基础下沉、墙体开裂，甚至建筑物整体倒塌。像一些农村自建房，未经许可在屋顶增加一层简易房，增加了屋面的荷载，长期积累可能导致墙体出现裂缝，危及居住者的安全。

（2）抗震性能降低

合理的建筑结构设计需要考虑抗震要求。违法改建扩建可能会破坏建筑物原有的抗震体系。比如，拆除部分承重墙来扩大室内空间，或者改变建筑的结构形式，会削弱建筑物的整体性和延性，在地震等自然灾害发生时，建筑物无法有效

地抵抗地震力，增加了倒塌的风险。

(3) 结构稳定性受损

一些违法改建扩建行为，如在建筑物外立面随意添加大型广告牌、遮阳篷等附属设施，可能会改变建筑物的重心和受风面积。当遇到大风等横向荷载时，建筑物的稳定性会受到影响，容易发生倾斜或局部损坏。

(4) 疏散通道受阻

违法改建扩建可能会改变建筑物原有的疏散通道和安全出口布局。例如，将疏散通道封闭用于商业经营或者仓库存储，或者在通道上设置障碍物，使得在火灾发生时人员无法快速、安全地疏散。而且增加的建筑部分可能没有合理规划疏散路线，导致疏散距离过长，超出了安全疏散的要求。

(5) 消防设施失效

改建扩建后，建筑物的布局和空间发生变化，可能会使原有的消防设施如消火栓、喷淋系统、火灾自动报警系统等无法有效覆盖全部区域。例如，增加夹层后，可能会遮挡消防喷头，使其无法正常工作；或者新增的区域没有设置足够的消防设施，一旦发生火灾，火势容易蔓延扩大，难以控制。

（二）主要法律法规要求

1.《中华人民共和国安全生产法》部分条款

第三十一条 生产经营单位新建、改建、扩建工程项目（以下统称建设项目）的安全设施，必须与主体工程同时设计、同时施工、同时投入生产和使用。安全设施投资应当纳入建设项目概算。

第四十九条第一款 生产经营单位不得将生产经营项目、场所、设备发包或者出租给不具备安全生产条件或者相应资质的单位或者个人。

2.《中华人民共和国建筑法》部分条款

第二十六条 承包建筑工程的单位应当持有依法取得的资质证书，并在其资质等级许可的业务范围内承揽工程。禁止建筑施工企业超越本企业资质等级许可的业务范围或者以任何形式用其他建筑施工企业的名义承揽工程。禁止建筑施工企业以任何形式允许其他单位或者个人使用本企业的资质证书、营业执照，以本企业的名义承揽工程。

3.《中华人民共和国土地管理法》部分条款

第七十八条第一款 农村村民未经批准或者采取欺骗手段骗取批准，非法占用土地建住宅的，由县级以上人民政府农业农村主管部门责令退还非法占用的土地，限期拆除在非法占用的土地上新建的房屋。

4.《自建房结构安全排查技术要点（暂行）》部分条款

第三条 自建房安全隐患初步判定结论分为三级：存在严重安全隐患、存在一定安全隐患、未发现安全隐患。

（一）存在严重安全隐患：房屋地基基础不稳定，出现明显不均匀沉降，或承重构件存在明显损伤、裂缝或变形，随时可能丧失稳定和承载能力，结构已损坏，存在倒塌风险。

（二）存在一定安全隐患：房屋地基基础无明显不均匀沉降，个别承重构件出现损伤、裂缝或变形，不能完全满足安全使用要求。

（三）未发现安全隐患：房屋地基基础稳定，无不均匀沉降，梁、板、柱、墙等主要承重结构构件无明显受力裂缝和变形，连接可靠，承重结构安全，基本满足安全使用要求。

第十五条　砌体结构房屋存在以下情形之一时，应初步判定为存在严重安全隐患：

（一）承重墙出现竖向受压裂缝，缝宽大于 1 mm、缝长超过层高 1/2，或出现缝长超过层高 1/3 的多条竖向裂缝；

（二）支承梁或屋架端部的墙体或柱在支座部位出现多条因局部受压裂缝，或裂缝宽度已超过 1 mm；

（三）承重墙或砖柱出现表面风化、剥落、砂浆粉化等现象，有效截面削弱达15％以上；

（四）承重墙、柱已经产生明显倾斜；

（五）纵横承重墙体连接处出现通长竖向裂缝。

第十六条　混凝土结构房屋存在以下情形之一时，应初步判定为存在严重安全隐患：

（一）梁、板下挠，且受拉区的裂缝宽度大于 1 mm；

（二）梁跨中或中间支座受拉区产生竖向裂缝，裂缝延伸达梁高的 2/3 以上且缝宽大于 1 mm，或在支座附近出现剪切斜裂缝；

（三）混凝土梁、板出现宽度大于 1 mm 非受力裂缝的情形；

（四）主要承重柱产生明显倾斜，混凝土质量差，出现蜂窝、露筋、裂缝、孔洞、烂根、疏松、外形缺陷、外表缺陷；

（五）屋架的支撑系统失效，屋架平面外倾斜。

第二十三条　改变使用功能的城乡居民自建房，存在以下情形之一时，应初步判定为存在严重安全隐患：

（一）将原居住功能的城乡居民自建房改变为经营性人员密集场所，如培训教室、影院、KTV、具有娱乐功能的餐馆等，且不能提供有效技术文件的；

（二）改变使用功能后，导致楼（屋）面使用荷载大幅增加危及房屋安全的情形。

第二十五条　改扩建的城乡居民自建房，存在以下情形之一时，应初步判定为存在严重安全隐患：

（一）擅自拆改主体承重结构、更改承重墙体洞口尺寸及位置、加层（含夹层）、扩建、开挖地下空间等，且出现明显开裂、变形；

（二）在原楼（屋）面上擅自增设非轻质墙体、堆载或其他原因导致楼（屋）面梁板出现明显开裂、变形；

（三）在原楼（屋）面新增的架空层与原结构缺乏可靠连接。

案例8　人员密集处　小火亦大祸

——山西吕梁永聚煤业有限公司办公楼“11·16”重大火灾事故暴露出的主要问题与警示

一、事故详情

（一）事故基本情况

2023年11月16日06时30分许，山西省吕梁市离石区永聚煤业有限公司联合建筑办公楼（以下简称联建楼）二层浴室发生火灾，造成26人死亡，38人受伤，过火面积约900 m²，直接经济损失4990.26万元（见图1）。

图1　事故现场照片

事故发生后，党中央、国务院高度重视。习近平总书记作出重要指示：“山西吕梁市永聚煤矿一办公楼发生火灾，造成重大人员伤亡，教训十分深刻！要全力救治受伤人员，做好伤亡人员及家属善后安抚工作，尽快查明原因，严肃追究责任。各地区和有关部门要深刻吸取此次火灾事故教训，牢固树立安全发展理念，强化底线思维，针对冬季火灾事故易发多发等情况，举一反三，深入排查重点行业领域风险隐患，完善应急预案和防范措施，压实各方责任，坚决遏制重特大事故发生，切实维护人民群众生命财产安全和社会大局稳定。”李强总理等中央领导同志作出重要批示，对搜救失联、医疗救治、善后处置、事故调查、专项整治等工作提出了明确要求。

调查认定，山西吕梁永聚煤业有限公司办公楼“11·16”重大火灾是一起因企业安全主体责任不落实，超限额加装电动吊篮、违规敷设吊篮供电线路，违规在井口浴室存放矿灯、氧气自救器、自喷漆等助燃物品，安全管理混乱，吊篮供电线路短路引燃吊篮内可燃物，初期火灾处置不力，地方党委政府和有关部门履职不到位而导致的生产安全责任事故。

（二）涉事单位及相关责任人情况

1. 事故发生单位——永聚煤业

山西吕梁离石永聚煤业有限公司（简称永聚煤业），2022 年 4 月确定为核增产能保供煤矿。建筑坐南朝北，钢筋混凝土框架结构，地上 4 层、局部 5 层。一层设有行人斜井通道入口、猴车乘车区、猴车配电室、出入井综合检测、充灯房、洗衣房、应急物资库房、井口医疗急救站、束管监测室、井口保健站；二层为井口浴室，设有职工澡堂（男浴室）、女浴室和干部浴室；三层为任务交代室；四层为调度指挥中心。

法定代表人王某斌（实际已调离岗位），实际股权比例为永宁煤焦 82%、王某庆 18%。实际负责人为韩某，矿长为马某。

2. 永聚煤业二层浴室电动更衣吊篮系统情况

涉事电动更衣吊篮系统（以下简称吊篮）主要由支架、卷轴、电机、无线接收器、分层吊篮、吊篮框架、控制箱、电源柜、主供电线、升降绳、自锁装置、底板和包布等部件组成。篮体分上、下两层，上层为从动篮、下层为主动篮，上升后合为一体，落地自动分开，篮体使用冷拔丝喷塑，底板为中密度颗粒板，内部配有包布。控制系统采用 IC 卡无线遥控，最多可实现 5 个吊篮同时升降，无法实现大面积同时升降功能（见图 2）。

永聚煤业 2021 年对吊篮系统进行改造，增设 27 个交流空气开关。吊篮系统供电线路由一层猴车配电室引至二层浴室值班室，经吊篮专用电源柜将 380 V 交流电转换为 48 V 直流电。起火区域正极主供电线利用金属线卡固定在负极支架上，负极未单独采用线路敷设，主要依托吊篮支架、框架为负极。

3. 永聚煤业上级单位情况

（1）永宁煤焦：成立于 2004 年 2 月。现法定代表人、执行董事兼总经理刘某，经营范围为“煤炭零售经营”。由东泰公司全资控股，实际总经理为东泰公司副总经理闫某。

（2）东泰公司：成立于 2012 年 12 月。现法定代表人刘某，经营范围为“一般项目：以自有资金从事投资活动；煤炭及制品销售；金属材料销售；货物进出口；技术进出口”。股东为刘某和王某。东泰公司实际控制人为王某某，负责集团整体

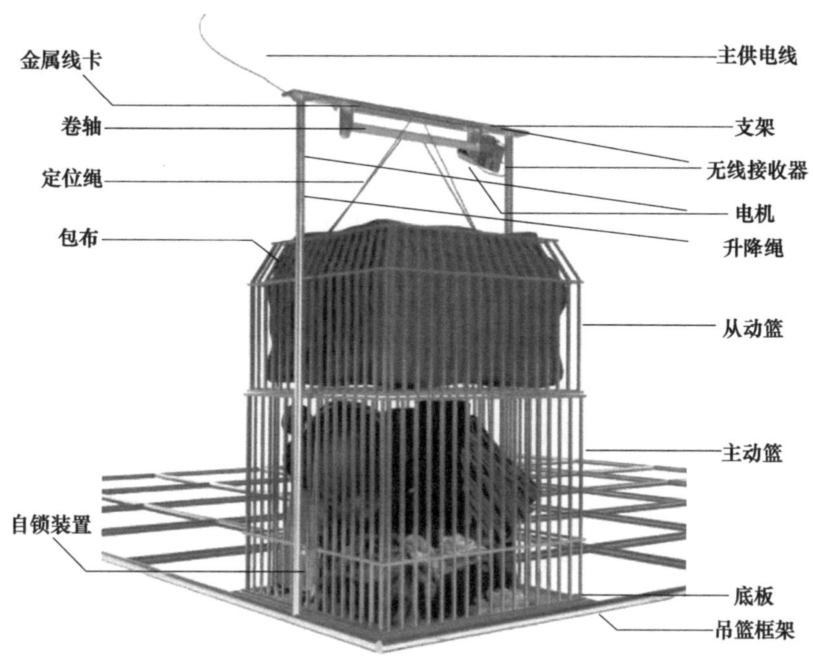

图 2　电动吊篮各部件结构示意图

安全工作。

4. 其他相关单位

(1) 长治市陈熙吊篮开发有限公司：永聚煤业吊篮生产安装单位。成立于 2008 年 8 月，法定代表人胡某，经营范围包括专用设备制造、普通机械设备安装服务、通用设备修理等。2013 年至 2019 年期间，永聚煤业先后 3 次与该公司签订购买安装吊篮合同。

(2) 山西省煤炭建设监理有限公司：联建楼建设工程监理单位。成立于 1996 年 4 月，法定代表人崔某，经营范围为工程建设监理、咨询等，具有工程监理综合资质。

(3) 吕梁亨业建筑工程有限公司：联建楼水暖、消防设施安装单位。成立于 2000 年 1 月，法定代表人薛某，经营范围：建筑工程施工总承包叁级。

5. 事故主要责任人

(1) 永聚煤业：总经理兼法定代表人王某斌、实际负责人韩某、矿长马某等 11 人。

(2) 东泰公司：总经理王某某等 4 人。

(3) 长治市陈熙吊篮开发有限公司：总经理陈某等 3 人。

（三）事故发生经过及应急救援情况

1. 事故发生经过

2023 年 11 月 16 日 06 时左右，早班工人陆续来到联建楼，召开班前会，领取下井设备，更换衣服，准备下井作业，同时，井下矿工陆续升井。火灾发生时，联建楼内共有 437 人，其中一层 12 人、二层 150 人、三层 109 人、四层 166 人。

06 时 34 分许，男浴室清洁工冯某发现二层大更衣区西北角顶部吊篮有明火，并呼喊着火（没有报警）。综采一队检修班工人高某，男浴室清洁工梁某、冯某某使用手提式灭火器进行灭火（其他人员都没有任何事故即将到来的危机意识）。

06 时 39 分 50 秒，视频监控显示大更衣区西北角有燃烧物从顶部坠落。

06 时 46 分许，永聚煤业总工程师张某在办公楼一层窗户看到联建楼二层浴室位置着火，立即使用内线电话联系调度指挥中心。

06 时 48 分许，大更衣区西北角区域北侧窗户被烧脱落，火焰向窗外喷射。

06 时 54 分许，二层大更衣区西北角火势变大，多个吊篮内的隔绝式压缩氧气自救器（以下简称氧气自救器）受高温后导致钢瓶内高压纯氧泄漏喷射，加速火势燃烧蔓延。高温有毒浓烟迅速弥漫整个二层，大量吊篮掉落影响疏散，在场部分人员没有第一时间逃生，造成 21 人死亡。烟气通过三、四层窗户向上卷吸，通过西侧和东侧楼梯间向上扩散的同时，变形缝内填充的聚苯乙烯泡沫板、聚氨酯泡沫填缝剂被引燃，大量有毒浓烟从四层调度中心防静电地板间隙渗出，并向四层楼道弥漫。三层人员全部逃生。四层有部分人员破窗后通过伸缩梯获救，有人爬上排水管逃生，5 人未能及时逃生，吸入有毒浓烟不幸遇难。

2. 事故现场情况

事故现场过火面积 900 m^2，其中二层浴室全部烧毁（见图 3），大更衣区 0625 号电动吊篮附近区域对应顶部吊篮框架变形严重（见图 4），地面瓷砖烧毁炸裂；三层、四层部分玻璃炸裂，有烟熏痕迹。死亡人员分布于二、四层，其中二层 21 名，四层 5 名。

图 3　联建楼烧损情况

图 4　0625 号吊篮附近烧损情况

3. 应急救援情况

吕梁市消防救援支队指挥中心接到报警后，于 06 时 52 分迅速调集 5 个消防救援站（队），共计 18 辆消防救援车、75 名指战员赶赴现场救援。吕梁市应急综合救援支队派出两个小队 20 名指战员，赶赴现场救援。

图 5　现场应急救援照片

06 时 55 分，吕梁市 120 应急救援指挥中心接报后，陆续调派各类救护车辆 30 辆、急诊医护人员 90 余名赶赴现场，开展应急救援。

07 时 04 分，第一批消防救援力量到达现场（见图 5）。

08 时 35 分，现场明火被扑灭。

13 时 45 分，所有火情消除。

14 时 05 分，经过反复搜索，确认现场无被困人员，应急救援结束。各相关部门和单位密切协同配合，确定送医治疗 64 人，其中 26 人死亡，38 人住院治疗。

现场搜救结束，应急响应终止。

（四）事故直接原因

综合调查询问、现场勘验、视频分析、实验验证以及技术鉴定，认定起火时间为 11 月 16 日 06 时 30 分许，火灾直接原因为二层井口浴室大更衣区 0625 号吊篮上方电机主供电线绝缘层与金属线卡接触部分破损短路，引燃下方吊篮内的可燃物所致。

（五）责任追究情况

1. 追究刑事责任

（1）永聚煤业：总经理兼法定代表人王某斌、实际负责人韩某、矿长马某等 11 人。

（2）东泰公司：总经理王某某等 4 人。

（3）长治市陈熙吊篮开发有限公司：总经理陈某等 3 人。

共计 18 人被公安机关立案侦查，采取强制措施。

2. 党纪政务处分

纪检监察机关对吕梁市委书记孙某、吕梁市委副书记兼市长张某某等 42 名公职人员进行了不同程度的党纪政务处分。

二、事故教训与预防措施

（一）存在的主要问题及教训

（1）对长期存在的电气事故隐患视而不见，小隐患"瞬变"为重大事故。

①起火区域吊篮电机供电线路未单独设负极，而是将顶部的吊篮支架作为负极使用，电机主供电线未穿管保护，利用金属线卡固定在负极支架上，造成了正负极仅有一层电线绝缘层相隔。

②电机主供电线与金属线卡在吊篮电机启动过程中发生机械震动摩擦，长期运行导线绝缘层破损导致短路，产生的电弧火花引燃吊篮包布及吊篮内放置物品。

③吊篮电机直流供电系统选用交流空气开关做保护，在断开直流电路时灭弧能力不足。

（2）初期火情处置不当、应急准备不到位，造成重大人员伤亡。

未依法开展安全培训、应急救援和疏散逃生演练，最先发现火情的职工没有立即报警，在场人员或围观或洗澡更衣，没有第一时间逃生自救，仅有三个员工使用了手提式灭火器进行灭火，无法有效控制初期火情。

（3）部分员工事故风险意识极低，错失关键的逃生时机，酿成人生本不该发生的最大悲剧。

06 时 34 分发现火情，到 06 时 40—46 分火势逐渐变大，有 10 多分钟的时间，但有些员工没有及时逃生。这起事故中，火灾现场仅有 3 名员工自发使用灭火器进行了灭火扑救。火灾发生后，个别员工总认为事故距离我还很远，依然更衣下井、脱衣沐浴、拍照留影，没有及时逃生。

（4）对"三违"行为长期失控不管，不愿管、不想管的思想严重，小隐患引发大事故。

安全风险防范意识不强，安全管理责任不落实。浴室内长期违规存放矿灯和氧气自救器；调度室设在伸缩缝上、伸缩缝违规填充易燃材料；以及工人长期在浴室抽烟、职工浴室易燃可燃物多。企业对这些违纪违规行为、看似不大的隐患长期失控不管。超限额加装吊篮，大更衣区的疏散过道上方增设了吊篮，整个区域高密度设置吊篮 1734 个（参照相关国家标准，结合现场实际面积，测算最多允许设置 724 个），从源头上埋下火灾隐患。

（5）消防安全管理不到位，消防安全设施不完善。

①消防安全责任人、管理人职责不落实。永聚煤业法定代表人、矿长、实际负责人均未依法履行消防安全职责。

②企业增设、改造消防设施工程进展缓慢，直至事发仍未验收并投入使用。

起火时光电感烟火灾探测器虽正常报警，但火灾报警控制器处于“手动”控制状态，火灾声光报警器未能联动启动；应急广播未发挥预警功能。

③联建楼消防设施未保持完好有效。联建楼原设计每层有 6 个室内消火栓，但实际一层只有 4 个，二层只有 3 个，数量设置不符合规范要求。

④建筑变形缝未按规定设置钢板及阻燃带，所填充的可燃物被引燃，造成火灾迅速蔓延。

(6) 违法违规建设、使用，竣工验收资料弄虚作假。

①未依法办理包括联建楼在内的建设工程消防设计审查、消防验收和备案抽查手续；联建楼投入使用后违规改造职工浴室，改变原有使用功能。

②2016 年 9 月联建楼竣工验收资料造假，2020 年 6 月伪造《吕梁市行政审批服务管理局关于山西吕梁离石永聚煤业有限公司 120 万吨/年兼并重组整合项目消防设计审查的函》。

(7) 其他有关单位存在的问题

①上级单位：东泰公司、永宁煤焦对永聚煤业存在的非法占地、违规建设行为失管。

②长治市陈熙吊篮开发有限公司：2013 年 9 月 4 日，永聚煤业与陈熙吊篮公司签订的技术协议中明确“电线穿阻燃 PVC 管敷设”，实际电线接头采用简单的绞接方式，未穿管保护。临时聘用未经安全教育培训的社会人员施工安装，缺少施工现场组织管理。

③山西省煤炭建设监理有限公司：该公司临时聘用社会人员作为永聚煤业土建项目监理人员，且项目总监无国家注册监理工程师资质，日常监理履职不到位。

(二) 事故警示及预防措施

地采矿山企业应高度重视地面场所的安全工作，特别要加强浴室、食堂、会议室等人员密集场所消防安全工作，坚决防止“小火演变为重大火灾”的隐患。重点如下：

(1) 加强人员密集场所员工的风险意识的培训教育，并组织员工定期按照“四及时”进行应急（逃生）演练。

(2) 一旦发生火情要做到“四及时”，即及时处置、报警、警戒和及时自救（包括逃生），这四个“动作”要同时进行。

(3) 加强对人员密集场所的老旧电器设备、电气线路，断电保护器等装置的检查，比如：电线是否穿阻燃 PVC 管敷设，断电保护器是否与用电功率匹配，插座是否接地等。

(4) 加强对人员密集场所可燃、易燃物的管理、清理。

(5) 对历史上已经长期存在的隐患，不能视而不见，必须整改消除到位。企业各级管理人员对"三违"行为要严格处理，对习惯性违章行为（比如禁烟处抽烟）必须坚决制止。

(6) 所有的改建、扩建项目必须进行严格的消防安全验收，保障消防设施、设备完好。

三、事故解析与风险防控

(一) 更衣吊篮及其危险性

1. 更衣吊篮

更衣吊篮是在矿山、冶金、建材等行业，职工浴室（澡堂）普遍使用一种设备，用来保存职工的衣物（见图 6）。

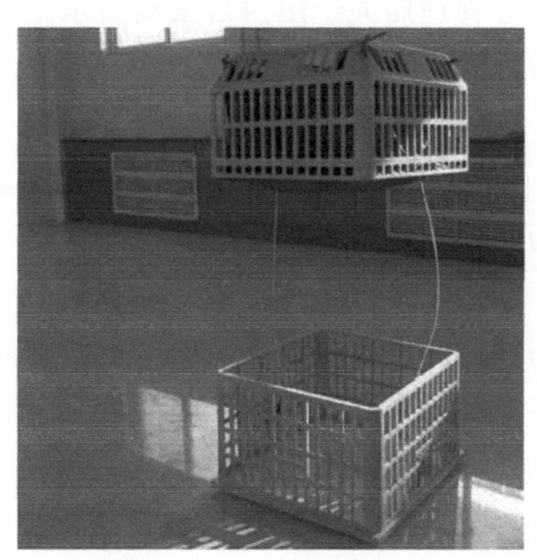

图 6　更衣吊篮外观图

更衣吊篮是采用金属或塑料吊篮取代传统的更衣柜，在职工洗澡时，将衣服置于各自的吊篮内，通过电动提升装置，将吊篮提升至天花板上悬挂保存，使得更衣室宽敞、卫生，衣物防盗、防潮。

更衣吊篮为系统应用，由提升装置、棚架、吊篮、控制箱、保护器、整流柜、通风及照明装置组成。

2. 更衣吊篮的危险性

(1) 电气火灾危险

更衣吊篮通常通过电线和电机驱动，如果电路老化、接触不良或存在设计缺陷，容易引发电气火灾。特别是当吊篮数量众多且密集布置时，一旦一个吊篮起火，火势会迅速蔓延至其他吊篮，造成严重后果。

更衣吊篮内通常存放大量棉质衣物等可燃物品，这些物品在火灾中容易迅速燃烧，且火势蔓延速度快，增加了火灾的严重性和扑救难度。

例如，山西吕梁永聚煤业联建楼火灾事故和山东济矿鲁能煤电股份有限公司阳城煤矿火灾事故，均是由更衣吊篮内的电气火灾引发的。

(2) 坠落危险

更衣吊篮通常是通过绳索或链条等装置进行升降。如果这些升降装置出现故障，例如绳索断裂、链条脱节，吊篮可能会突然坠落。在工厂环境中，工人的衣物和一些个人物品放置在吊篮内，当吊篮坠落时，物品可能会损坏。如果此时下方正好有人经过，可能会被坠落的吊篮砸伤，导致身体挫伤、骨折等不同程度的伤害。

（二）主要法律法规要求

1.《中华人民共和国安全生产法》部分条款

第二十二条 生产经营单位的全员安全生产责任制应当明确各岗位的责任人员、责任范围和考核标准等内容。

生产经营单位应当建立相应的机制，加强对全员安全生产责任制落实情况的监督考核，保证全员安全生产责任制的落实。

第三十六条 安全设备的设计、制造、安装、使用、检测、维修、改造和报废，应当符合国家标准或者行业标准。

生产经营单位必须对安全设备进行经常性维护、保养，并定期检测，保证正常运转。维护、保养、检测应当作好记录，并由有关人员签字。

生产经营单位不得关闭、破坏直接关系生产安全的监控、报警、防护、救生设备、设施，或者篡改、隐瞒、销毁其相关数据、信息。

2.《中华人民共和国消防法》部分条款

第十六条 机关、团体、企业、事业等单位应当履行下列消防安全职责：

（一）落实消防安全责任制，制定本单位的消防安全制度、消防安全操作规程，制定灭火和应急疏散预案；

（二）按照国家标准、行业标准配置消防设施、器材，设置消防安全标志，并定期组织检验、维修，确保完好有效；

（三）对建筑消防设施每年至少进行一次全面检测，确保完好有效，检测记录应当完整准确，存档备查；

（四）保障疏散通道、安全出口、消防车通道畅通，保证防火防烟分区、防火间距符合消防技术标准；

（五）组织防火检查，及时消除火灾隐患；

（六）组织进行有针对性的消防演练；

（七）法律、法规规定的其他消防安全职责。

单位的主要负责人是本单位的消防安全责任人。

第二十七条 电器产品、燃气用具的产品标准，应当符合消防安全的要求。

电器产品、燃气用具的安装、使用及其线路、管路的设计、敷设、维护保养、检测，必须符合消防技术标准和管理规定。

第四十四条 任何人发现火灾都应当立即报警。任何单位、个人都应当无偿为报警提供便利，不得阻拦报警。严禁谎报火警。

人员密集场所发生火灾，该场所的现场工作人员应当立即组织、引导在场人员疏散。

任何单位发生火灾，必须立即组织力量扑救。邻近单位应当给予支援。

消防队接到火警，必须立即赶赴火灾现场，救助遇险人员，排除险情，扑灭火灾。

第六十六条 电器产品、燃气用具的安装、使用及其线路、管路的设计、敷设、维护保养、检测不符合消防技术标准和管理规定的，责令限期改正；逾期不改正的，责令停止使用，可以并处一千元以上五千元以下罚款。

3.《煤矿重大事故隐患判定标准》部分条款

第三条 煤矿重大事故隐患包括下列15个方面：

（一）超能力、超强度或者超定员组织生产；

（二）瓦斯超限作业；

（三）煤与瓦斯突出矿井，未依照规定实施防突出措施；

（四）高瓦斯矿井未建立瓦斯抽采系统和监控系统，或者系统不能正常运行；

（五）通风系统不完善、不可靠；

（六）有严重水患，未采取有效措施；

（七）超层越界开采；

（八）有冲击地压危险，未采取有效措施；

（九）自然发火严重，未采取有效措施；

（十）使用明令禁止使用或者淘汰的设备、工艺；

（十一）煤矿没有双回路供电系统；

（十二）新建煤矿边建设边生产，煤矿改扩建期间，在改扩建的区域生产，或者在其他区域的生产超出安全设施设计规定的范围和规模；

（十三）煤矿实行整体承包生产经营后，未重新取得或者及时变更安全生产许可证而从事生产，或者承包方再次转包，以及将井下采掘工作面和井巷维修作业进行劳务承包；

（十四）煤矿改制期间，未明确安全生产责任人和安全管理机构，或者在完成改制后，未重新取得或者变更采矿许可证、安全生产许可证和营业执照；

（十五）其他重大事故隐患。

第十三条 "使用明令禁止使用或者淘汰的设备、工艺"重大事故隐患，是指有下列情形之一的：

（一）使用被列入国家禁止井工煤矿使用的设备及工艺目录的产品或者工艺的；

（二）井下电气设备、电缆未取得煤矿矿用产品安全标志的；

（三）井下电气设备选型与矿井瓦斯等级不符，或者采（盘）区内防爆型电气设备存在失爆，或者井下使用非防爆无轨胶轮车的；

（四）未按照矿井瓦斯等级选用相应的煤矿许用炸药和雷管、未使用专用发爆器，或者裸露爆破的；

（五）采煤工作面不能保证2个畅通的安全出口的；

（六）高瓦斯矿井、煤与瓦斯突出矿井、开采容易自燃和自燃煤层（薄煤层除外）矿井，采煤工作面采用前进式采煤方法的。

案例9　采掘施工不守规
冒险蛮干酿大祸

——内蒙古新井煤业露天煤矿“2·22”特别重大坍塌事故暴露出的主要问题与警示

一、事故详情

（一）事故基本情况

2023年2月22日13时12分许，内蒙古自治区阿拉善盟孪井滩生态移民示范区内蒙古新井煤业有限公司露天煤矿发生特别重大坍塌事故，造成53人死亡、6人受伤，直接经济损失20430.25万元（见图1）。

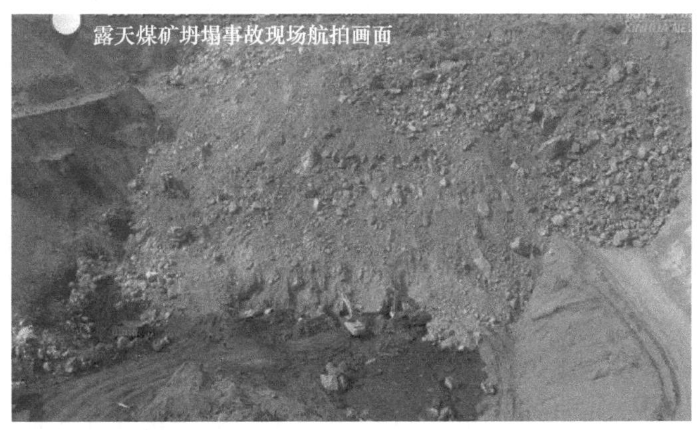

图1　坍塌事故现场航拍图

（二）涉事单位及相关责任人情况

1. 事故发生单位——内蒙古新井煤业有限公司（以下简称新井煤矿）

新井煤矿位于内蒙古自治区阿拉善盟阿拉善左旗嘉尔嘎勒赛汉镇巴兴图嘎查境内，由阿拉善盟孪井滩生态移民示范区管理委员会管辖。前身为青铜峡市新井煤业有限公司（井工煤矿），2013年9月变更为现名称，法定代表人为王某；实际控制人、受益人为韩某、路某和陈某。

2. 事故相关单位

（1）施工单位

宁夏固本建筑有限公司（以下简称宁夏固本公司）：成立于1997年11月，法定代表人为杨某，实际控制人为韩某。持有建筑工程施工总承包贰级资质、建筑施工安全生产许可证。

宁夏固本建筑有限公司分公司（以下简称宁夏固本分公司）：成立于2022年8月，负责人为马某，是为承揽新井煤矿剥采工程成立的空壳公司，以宁夏固本公司名义承揽工程。

内蒙古宏鑫垚土石方工程有限公司（以下简称宏鑫垚公司）：成立于2020年11月，法定代表人和总经理均为马某，两名副总经理分别为李某、马某某，现场施工负责人为李某某。负责采煤、土石方剥离、转运、爆破钻孔等作业。

内蒙古祥伟土石方工程有限公司（以下简称祥伟公司）：成立于2021年10月，法定代表人为何某，实际控制人为路某某。负责排土场挖运、修坡及挡车墙堆砌等工程（见图2）。

图2 施工单位分包情况

（2）爆破作业单位

爆破作业单位为阿拉善盟瑞隆爆破工程有限责任公司（以下简称瑞隆爆破公司）和阿拉善盟永安爆破有限责任公司（以下简称永安爆破公司），分别与新井煤矿签订工程爆破合同，由宏鑫垚公司相关负责人指定各自爆破作业位置。

（3）工程监理单位

实际工程监理单位为宁夏西部正信监理工程有限公司（以下简称宁夏正信公司）；宁夏正信公司为承接新井煤矿工程监理项目，与山东天柱建设监理咨询有限公司银川分公司（以下简称天柱银川分公司）达成口头协议，由天柱银川分公司使用上级公司山东天柱建设监理咨询有限公司（以下简称山东天柱公司）的监理资质进行承接，收取宁夏正信公司20%的资质使用费（见图3）。

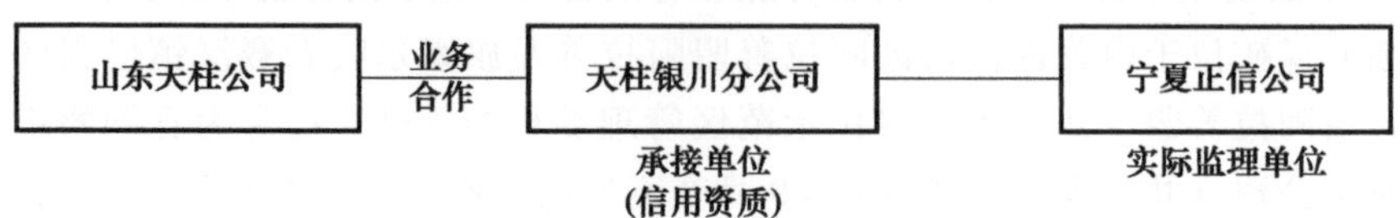

图3 监理单位合作情况

(4) 项目设计单位

内蒙古煤炭科学研究院有限责任公司（以下简称内蒙古煤科院）。成立于2008年8月，法定代表人为高某，持有煤炭行业乙级、冶金行业乙级工程设计资质。

(5) 储量年报编制单位

内蒙古亿诚地质矿产勘查开发有限责任公司（以下简称亿诚勘查公司）。成立于2011年4月，法定代表人为王某，持有乙级测绘资质和地质灾害防治危险性评估资质，总工程师为杨某某，负责技术管理。

（三）事故经过及应急救援情况

1. 事故发生经过

2023年2月22日06时30分，挖机司机、自卸卡车司机、钻机司机等222人陆续进入作业现场。

11时56分起，事发区域西侧、顶部等地点发生小面积滑塌，边坡坡面及底部出现裂缝、冒尘等滑塌征兆。

12时27分，在事发区域东侧边界处标高1395 m台阶坡脚进行爆破作业。

12时40分，176名作业人员午饭后返回采场作业。

13时许，宏鑫垚公司李某某到西区南帮查看施工作业时，发现北帮边坡异常；随后他使用对讲机分别于13时06分许、10分许、12分许喊话，通知“挖机装完后撤离”“所有汽车、挖机向后撤”“所有人员撤离”。

13时12分许，采场北帮边帮岩体发生大面积滑落坍塌（见图4），现场59名作业人员和17台挖机、27台自卸卡车、8台钻机、4台皮卡车、1台装载机、1台小型客车等58台作业设备被埋，最终造成53人死亡、6人受伤。

图4　事故发生前后卫星图

2. 应急救援情况

2月22日，接报后，国家矿山安监局内蒙古局启动事故救援一级响应，多支救援队赶往救援。

2月22日18时许，已有6支救援队伍共200余人抵达现场进行救援。

2月22日19时06分报道：有救援队伍8支、救援人员334人，各类救援器械车辆129台（辆），安全生产专家9名正在现场开展救援工作。已救出被困人员8人，其中，6人已送往医院救治，2人已无生命体征。

2月22日19时09分报道：现场有9支救援队伍、350余人参与救援。

截至2月23日00时30分，到达现场的救援队伍有11支，470人左右，130多辆大型的救援机械。

截至2月23日02时30分，阿拉善、乌海、巴彦淖尔、包头等盟（市）消防救援支队共32车152人已抵达现场。

截至2023年2月24日14时，有23支抢险救援队伍共1155人在现场参与救援（见图5），其中国家专业救援力量7支255人，包括国家救援指挥中心、国家应急救援勘探队等，内蒙古自治区救援力量7支315人，地方救援力量9支585人。尚有失联人员47名。

图5　事故现场救援图

截至2023年3月11日，共搜救出6名受伤人员，9具矿工遗体，19台车辆。

由于事故现场环境复杂危险，塌方土石量大、稳定性差，经生命信息探测和医疗专家组评估，被埋人员已无生存可能，搜救现场存在再次滑落坍塌的风险，4月14日，现场救援指挥部决定终止救援。

（四）事故直接原因

专家组通过现场勘查、测绘试验、计算分析和调阅资料、询问谈话、座谈交流等方式综合分析，本次事故的直接原因为：未按初步设计施工，随意合并台阶，形成超高超陡边坡，在采场底部连续高强度剥离采煤，致使边坡稳定性持续降低，处于失稳状态，边帮岩体沿断层面和节理面滑落坍塌，加之应急处置不力，未能及时组织现场作业人员逃生，造成重大人员伤亡和财产损失。

（五）责任追究情况

1. 追究刑事责任

(1) 事故发生及外包企业 19 人涉嫌重大责任事故罪：

新井煤矿股东韩某、宏鑫垚公司法定代表人马某等 19 人涉嫌重大责任事故罪等，被公安机关立案侦查。

(2) 6 名公职人员因涉嫌严重违纪违法和职务犯罪，接受纪律审查和监察调查：

阿拉善盟工业和信息化局党组成员、副局长阿某。

孪井滩生态移民示范区发展改革和经济统计局党组书记、局长张某。

孪井滩生态移民示范区发展改革和经济统计局党组成员、统计调查中心主任梁某。

孪井滩生态移民示范区发展改革和经济统计局能源科科长詹某。

国家矿山安全监察局内蒙古局监察执法一处副处长吴某。

国家矿山安全监察局内蒙古局监察执法一处二级主任科员井某。

2. 党纪政纪处分

对该事故中存在失职失责的阿拉善盟盟委、行署，孪井滩生态移民示范区党工委、管委会，国家矿山安全监察局内蒙古局、内蒙古自治区能源局、自然资源厅及盟、示范区相关部门 36 名公职人员进行了严肃处理。

二、事故教训与预防措施

（一）存在的主要问题及教训

1. 缺乏“红线”意识和“底线”思维

(1) 安全管理混乱

安全生产管理机构不健全，规章制度不完善，长期不开展隐患排查治理，从未组织开展过安全生产教育培训和应急演练。没有设置专门负责技术管理的机构，没有地质测量、生产技术管理部门及人员；未编制作业规程和安全技术措施。“五职矿长”和职能部门等不履行法定职责。

（2）严重违规组织生产

无矿山工程施工总承包资质的宁夏固本公司、宏鑫垚公司，违法承揽工程施工。为了多出煤、降成本，违反设计组织施工，形成超高超陡台阶，人为制造重大事故隐患。

（3）无预案无演练

没有制定生产安全事故应急预案，没有明确紧急情况下的撤离顺序和路线，没有组织过应急演练。

（4）违法发包给无资质企业施工

新井煤矿将土石方剥离工程先发包给无任何资质的宏鑫垚公司；又发包给只具有建筑施工资质的宁夏固本公司。新井煤矿未对施工单位安全生产工作纳入统一协调、管理，存在“以包代管”现象。

2. 超能力超强度生产，违法越界开采

（1）超强度超能力组织生产

新井煤矿设计产能 90 万 t/a，大肆违法违规组织开采，2020 年 12 月至 2023 年 1 月实际生产原煤 245 万 t。

（2）违法越界开采

采矿证面积 1.3448 km^2，实际采场剥离面积达 1.698 km^2（见图 6）。

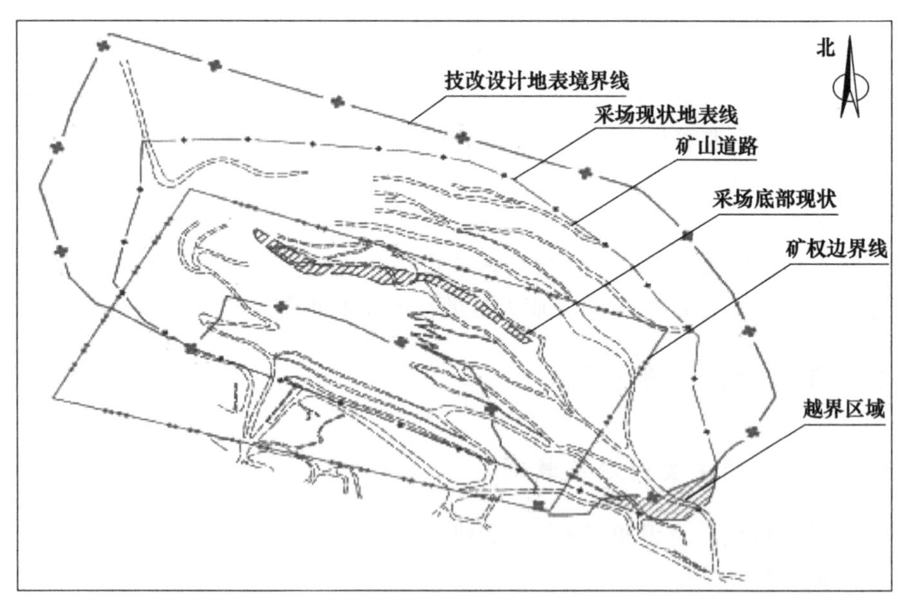

图 6　越界开采

3. 严重违反设计方案施工作业

(1) 未按设计施工，形成超高超陡边坡

按照设计，该矿剥采台阶高度应不大于 10 m，最小工作平盘宽度为 32 m，按设计进度应形成 21 个剥离台阶和 1 个采煤台阶；实际事发区域上部仅形成 3 个台阶，台阶高度均超 10 m、最高达 145 m（见图 7）。

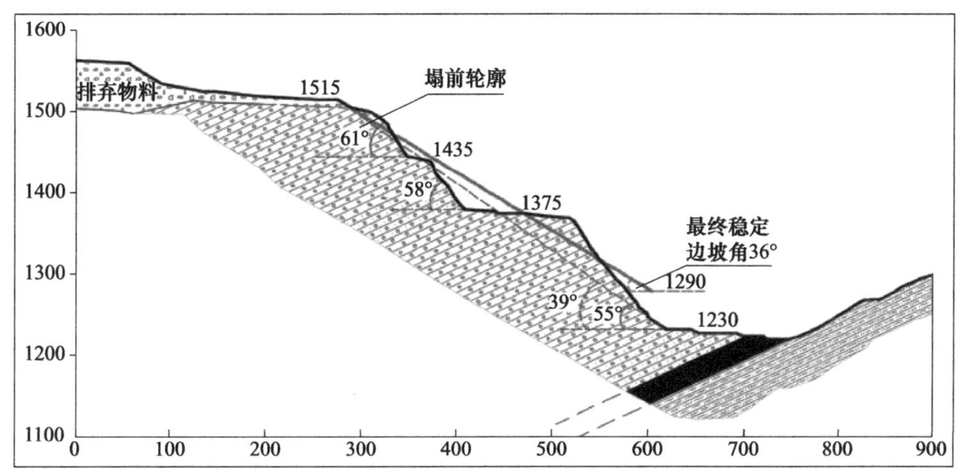

图 7 事发前事发区域边坡剖面图

按照设计，采场最终稳定边坡角为 36°，计算边坡稳定系数为 4.287，满足安全储备要求；事发时，边坡最大垂直高度 315 m，整体边坡角达到 39°，局部台阶最大边坡角达到 61°，计算边坡稳定系数为 0.982，处于不稳定状态。

(2) 高强度剥离采煤导致边坡稳定性持续降低

煤矿剥采作业布置在采场底部东西长 500 m、南北宽 130 m 的狭长范围内，剥采设备密集布置，持续高强度作业，2022 年 12 月 2 日至 2023 年 2 月 19 日，80 天内事发区域剥采位置平均降深 65 m，超挖边帮岩体压脚量，边坡抗滑力减小、下滑力增加，计算边坡稳定系数 2022 年 12 月 2 日、2023 年 1 月 3 日分别为 2.179、1.192，持续降低。

(3) 剥采作业扰动和越界排土导致边坡断层、节理裂隙发育加剧

事发区域的断层和节理，在剥采、爆破等生产活动扰动下，不断扩展贯通，岩体的完整性持续被破坏。此外，外部排土场超越设计境界排土，排土位置与事发区域采场地表境界紧邻，也增加了边坡载荷。

(4) 未按规定设置监测预警系统

按开发利用方案安全设施设计，采场应设置 49 个监测点、形成 11 条监测线，但实际仅布设 7 个监测点且均在事发区域外，未形成监测线，无法发挥边坡监测预警作用。

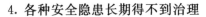

4. 各种安全隐患长期得不到治理

(1) 采用“掏根”式剥挖，不顾安全冒险蛮干

无矿山工程施工总承包资质的宁夏固本公司、宏鑫垚公司，无施工组织计划，随意布置钻孔，频繁组织在高陡台阶坡底实施爆破，采用“掏根”式剥挖，违章指挥、冒险作业。

(2) 隐患排查整治流于形式

2022 年 3 月，事发区域东侧曾发生过大面积滑坡，清理用时 2 个多月。2022 年 8 月，事发区域发生局部滑坡，9 月后滑坡区范围逐渐变大。事发前数日和当日频繁发生浮石滚落或小面积滑坡。对经常性发生的地表变形、浮石滚落等边坡隐患未采取有效措施。2023 年 2 月 19 日、20 日西区边坡已发现有落石、伞檐等险情，未做处置继续作业；最终发生特别重大事故。

(3) 应急处置不果断

在提前 6 min 发现大规模坍塌迹象的情况下，仍没有果断组织所有车辆、人员立即撤离，错失了避免重大人员伤亡的机会。2023 年 2 月 19 日、20 日西区边坡已发现有落石、伞檐等险情，未做处置继续作业；2 月 22 日，11 时 56 分出现滑塌征兆时没有及时停产撤人；发现事故征兆后没有及时有效组织现场作业人员逃生。

5. 第三方机构弄虚作假

中介服务机构缺乏职业道德和操守，报告造假，监理合同造假，矿山储量年报造假，与实际严重不符。

6. 政府有关部门监管监察流于形式

对边建设边生产、局部台阶坡面角大于 60°等凭肉眼和常识即可发现的严重问题，监管监察部门百余次检查未能及时有效制止，对不按设计组织施工、出现不稳定滑坡现象等重大隐患该停的不停。在复工过程中，对发现的未按设计施工、边坡管理混乱等问题，没有跟踪督促整改，导致一些显而易见的重大隐患常治长存、长期摆在那里。

(二) 事故警示及预防措施

1. 严禁违章指挥

实际控制人必须落实安全生产第一责任人的责任，做到“安全投入到位、安全培训到位、安全管理到位、应急救援到位”。建立健全并落实本单位全员安全生产责任制；组织制定并实施本单位安全生产规章制度和操作规程；建立安全生产管理机构并配齐人员，特别要配齐配强技术人员。

2. 严禁“超能力、超强度、超人员”组织生产

矿山企业必须按照开采设计的方案进行施工，严禁超能力、超强度生产；严

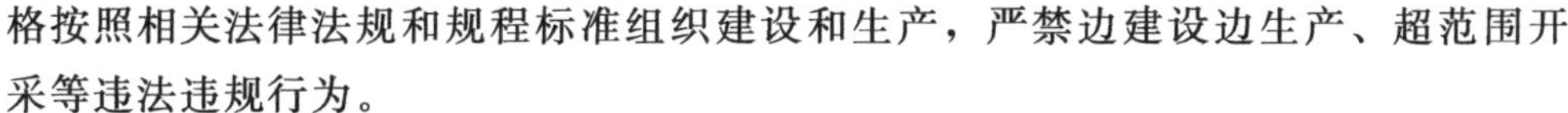

格按照相关法律法规和规程标准组织建设和生产，严禁边建设边生产、超范围开采等违法违规行为。

3. 严禁无资质施工

加强对外包工程的监管，确保施工单位具备相应资质和条件，并纳入企业统一管理。

4. 时刻绷紧安全“弦”

结合企业实际情况，制定科学合理的隐患排查标准，明确排查范围、排查周期、排查方法等；形成多层次、多维度的隐患排查机制，如日常巡查、定期检查、专项检查等，确保隐患排查工作全面覆盖、不留死角；对查出的隐患要追根溯源，查出隐患反映出的深层次问题，从根源上防范同类隐患的再次发生。

5. 提高安全管理水平

生产经营单位应建立健全应急管理体系，制定切实可行的应急预案并定期演练；加强应急队伍建设和装备配备，提高应急处置能力；一旦发现隐患将要发展成事故，工作人员要及时、果断、坚决的撤离，最大限度减少人员伤亡和财产损失。

6. 建立重大灾害及重大变化及时报告及人员撤离制度

建立煤矿灾害情况发生重大变化及时报告制度，对出现露天煤矿台阶有滑动迹象，工作面有伞檐或者有塌陷危险的老空区，发现拒爆、熄爆的，现场作业人员应当及时向煤矿分管负责人或带班值班矿领导报告；建立煤矿出现事故征兆等紧急情况及时撤人制度，露天煤矿遇到暴雨、8 级及以上大风等特殊天气，以及边坡出现明显沉降、变形加速、裂缝增大或贯通、大面积滚石滑落等滑坡征兆的，应当停产撤人。

7. 加强对中介机构的监管

中介机构要加强自律意识，不能违法违规出具虚假报告；服务企业要加强对中介机构所出具的报告的撰写质量审核力度，把严审核关，加强信用管理；政府部门要加强对中介机构的监督管理，发现出具虚假报告的中介机构，要严肃处理，撤销其资质。

8. 推动矿山高质量发展

科学规划矿产资源，合理设置矿业权，保障露天煤矿用地配置，优化煤炭资源开发布局，保证井田的科学划分和合理开发，从源头上杜绝“一矿多开”“大矿小开”；对存在重大事故隐患，整改后仍无法达到安全条件的矿山，坚决予以淘汰退出；对资源划分不科学、不合理，井田面积小，可集中开发的，依法依规实施整合重组；推动露天煤矿积极应用无人驾驶、边坡雷达监测等先进技术，实现管控一体化、开采智能化、装备重型化、队伍专业化。

三、事故解析与风险防控

（一）采场边坡及其垮塌的危险性

1. 采场边坡

采场边坡是指露天采场内由台阶平盘和台阶坡面组成的总体（见图 8）。

图 8　采场边坡实景图

2. 采场边坡垮塌的危险性

边坡垮塌主要发生在台阶爆破、铲装、运输作业过程中，发生场所主要位于采剥工作面、边坡等。边坡垮塌后将危及在下一台阶铲装运输作业的设备、人员和在上一台阶作业的凿岩设备和人员，引起重大安全生产事故。

（二）主要法律法规要求

1.《中华人民共和国安全生产法》部分条款

第二十四条　矿山、金属冶炼、建筑施工、运输单位和危险物品的生产、经营、储存、装卸单位，应当设置安全生产管理机构或者配备专职安全生产管理人员。

第三十二条　矿山、金属冶炼建设项目和用于生产、储存、装卸危险物品的建设项目，应当按照国家有关规定进行安全评价。

第三十三条　建设项目安全设施的设计人、设计单位应当对安全设施设计负责。

矿山、金属冶炼建设项目和用于生产、储存、装卸危险物品的建设项目的安全设施设计应当按照国家有关规定报经有关部门审查，审查部门及其负责审查的人员对审查结果负责。

第三十四条　矿山、金属冶炼建设项目和用于生产、储存、装卸危险物品的建设项目的施工单位必须按照批准的安全设施设计施工，并对安全设施的工程质量负责。

第四十九条　生产经营单位不得将生产经营项目、场所、设备发包或者出租给不具备安全生产条件或者相应资质的单位或者个人。

矿山、金属冶炼建设项目和用于生产、储存、装卸危险物品的建设项目的施工单位应当加强对施工项目的安全管理，不得倒卖、出租、出借、挂靠或者以其他形式非法转让施工资质，不得将其承包的全部建设工程转包给第三人或者将其承包的全部建设工程支解以后以分包的名义分别转包给第三人，不得将工程分包给不具备相应资质条件的单位。

2.《煤矿安全规程》部分条款

第五百八十三条　露天煤矿应当进行专门的边坡工程、地质勘探工程和稳定性分析评价。

应当定期巡视采场及排土场边坡，发现有滑坡征兆时，必须设明显标志牌。对设有运输道路、采运机械和重要设施的边坡，必须及时采取安全措施。

发生滑坡后，应当立即对滑坡区采取安全措施，并进行专门的勘查、评价与治理工程设计。

第五百八十四条　非工作帮形成一定范围的到界台阶后，应当定期进行边坡稳定分析和评价，对影响生产安全的不稳定边坡必须采取安全措施。

第五百八十五条　工作帮边坡在临近最终设计的边坡之前，必须对其进行稳定性分析和评价。当原设计的最终边坡达不到稳定的安全系数时，应当修改设计或者采取治理措施。

第五百八十六条　露天煤矿的长远和年度采矿工程设计，必须进行边坡稳定性验算。达不到边坡稳定要求时，应当修改采矿设计或者制定安全措施。

第五百八十七条　采场最终边坡管理应当遵守下列规定：

（一）采掘作业必须按设计进行，坡底线严禁超挖。

（二）临近到界台阶时，应当采用控制爆破。

（三）最终煤台阶必须采取防止煤风化、自然发火及沿煤层底板滑坡的措施。

3.《煤矿重大事故隐患判定标准》部分条款解读

（1）超能力、超强度或者超定员组织生产

①煤矿全年原煤产量超过核定（设计）生产能力幅度在10%以上，或者月原煤产量大于核定（设计）生产能力的10%的。

例如：某矿核定生产能力120万t/a，当该矿全年原煤产量达到或超过132万t，或者单月原煤产量达到或者超过12万t时，为重大事故隐患。

②煤矿或其上级公司超过煤矿核定（设计）生产能力下达生产计划或者经营指标的。

例如：煤矿或其上级公司对本矿下达的生产计划，超过煤矿核定（设计）生产能力的；煤矿或其上级公司对本矿下达的年度生产经营指标，经过成本核算，需要煤矿生产的原煤产量超过煤矿核定（设计）生产能力才能完成的。

③煤矿未制定或者未严格执行井下劳动定员制度，或者采掘作业地点单班作业人数超过国家有关限员规定20%以上的。

煤矿作业人数标准见表1。

表1　露天煤矿单班入坑作业人数

生产能力 K/（万 t/a）	剥采比 R/（m^3/t）	单班人坑作业人数/人
$K≤100$	$R<6$	≤80
	$R≥6$	≤120
$100<K≤400$	$R<6$	≤200
	$R≥6$	≤250
$400<K≤1000$	$R<6$	≤300
	$R≥6$	≤400
$1000≤K<2000$	$R<6$	≤550
	$R≥6$	≤650
$2000≤K<3000$		≤750
$K≥3000$		≤850

（2）超层越界开采

①超出采矿许可证载明的开采煤层层位或者标高进行开采的；

②超出采矿许可证载明的坐标控制范围进行开采的；

③擅自开采（破坏）安全煤柱的。

（3）新建煤矿边建设边生产，煤矿改扩建期间，在改扩建的区域生产，或者在其他区域的生产超出安全设施设计规定的范围和规模

①建设项目安全设施设计未经审查批准，或者审查批准后作出重大变更未经再次审查批准擅自组织施工的；

②新建煤矿在建设期间组织采煤的（经批准的联合试运转除外）；

③改扩建矿井在改扩建区域生产的；

④改扩建矿井在非改扩建区域超出设计规定范围和规模生产的。

（4）其他重大隐患

①未分别配备专职的矿长、总工程师和分管安全、生产、机电的副矿长，以及负责采煤、掘进、机电运输、通风、地测、防治水工作的专业技术人员的。

解析：“负责采煤、掘进、机电运输、通风、地测、防治水工作的专业技术人员”，是指应分别配备、分别负责全矿井相应的技术管理人员，每个专业至少有1

名专业技术人员，某一专业只有1名专业技术人员的，不得兼职其他专业。

②露天煤矿边坡角大于设计最大值，或者边坡发生严重变形未及时采取措施进行治理的。

解析：“严重变形”，是指边坡出现较大裂缝（30 cm以上），平盘大面积滑落、垮塌或者平盘明显底鼓等情形的。

案例10　易爆物品不妥存　重大事故难避免

——山东五彩龙投资有限公司栖霞市笏山金矿“1·10”重大爆炸事故暴露出的主要问题与警示

一、事故详情

（一）事故基本情况

2021年1月10日13时13分许，山东五彩龙投资有限公司栖霞市笏山金矿（以下简称笏山金矿）在基建施工过程中，回风井发生爆炸事故（见图1），造成22人被困。经全力救援，11人获救，10人死亡，1人失踪，直接经济损失6847.33万元。

经调查认定，笏山金矿“1·10”重大爆炸事故是一起由于企业违规存放使用民用爆炸物品和井口违规动火作业引发的重大生产安全责任事故。

图1　事故现场照片

（二）涉事单位及相关责任人情况

1. 事故发生单位——山东五彩龙投资有限公司栖霞市笏山金矿（以下简称笏山金矿）

笏山金矿为山东五彩龙投资有限公司（以下简称五彩龙公司）名下矿山，法定代表人：贾某。

笏山金矿位于栖霞市西城镇笏山村，开采矿种为金矿、银，生产规模为 50 万 t/a。事发时，笏山金矿处于基建期，正在进行混合井、回风井间的巷道贯通工程施工。

回风井施工状况：基建工程在一、二、三中段已分别掘进巷道 10 m，在四中段掘进 20 m，五中段掘进至 450 m 处遇到断层塌方，事发时正在进行支护作业，尚有 949.2 m 与混合井五中段贯通；六中段掘进 550 m，尚有 1007.4 m 与混合井六中段贯通，事发时正在安装临时泵站水泵和启动柜。

2. 事故相关企业

（1）浙江其峰矿山工程有限公司（以下简称浙江其峰工程公司）

笏山金矿巷道施工单位，法定代表人：肖某。

浙江其峰工程公司在笏山金矿设项目部，授权委托吴某（项目部经理）主持笏山金矿的施工管理及工程款结算等相关事宜。

事发前，浙江其峰工程公司长期违规将炸药、导爆管雷管混存在回风井一中段同一区域内，并堆放大量纸箱等可燃易燃物。事故发生当天，五彩龙公司笏山金矿回风井一中段剩余炸药 1928 kg、雷管 3008 发，导爆索 800 m。

（2）烟台新东盛建筑安装工程有限公司（以下简称新东盛工程公司）

笏山金矿零星工程承揽单位，法定代表人：刘某。新东盛工程公司实际控制人：李某。

3. 事故主要责任人

（1）五彩龙公司：贾某（五彩龙公司法定代表人、副总经理）、马某（五彩龙公司副总经理，分管治安保卫、民爆物品审批）、冯某（五彩龙公司综合办保卫班长，负责民用爆炸物品的购买、接收、登记等工作）。

（2）浙江其峰工程公司：吴某某（浙江其峰工程公司项目部副经理，在事故中死亡）、吴某（浙江其峰工程公司驻山东栖霞金矿项目部经理）、马某某（浙江其峰工程公司驻山东栖霞金矿项目部员工）、郑某（浙江其峰工程公司驻山东栖霞金矿项目部爆破工）、李某某（浙江其峰工程公司驻山东栖霞金矿项目部爆破工）、卢某（浙江其峰工程公司驻山东栖霞金矿项目部爆破工）、王某（浙江其峰工程公司驻山东栖霞金矿项目部爆破工）。

（3）新东盛工程公司：李某（新东盛工程公司实际控制人）、唐某（新东盛工程公司员工）、王某某（新东盛工程公司员工）。

（三）事故发生经过及应急救援情况

1. 事故发生经过

1月10日，新东盛工程公司施工队在向回风井六中段下放启动柜时，发现启动柜无法放入罐笼，施工队负责人李某安排员工唐某和王某某直接用气焊切割掉罐笼两侧手动阻车器，有高温熔渣块掉入井筒。

12时43分许，浙江其峰工程公司项目部卷扬工李某兰在提升六中段的该项目部凿岩、爆破工郑某、李某某、卢某3人升井过程中，发现监控视频连续闪屏；罐笼停在一中段时，视频监控已黑屏。

李某兰于13时04分57秒将郑某等3人提升至井口。

13时13分10秒，风井提升机房视频显示井口和各中段画面“无视频信号”，几乎同时，变电所跳闸停电，提升钢丝绳松绳落地，接着风井传出爆炸声，井口冒灰黑浓烟，附近房屋、车辆玻璃破碎。

五彩龙公司和浙江其峰工程公司项目部有关人员接到报告后，相继抵达事故现场组织救援。

14时43分许，采用井口悬吊风机方式开始抽风。在安装风机过程中，因井口槽钢横梁阻挡风机进一步下放，唐某用气焊切割掉槽钢，切割作业产生的高温熔渣掉入井筒。

15时03分左右，井下发生了第二次爆炸，井口覆盖的竹胶板被掀翻，井口有木碎片和灰烟冒出。

2. 前期处置情况

1月10日13时30分许，五彩龙公司、浙江其峰工程公司项目部、新东盛工程公司有关负责人先后到达事故现场组织救援，采取了排查井下作业人员及作业地点、恢复风井地表供电、对井下通风、派员下井搜救侦查等措施，同时请招远市金都救护大队救援。

1月10日19时许，西城镇党委负责同志从笏山金矿附近左家村村民处获悉发生事故，随即向栖霞市政府有关负责同志作了报告。时任栖霞市委书记姚某、市长朱某到现场了解情况，姚某认为被困人员获救可能性较大，作出暂不上报、继续组织救援的决定。

1月11日18时46分，烟台市应急管理局主要负责同志从其他渠道获悉笏山金矿发生事故，随即要求栖霞市进行核实。姚某、朱某才决定以1月11日20时05分接报的时间上报。

3. 应急救援情况

接到报告后，有关部门紧急调集省内外救援队伍20支，救援人员690余名，救援装备420余套。

1 月 24 日，救援人员在四中段发现第一名失联矿工，于 11 时 13 分顺利升井，送医院救治。

12 时 50 分清障至五中段后，分别于 13 时 33 分、14 时 07 分、14 时 44 分、15 时 18 分对五中段 10 名被困矿工分四批升井，送医院救治。

之后，10 名遇难矿工遗体陆续升井，仍有 1 名矿工失联。

1 月 27 日，指挥部决定现场紧急救援转为常态化搜救（见图 2）。

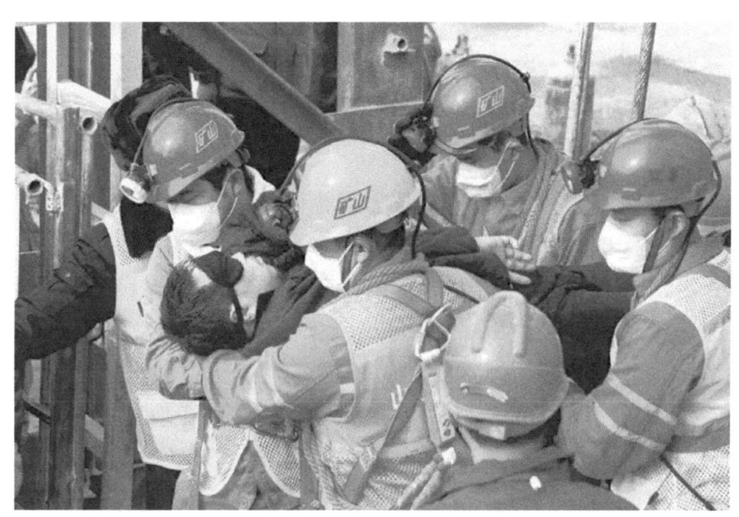

图 2　现场救援情况

截至 1 月 30 日，10 人已出院，1 人留院观察治疗；遇难人员善后工作完成。

（四）事故直接原因

经调查，本次事故发生的直接原因是：井下违规混存炸药、雷管，井口实施罐笼气割作业产生的高温熔渣块掉入回风井，碰撞井筒设施，弹到一中段马头门内乱堆乱放的炸药包装纸箱上，引起纸箱等可燃物燃烧，导致混存乱放在硐室内的导爆管雷管、导爆索和炸药爆炸。

（五）责任追究情况

1. 追究刑事责任

（1）五彩龙公司法定代表人贾某，负责爆破作业并严重违规混存爆炸物品的浙江其峰工程公司驻栖霞项目部经理吴某，负责井下设备安装并违规井口动火作业的新东盛工程公司实际控制人李某等 15 名相关责任人，被依法追究刑事责任。

（2）浙江其峰工程公司驻栖霞项目部负责人吴某某在事故中死亡，免予追究刑事责任。

(3) 栖霞市委书记姚某，市委副书记、市长朱某，因负有迟报瞒报事故责任，依法追究刑事责任。

2. 党纪政务处分

对烟台市委、市政府主要负责人等28名公职人员给予党纪政务处分和组织处理。

二、事故教训与预防措施

（一）存在的主要问题及教训

1. 民用爆炸物品安全管理极为混乱，违法违规购买、运输、储存、使用民用爆炸物品

笏山金矿使用栖霞市公安机关依据已废止的行政法规核发的《爆炸物品使用许可证》，申请办理爆炸物品购买手续，长期违规购买民用爆炸物品；未健全并落实民用爆炸物品出入库、领用退回等安全管理制度，对库存民用爆炸物品底数不清；长期违法违规超量储存民用爆炸物品且数量巨大，违规在井下设置3处民用爆炸物品储存场所，炸药、导爆管雷管和易燃物品混存混放。

2. 建设项目外包管理极其混乱，没有进行统一协调管理

笏山金矿对外来承包施工队伍安全生产条件和资质审查把关不严，日常管理不到位，对施工单位的施工作业情况尤其是民用爆炸物品储存、领用、搬运及爆破作业情况监督检查、协调管理缺失。

笏山金矿对浙江其峰工程公司、新东盛工程公司等外包施工单位管理不力，以包代管，只包不管，对浙江其峰工程公司、新东盛工程公司交叉作业未进行统一协调管理，未及时发现并制止违规动火作业行为。

笏山金矿对进场作业人员安全教育培训、特种作业人员资格审查流于形式。

3. 施工现场管理极为混乱，安全管理人员和技术人员配备不足

浙江其峰工程公司金矿项目部未按规定配备专职安全管理人员和相应的专职工程技术人员。

浙江其峰工程公司金矿项目部未按规定对驻山东栖霞金矿项目部人员进行安全教育培训，对爆破作业人员、安全管理人员进行专业技术培训不到位。

浙江其峰工程公司外派项目部主要负责人未履行项目经理职责，对现场交叉作业管理不到位，纵容、放任爆破作业过程非法违法行为。

4. 违规进行动火作业

新东盛工程公司未取得矿山施工资质，违规承揽井下机电设备安装工程；未严格执行动火作业安全要求，作业人员使用伪造的特种作业操作证，未与浙江其峰工程公司进行安全沟通协调、未确认作业环境及周边安全条件的情况下，在回风井口对罐笼进行气焊切割作业。

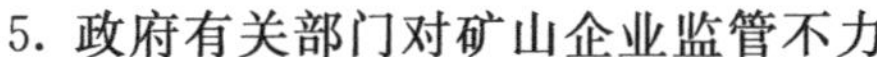

5. 政府有关部门对矿山企业监管不力

政府有关部门对笏山金矿的日常生产经营活动监管不够严格，对笏山金矿安全生产主体责任的落实情况督促检查不足，未能及时发现和制止笏山金矿在民用爆炸物品管理、建设项目外包管理等方面的混乱局面，导致事故隐患长期存在。

（二）事故警示及预防措施

1. 严格落实民用爆炸物品的有关管理规定

矿山企业要依法申请办理爆炸物品购买手续；健全并落实民用爆炸物品出入库、领用退回等安全管理制度；加强对民用爆炸物品储存场所的监督检查和管理，严禁混存混放。

2. 矿山企业对外包施工单位要统一协调管理

加强对外来承包施工队伍安全生产条件和资质的审查；加强对施工单位的施工作业情况尤其是民用爆炸物品储存、领用、搬运及爆破作业情况的监督检查和协调管理。

3. 严格落实动火作业审批

矿山企业要贯彻落实《地下矿山动火作业安全管理规定》，严格执行“一项动火作业、一个安全技术措施、一张动火作业票”制度，制定有针对性的安全技术措施，并按程序审批，动火作业票经矿长签字批准，方可作业。

4. 施工单位要加强现场管理

施工单位要按规定配备专职安全管理人员和相应的专职工程技术人员，加强对现场交叉作业和爆破作业的管理；定期对爆破作业人员、安全管理人员进行专业技术培训，提高作业人员的专业技能和应急能力。

5. 必须依法依规及时上报事故并开展救援

无论是企业，还是政府及政府的有关部门必须及时上报事故、及时组织救援。

6. 政府有关部门坚决负起“促一方发展、保一方平安”的政治责任

政府有关部门坚决负起保障安全生产的政治责任，压紧压实企业安全生产主体责任，全面加强对民用爆炸物品及爆破作业的管理，深入扎实开展安全生产大排查大整治行动。

三、事故解析与风险防控

（一）民用爆炸物品及其危险性

1. 民用爆炸物品

民用爆炸物品的定义是指用于非军事目的、列入《民用爆炸物品品名表》的各类火药、炸药及其制品和雷管、导火索等点火、起爆器材（见图 3）。

图 3　民用爆炸物品示例

民用爆炸物品包括但不限于雷管、炸药、导火索、黑火药等，这些物品具有极高的危险性，因此，国家对其管理要求极为严格。

2. 民用爆炸物品的危险性

(1) 易燃性

许多民用爆炸物品本身含有易燃成分。例如黑火药，它是由硝酸钾、木炭和硫黄混合而成，木炭和硫黄都是易燃物质。一旦遇到火源或者在高温环境下，就容易引发燃烧。在烟花爆竹的生产过程中，如果有火星溅入黑火药原料堆，就会迅速燃烧，并且可能会引发连锁反应，导致整个生产车间发生爆炸。而且在燃烧过程中，这些易燃的爆炸物品还会释放出有毒有害气体，如一氧化碳、二氧化硫等，进一步增加了事故的危险性。

(2) 毒性

民用爆炸物品在爆炸或燃烧后会产生大量有毒有害气体。例如，炸药爆炸后会产生一氧化碳、氮氧化物等。一氧化碳是一种无色无味的剧毒气体，它能够与人体血液中的血红蛋白结合，使其失去携氧能力，导致人体组织缺氧。氮氧化物则会刺激人的呼吸道和眼睛，引起咳嗽、呼吸困难、眼痛等症状。在地下矿井等相对封闭的空间内，如果发生爆炸事故，这些有毒气体可能会在局部区域积聚，对井下作业人员的生命安全构成严重威胁。而且一些爆炸物品本身的成分也可能具有毒性，如某些含铅的起爆药剂，长期接触可能会导致人体铅中毒。

(3) 敏感性

①机械敏感性

部分民用爆炸物品对机械作用（如撞击、摩擦）极为敏感。例如雷管中的起

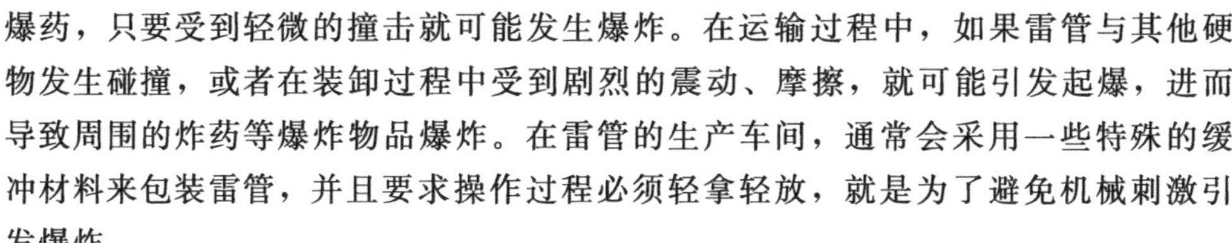

爆药，只要受到轻微的撞击就可能发生爆炸。在运输过程中，如果雷管与其他硬物发生碰撞，或者在装卸过程中受到剧烈的震动、摩擦，就可能引发起爆，进而导致周围的炸药等爆炸物品爆炸。在雷管的生产车间，通常会采用一些特殊的缓冲材料来包装雷管，并且要求操作过程必须轻拿轻放，就是为了避免机械刺激引发爆炸。

②热敏感性

一些民用爆炸物品对温度变化比较敏感。例如，硝化甘油在温度稍高的情况下就可能发生分解，甚至爆炸。如果在储存过程中，环境温度超过了规定的安全范围，这些热敏感的爆炸物品就会变得不稳定。在夏季高温天气，对于那些对温度敏感的爆炸物品的储存设施，需要采取额外的降温措施，如安装空调、遮阳设施等，以防止因温度升高而引发爆炸。

③静电敏感性

很多爆炸物品在干燥的环境下容易产生静电。当静电积累到一定程度时，就可能产生静电放电现象。对于某些静电敏感的爆炸物品，如一些粉状炸药，静电放电产生的能量就可能引发爆炸。因此，在爆炸物品的生产和使用场所，需要保持一定的湿度，并且工作人员需要穿戴防静电服装，以减少静电产生和积累的可能性。

（4）爆炸破坏性

①强大的冲击波

民用爆炸物品爆炸时会瞬间释放出巨大的能量，产生强大的冲击波。例如，在矿山爆破中，炸药爆炸产生的冲击波可以将周围的岩石、矿石等物质迅速向外推移。如果在人口密集区域或者建筑物附近发生意外爆炸，这种冲击波能够摧毁建筑物的结构，使墙体倒塌、屋顶掀翻。像普通的砖混结构房屋，在近距离遭遇爆炸物品爆炸时，强大的冲击波会使墙体出现裂缝，甚至整体崩塌，对室内外人员和设备造成严重的伤害。

②高速的碎片飞射

爆炸过程中，爆炸物品本身以及周围被其破坏的物体碎片会以高速向四周飞射。这些碎片具有很强的穿透力，就像子弹一样。例如，雷管爆炸后，其金属外壳碎片可能会以极高的速度飞出，能够轻易地穿透人体、木板、塑料等物体。在工业爆破现场，如果没有做好防护措施，这些碎片可能会对现场工作人员造成致命的伤害，如造成身体开放性创伤、脏器损伤等。

③高温灼烧

爆炸瞬间会产生极高的温度。以炸药为例，爆炸时产生的高温火焰可以使周围的物体迅速燃烧。在烟花生产厂如果发生爆炸事故，不仅烟花中的火药会爆炸，而且高温还会引发周围存储的其他易燃材料燃烧，造成火势蔓延。这种高温还会

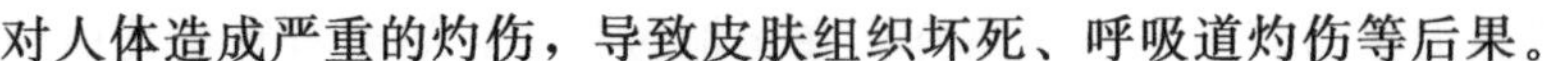

对人体造成严重的灼伤，导致皮肤组织坏死、呼吸道灼伤等后果。

（二）主要法律法规要求

1.《中华人民共和国安全生产法》部分条款

第二十四条 矿山、金属冶炼、建筑施工、运输单位和危险物品的生产、经营、储存、装卸单位，应当设置安全生产管理机构或者配备专职安全生产管理人员。

前款规定以外的其他生产经营单位，从业人员超过一百人的，应当设置安全生产管理机构或者配备专职安全生产管理人员；从业人员在一百人以下的，应当配备专职或者兼职的安全生产管理人员。

第二十七条 生产经营单位的主要负责人和安全生产管理人员必须具备与本单位所从事的生产经营活动相应的安全生产知识和管理能力。

危险物品的生产、经营、储存、装卸单位以及矿山、金属冶炼、建筑施工、运输单位的主要负责人和安全生产管理人员，应当由主管的负有安全生产监督管理职责的部门对其安全生产知识和管理能力考核合格。考核不得收费。

危险物品的生产、储存、装卸单位以及矿山、金属冶炼单位应当有注册安全工程师从事安全生产管理工作。鼓励其他生产经营单位聘用注册安全工程师从事安全生产管理工作。注册安全工程师按专业分类管理，具体办法由国务院人力资源和社会保障部门、国务院应急管理部门会同国务院有关部门制定。

第三十二条 矿山、金属冶炼建设项目和用于生产、储存、装卸危险物品的建设项目，应当按照国家有关规定进行安全评价。

第三十三条 建设项目安全设施的设计人、设计单位应当对安全设施设计负责。

矿山、金属冶炼建设项目和用于生产、储存、装卸危险物品的建设项目的安全设施设计应当按照国家有关规定报经有关部门审查，审查部门及其负责审查的人员对审查结果负责。

第三十四条 矿山、金属冶炼建设项目和用于生产、储存、装卸危险物品的建设项目的施工单位必须按照批准的安全设施设计施工，并对安全设施的工程质量负责。

矿山、金属冶炼建设项目和用于生产、储存、装卸危险物品的建设项目竣工投入生产或者使用前，应当由建设单位负责组织对安全设施进行验收；验收合格后，方可投入生产和使用。负有安全生产监督管理职责的部门应当加强对建设单位验收活动和验收结果的监督核查。

2.《中华人民共和国消防法》部分条款

第二十三条 生产、储存、运输、销售、使用、销毁易燃易爆危险品，必须执行消防技术标准和管理规定。

进入生产、储存易燃易爆危险品的场所，必须执行消防安全规定。禁止非法携带易燃易爆危险品进入公共场所或者乘坐公共交通工具。

储存可燃物资仓库的管理，必须执行消防技术标准和管理规定。

3.《民用爆炸物品安全管理条例》部分条款

第二十六条 运输民用爆炸物品，收货单位应当向运达地县级人民政府公安机关提出申请，并提交包括下列内容的材料：

（一）民用爆炸物品生产企业、销售企业、使用单位以及进出口单位分别提供的《民用爆炸物品生产许可证》、《民用爆炸物品销售许可证》、《民用爆炸物品购买许可证》或者进出口批准证明；

（二）运输民用爆炸物品的品种、数量、包装材料和包装方式；

（三）运输民用爆炸物品的特性、出现险情的应急处置方法；

（四）运输时间、起始地点、运输路线、经停地点。

受理申请的公安机关应当自受理申请之日起3日内对提交的有关材料进行审查，对符合条件的，核发《民用爆炸物品运输许可证》；对不符合条件的，不予核发《民用爆炸物品运输许可证》，书面向申请人说明理由。

《民用爆炸物品运输许可证》应当载明收货单位、销售企业、承运人，一次性运输有效期限、起始地点、运输路线、经停地点，民用爆炸物品的品种、数量。

第二十七条 运输民用爆炸物品的，应当凭《民用爆炸物品运输许可证》，按照许可的品种、数量运输。

第四十一条 储存民用爆炸物品应当遵守下列规定：

（一）建立出入库检查、登记制度，收存和发放民用爆炸物品必须进行登记，做到账目清楚，账物相符；

（二）储存的民用爆炸物品数量不得超过储存设计容量，对性质相抵触的民用爆炸物品必须分库储存，严禁在库房内存放其他物品；

（三）专用仓库应当指定专人管理、看护，严禁无关人员进入仓库区内，严禁在仓库区内吸烟和用火，严禁把其他容易引起燃烧、爆炸的物品带入仓库区内，严禁在库房内住宿和进行其他活动；

（四）民用爆炸物品丢失、被盗、被抢，应当立即报告当地公安机关。

4.《金属非金属矿山重大事故隐患判定标准》部分条款

金属非金属地下矿山重大事故隐患

（二十八）矿山企业违反国家有关工程项目发包规定，有下列行为之一的：

1. 将工程项目发包给不具有法定资质和条件的单位，或者承包单位数量超过国家规定的数量；

2. 承包单位项目部的负责人、安全生产管理人员、专业技术人员、特种作业人员不符合国家规定的数量、条件或者不属于承包单位正式职工。

（二十九）井下或者井口动火作业未按国家规定落实审批制度或者安全措施。

5.《民用爆炸物品行业重大事故隐患判定标准（试行）》部分条款

依据有关法律法规、部门规章和国家标准，以下情形应当判定为重大事故隐患：

（四）超过许可数量或品种、超过规定时间作业、超过规定储存量、超过定员人数组织生产经营的。

（五）管理严重缺失、安全防护及控制保护设施失效可能导致本单元或更大范围安全失控的。

（八）危险工（库）房防爆、防火、防雷设备设施缺失的。

（十七）未建立和落实风险分级管控和隐患排查治理体系的。

案例11　违规动火　反噬其身

——山东烟台招远曹家洼金矿“2·17”较大火灾事故暴露出的主要问题与警示

一、事故详情

（一）事故基本情况

2021年2月17日00时14分许，山东烟台招远市夏甸镇曹家洼金矿3号盲竖井罐道木更换过程中发生火灾事故，造成10人被困。经全力救援，4人获救，6人死亡，直接经济损失1375.86万元。

经调查认定，烟台招远曹家洼金矿“2·17”火灾事故是一起企业违规动火作业引发的较大生产安全责任事故。

（二）涉事单位及相关责任人情况

1. 事故发生单位——招远市曹家洼金矿（以下简称曹家洼金矿）

曹家洼金矿是曹家洼矿业集团公司所属企业，成立于1989年10月27日，法定代表人：王某，矿长：李某。事故发生时，从业人员共247人。

2. 事故相关企业

（1）招远市曹家洼矿业集团有限公司（以下简称曹家洼矿业集团公司）：该公司系招远市夏甸镇镇办企业，成立于2020年1月19日，法定代表人：王某。

（2）温州矿山井巷工程有限公司（以下简称温州井巷公司）：该公司成立于1993年3月29日；执行董事：林某；法定代表人：戴某。

温州井巷公司2019年12月3日任命王某某为中矿项目部安全负责人，2020年12月21日任命王某某为中矿项目部项目经理。

（3）温州矿山井巷工程有限公司烟台招远办事处（以下简称温州井巷公司招远办事处）：该办事处是温州井巷公司的分支机构；负责人：杨某；实际控制人：林某某。

3. 罐道木更换工程合同签订情况

2020年9月，曹家洼金矿拟对2号竖井、3号盲竖井、5号盲竖井进行检修作业（包括3号盲竖井罐道木更换工程），矿长李某安排副矿长徐某与王某某联系，由王某某组织施工队来实施检修作业。

王某某在温州井巷公司中矿项目部人员之外，临时找了赵某、王某亭、李某某、姜某、梁某等 5 人组成施工队（以下简称王某某施工队），实施 3 号盲竖井罐道木更换工程作业。由于王某某施工队不具有矿山工程施工资质，王某某与温州井巷公司招远办事处实际控制人林某某联系，借用温州井巷公司矿山工程施工资质，承揽该检修作业工程。

2020 年 12 月 1 日，曹家洼金矿与温州井巷公司招远办事处签订了《曹家洼金矿 2 号竖井、3 号盲竖井、5 号盲竖井检修工程施工合同》，工程范围包括曹家洼金矿 2 号竖井箕斗间更换方钢罐道改造，5 号盲竖井钢丝绳更换、电缆更换，3 号盲竖井供风管路安装、更换二中以上复合罐道。

2021 年 1 月 15 日，王某某以温州井巷公司中矿项目部名义向曹家洼金矿提报了《曹家注金矿 3 号竖井更换罐道工字钢及木罐道施工措施施工安全技术组织措施》，1 月 20 日，曹家洼金矿同意该措施。

4. 事故主要责任人

(1) 曹家洼金矿：王某（曹家洼金矿法定代表人，曹家洼矿业集团公司法定代表人、董事长、总经理）、李某（曹家洼金矿矿长，曹家洼矿业集团公司董事、副总经理，负责曹家洼金矿日常管理）、徐某（曹家洼金矿副矿长）、宋某（曹家洼金矿安全总监）、王某志（曹家洼金矿采矿车间主任）共 5 人。

(2) 王某某施工队：王某某（曹家洼金矿 3 号盲竖井检修工程施工队负责人）、赵某（王某某施工队作业现场负责人，热切割作业实施人）、王某亭（王某某施工队作业人员，热切割作业实施人）。

(3) 温州井巷公司招远办事处：林某某（温州井巷公司招远办事处实际控制人）、杨某（温州井巷公司招远办事处负责人，实际负责对项目部及施工队的安全管理工作）。

（三）事故发生经过及应急救援情况

1. 事故发生经过

事故发生前，共有 10 人在井下工作。其中王某某施工队 5 人即赵某（班长）、王某亭、李某某、姜某、梁某在 3 号盲竖井－470 m 以上进行罐道木更换作业。

曹家洼金矿水泵工杨某某、刘某分别在－265 m、－660 m 水泵房值守，卷扬机工尹某在 3 号盲竖井井口卷扬机房内工作，带班副总工程师庄某、安全员臧某在－265 m 3 号盲竖井井口附近值守。

2 月 16 日 19 时 16 分至事故发生前，王某亭等对固定罐道木的螺栓、工字钢、加固钢板进行切割作业过程中，产生的高温金属熔渣、残块断续掉落。

2 月 16 日 23 时 45 分后有大量高温金属熔渣、残块频繁掉落。

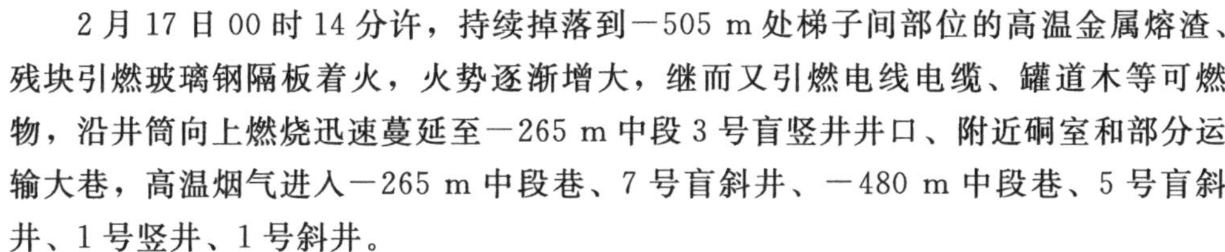

2 月 17 日 00 时 14 分许，持续掉落到－505 m 处梯子间部位的高温金属熔渣、残块引燃玻璃钢隔板着火，火势逐渐增大，继而又引燃电线电缆、罐道木等可燃物，沿井筒向上燃烧迅速蔓延至－265 m 中段 3 号盲竖井井口、附近硐室和部分运输大巷，高温烟气进入－265 m 中段巷、7 号盲斜井、－480 m 中段巷、5 号盲斜井、1 号竖井、1 号斜井。

2 月 17 日 00 时 33 分，2 号竖井卷扬机工杨某叶发现井下停电，报告值班主任王某志。王某志核实情况后，向值班矿长徐某报告井下停电及地面核实的 1 号竖井、1 号斜井有冒烟、异味等情况，徐某立即报告曹家洼金矿法定代表人王某、矿长李某、安全总监宋某。

2. 应急救援情况

事故发生后，指挥部紧急调集 11 支队伍、214 人赶赴现场救援。

2 月 17 日 10 时 23 分，经过全力搜救，被困 4 名人员安全升井，6 名人员遇难，现场救援结束。

（四）事故直接原因

作业人员在拆除 3 号盲竖井内－470 m 上方钢木复合罐道过程中，违规动火作业，气割罐道木上的螺栓及焊接在罐道梁上的工字钢、加固钢板，较长时间内产生大量的高温金属熔渣、残块等持续掉入－505 m 处梯子间，引燃玻璃钢隔板，在烟囱效应作用下，井筒内的玻璃钢、电线电缆、罐道木等可燃物迅速燃烧，形成火灾。

（五）责任追究情况

1. 追究刑事责任

曹家洼金矿法定代表人王某、曹家洼金矿矿长李某、曹家洼金矿副矿长徐某、曹家洼金矿安全总监宋某、曹家洼金矿采矿车间主任王某志、温州井巷公司招远办事处实际控制人林某某、温州井巷公司招远办事处负责人杨某、曹家洼金矿 3 号盲竖井检修工程施工队负责人王某某、王某某施工队作业现场负责人赵某、王某某施工队热切割作业实施人王某亭共 10 名企业相关责任人因涉嫌重大责任事故罪，被公安机关刑事拘留，追究刑事责任。

2. 给予党纪政务处分

招远市委书记、市长等 17 名公职人员被给予不同程度的党纪政务处分。

二、事故教训与预防措施

（一）存在的主要问题及教训

1. 曹家洼金矿未依法落实非煤矿山发包单位安全生产主体责任，“以包代管，一包了之”

（1）外包队伍安全管理混乱

未将承包队、外来施工人员纳入企业统一协调管理。未按规定对王某某施工队作业人员进行安全教育培训；未按规定审查温州井巷公司相应资质情况和王某某施工队的安全管理制度建设、安全教育培训和特种作业人员持证上岗等情况。

事故发生后，组织伪造《曹家洼金矿 3 号竖井更换罐道工字钢及木罐道施工措施施工安全技术组织措施》的培训记录；会同温州井巷公司招远办事处，组织伪造王某某曹家洼金矿检修项目部经理任命书、委托书。

（2）动火作业管理缺失，违规动火作业

动火作业管理制度针对性不强，未对井下动火作业作出规定。事故发生当日在 3 号盲竖井罐道木更换工程实施动火作业前，未办理动火作业许可证，未现场审查热切割动火作业人员的特种作业人员资格，致使动火作业施工程序严重违规。

（3）风险管控责任不落实

未严格按照《安全生产风险分级管控体系通则》（DB37/T 2882—2016）和《生产安全事故隐患排查治理体系通则》（DB37/T 2883—2016）开展安全生产风险分级管控和隐患排查治理，特别是对 3 号盲竖井动火作业等级判定为“一般”。

（4）隐患治理责任不落实

当班人员对违规动火作业引发的大量高温熔渣、残块掉落的火灾隐患未及时采取有效措施；事故发生后，组织伪造 2021 年 2 月 15 日、16 日、17 日 3 号盲竖井罐道木更换工程动火作业许可证。

（5）现场应急处置方案不科学，应急演练走过场

井下动火作业现场应急处置方案没有针对性；应急救援演练走过场，未针对井下火灾导致有毒有害气体窒息等重点进行演练；火灾发生后现场人员未及时采取有效灭火措施；现场人员应急自救能力不足，未佩戴使用自救防护用品。

2. 施工队违规实施罐道木更换工程作业

（1）违规承包工程

王某某施工队借用温州井巷公司矿山工程施工资质违规承揽矿山施工工程。

（2）未健全项目部安全生产管理制度

未建立安全生产管理基本制度，未配备专职安全生产管理人员和有关工程技术人员实施作业，未执行领导带班下井制度，未制定应急预案和隐患排查治理措施。

（3）违规实施动火作业

未经安全技术交底，未履行动火作业审批手续，未确认动火作业现场安全环境，违规使用无特种作业操作资格的人员实施动火作业。

（4）未及时清理高温熔渣、残块，形成事故隐患

对违规动火作业引发的大量高温熔渣、残块掉落未及时采取有效清理措施，

形成火灾隐患。

3. 温州井巷公司未依法落实非煤矿山承包单位安全生产主体责任

(1) 违规出借矿山工程施工资质

违规向王某某施工队出借温州井巷公司矿山工程施工资质承揽曹家洼金矿 2 号竖井、3 号盲竖井、5 号盲竖井检修工程，并违规以办事处名义与曹家洼金矿签订检修工程合同。

(2) 对王某某施工队管理缺失

未对其从业人员开展安全生产教育培训，未督促其制定应急预案和隐患排查治理措施，未督促其执行带班下井制度，未发现并制止其违规动火作业行为。事故发生后，会同曹家洼金矿组织伪造王某某曹家洼金矿检修项目部经理任命书、委托书。

4. 政府有关部门未依法履行非煤矿山安全监管职责

履行非煤矿山安全生产监督检查职责不力，到曹家洼金矿进行执法检查未发现曹家洼金矿存在违法发包施工项目、动火作业管理混乱安全教育培训不规范等问题。

(二) 事故警示及预防措施

1. 严格落实矿山企业安全生产主体责任，杜绝“以包代管，一包了之”

建立健全安全生产管理体系，对外包作业实现统一协调管理；完善安全生产规章制度和操作规程，确保各项安全措施得到有效执行；明确企业法定代表人、实际控制人、主要负责人等的安全生产责任，确保安全生产责任层层落实。

2. 严格动火作业管理

动火作业前必须制定专门的安全措施，并严格履行动火作业审批程序；动火作业现场必须配备足够的消防器材和应急救援设备，确保一旦发生火灾能够迅速扑灭；规范查验特种作业人员资格，严禁不具备资格条件的人员进行动火作业。

3. 严格外包队伍管理

严格审查外包队伍的资质和安全生产条件，确保外包队伍具备相应的安全生产能力；加强对外包队伍的日常监督和管理，定期对外包队伍进行安全检查和教育培训。

4. 提升应急救援能力

建立健全应急救援体系，制定并完善应急救援预案；定期开展应急演练，提高员工的安全意识和应急能力。

5. 落实非煤矿山安全监管职责

政府有关部门要强化督导监管，深入推进非煤矿山专项整治，严厉打击“三违”行为。

三、事故解析与风险防控

（一）违规动火作业及其风险

1. 违规动火作业

（1）动火作业是指在直接或间接产生明火的工艺设施以外的禁火区内从事可能产生火焰、火花、炽热表面的非常规作业，包括电焊、气焊（割）、喷灯、电钻、砂轮、喷砂机等（见图 1）。

图 1　动火作业

动火作业的作业分级有特级动火、一级动火、二级动火：

①特级动火是在火灾爆炸危险场所处于运行状态下的生产装置设备、管道、储罐、容器等部位上进行的动火作业（包括带压不置换动火作业）；存有易燃易爆介质的重大危险源罐区防火堤内的动火作业。

②一级动火是在火灾爆炸危险场所进行的除特级动火作业以外的动火作业，管廊上的动火作业按一级动火作业管理。

③二级动火是除特级动火作业和一级动火作业以外的动火作业。

（2）违规动火作业的定义是指在没有取得相关安全许可证和经过专业培训的情况下，未经审批、未经检查、未采取安全措施而进行的动火作业。

2. 违规动火作业的风险

（1）火灾风险

①直接引燃可燃物

动火作业产生的明火、高温火花或熔渣，在没有采取适当防护措施的情况下，极易接触并引燃周围的易燃物质。例如，在建筑装修工地进行电焊作业时，未清理附近的木屑、保温材料等易燃物，火花溅落就会瞬间引发火灾。这些易燃物燃烧速度快，火势很容易蔓延，可能在短时间内造成大面积的火灾。

②高温传导引发火灾

动火设备如焊枪、气割炬等在作业过程中会产生高温，通过热传导可能使附近原本不易燃的材料达到燃点而燃烧。比如在石油化工装置附近违规动火，高温可能透过管道壁传导，使管内的易燃易爆物质温度升高，达到燃点后引发燃烧和爆炸。

（2）爆炸风险

①可燃气体爆炸

在存在可燃气体泄漏的区域进行违规动火作业是极其危险的。例如，在天然气管道附近未经检测和安全防护就动火，一旦有天然气泄漏，遇到明火或高温就会发生爆炸。可燃气体爆炸瞬间释放巨大能量，产生强烈的冲击波，能够摧毁建筑物、设备，对人员造成严重的伤害，包括肢体撕裂、内脏损伤等。

②可燃粉尘爆炸

在粮食加工、木材加工、金属打磨等场所，空气中可能悬浮着大量可燃粉尘。违规动火作业产生的火源一旦接触到这些可燃粉尘云，就会引发粉尘爆炸。粉尘爆炸往往具有连锁反应的特点，一次爆炸后扬起的粉尘会引发后续的多次爆炸，造成灾难性后果。

（二）主要法律法规要求

1.《中华人民共和国安全生产法》部分条款

第四条　生产经营单位必须遵守本法和其他有关安全生产的法律、法规，加强安全生产管理，建立健全全员安全生产责任制和安全生产规章制度，加大对安全生产资金、物资、技术、人员的投入保障力度，改善安全生产条件，加强安全生产标准化、信息化建设，构建安全风险分级管控和隐患排查治理双重预防机制，健全风险防范化解机制，提高安全生产水平，确保安全生产。

平台经济等新兴行业、领域的生产经营单位应当根据本行业、领域的特点，建立健全并落实全员安全生产责任制，加强从业人员安全生产教育和培训，履行本法和其他法律、法规规定的有关安全生产义务。

第二十八条　生产经营单位应当对从业人员进行安全生产教育和培训，保证从业人员具备必要的安全生产知识，熟悉有关的安全生产规章制度和安全操作规程，掌握本岗位的安全操作技能，了解事故应急处理措施，知悉自身在安全生产方面的权利和义务。未经安全生产教育和培训合格的从业人员，不得上岗作业。

生产经营单位使用被派遣劳动者的，应当将被派遣劳动者纳入本单位从业人员统一管理，对被派遣劳动者进行岗位安全操作规程和安全操作技能的教育和培训。劳务派遣单位应当对被派遣劳动者进行必要的安全生产教育和培训。

生产经营单位接收中等职业学校、高等学校学生实习的，应当对实习学生进行相应的安全生产教育和培训，提供必要的劳动防护用品。学校应当协助生产经营单位对实习学生进行安全生产教育和培训。

生产经营单位应当建立安全生产教育和培训档案，如实记录安全生产教育和培训的时间、内容、参加人员以及考核结果等情况。

第四十三条　生产经营单位进行爆破、吊装、动火、临时用电以及国务院应急管理部门会同国务院有关部门规定的其他危险作业，应当安排专门人员进行现场安全管理，确保操作规程的遵守和安全措施的落实。

第五十七条 从业人员在作业过程中，应当严格落实岗位安全责任，遵守本单位的安全生产规章制度和操作规程，服从管理，正确佩戴和使用劳动防护用品。

第五十八条 从业人员应当接受安全生产教育和培训，掌握本职工作所需的安全生产知识，提高安全生产技能，增强事故预防和应急处理能力。

2.《中华人民共和国消防法》部分条款

第十六条 机关、团体、企业、事业等单位应当履行下列消防安全职责：

（一）落实消防安全责任制，制定本单位的消防安全制度、消防安全操作规程，制定灭火和应急疏散预案；

（二）按照国家标准、行业标准配置消防设施、器材，设置消防安全标志，并定期组织检验、维修，确保完好有效；

（三）对建筑消防设施每年至少进行一次全面检测，确保完好有效，检测记录应当完整准确，存档备查；

（四）保障疏散通道、安全出口、消防车通道畅通，保证防火防烟分区、防火间距符合消防技术标准；

（五）组织防火检查，及时消除火灾隐患；

（六）组织进行有针对性的消防演练；

（七）法律、法规规定的其他消防安全职责。

单位的主要负责人是本单位的消防安全责任人。

第二十一条 禁止在具有火灾、爆炸危险的场所吸烟、使用明火。因施工等特殊情况需要使用明火作业的，应当按照规定事先办理审批手续，采取相应的消防安全措施；作业人员应当遵守消防安全规定。

进行电焊、气焊等具有火灾危险作业的人员和自动消防系统的操作人员，必须持证上岗，并遵守消防安全操作规程。

3.《中华人民共和国矿山安全法》部分条款

第十八条 矿山企业必须对下列危害安全的事故隐患采取预防措施：

（一）冒顶、片帮、边坡滑落和地表塌陷；

（二）瓦斯爆炸、煤尘爆炸；

（三）冲击地压、瓦斯突出、井喷；

（四）地面和井下的火灾、水害；

（五）爆破器材和爆破作业发生的危害；

（六）粉尘、有毒有害气体、放射性物质和其他有害物质引起的危害；

（七）其他危害。

第二十条 矿山企业必须建立、健全安全生产责任制。

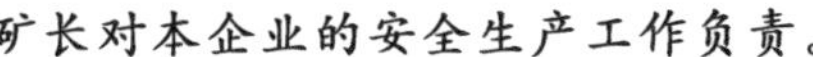
矿长对本企业的安全生产工作负责。

第二十六条　矿山企业必须对职工进行安全教育、培训；未经安全教育、培训的，不得上岗作业。

矿山企业安全生产的特种作业人员必须接受专门培训，经考核合格取得操作资格证书的，方可上岗作业。

4.《金属非金属矿山重大事故隐患判定标准》部分条款

金属非金属地下矿山重大事故隐患

（二十八）矿山企业违反国家有关工程项目发包规定，有下列行为之一的：

1. 将工程项目发包给不具有法定资质和条件的单位，或者承包单位数量超过国家规定的数量；

2. 承包单位项目部的负责人、安全生产管理人员、专业技术人员、特种作业人员不符合国家规定的数量、条件或者不属于承包单位正式职工。

（二十九）井下或者井口动火作业未按国家规定落实审批制度或者安全措施。

案例12　电器不离可燃物 过火危险能“吃人”

——河南平顶山“5·25”特别重大火灾事故暴露出的主要问题与警示

一、事故详情

（一）事故基本情况

2015年5月25日19时30分许，河南省平顶山市鲁山县康乐园老年公寓发生特别重大火灾事故（见图1），造成39人死亡、6人受伤，过火面积745.8 m^2，直接经济损失2064.5万元。

图1　事故现场照片

（二）涉事单位及相关责任人情况

1. 事故发生单位——康乐园老年公寓

康乐园老年公寓位于河南省平顶山市鲁山县琴台街道办事处贾王庄村三里河转盘西南、紧邻南北向鲁平大道，法定代表人范某（鲁山县人，女，50岁）。康乐园老年公寓为民办养老机构，事故发生前有常住老人130人左右、工作人员25人

（管理人员 7 人、护工 14 人、其他人员 4 人）。火灾发生时，不能自理区共住有 52 名老人、4 名护工。

康乐园老年公寓占地面积 40 亩，建筑物总面积 2272 m^2，设有不能自理区 1 个（东西向单排建筑），半自理区 1 个、自理区 2 个（南北向建筑），另有办公室、厨房、餐厅等附属设施。不能自理区建筑物为聚苯乙烯夹芯彩钢板房，其他区域建筑物均为砖墙、夹芯彩钢板屋顶。所有建筑物均为单层。

2. 起火建筑物情况

起火建筑物长 56.5 m、宽 13.2 m，建筑面积 745.8 m^2，2013 年 2 月建设，当年 7 月份安排不能自理老人入住。

该建筑物主体结构为钢架结构，柱为空心方型钢；墙体为内外白镀锌板中间夹聚苯乙烯泡沫板（属易燃材料）；人字形屋顶面板为外蓝内白镀锌板中间夹聚苯乙烯泡沫板；建筑物内设有吊顶，吊顶棚面材质为白色塑料扣板（属难燃材料），吊顶骨架为木条。吊顶上方至屋顶空间整体贯通。

起火建筑物由鲁山县通达卷闸门彩钢瓦门店个体老板冯某承包施工，并提供夹芯彩钢板材料。经调查，冯某及鲁山县通达卷闸门彩钢瓦门店均未取得任何相关工程施工资质。

3. 事故主要责任人

（1）范某（鲁山县康乐园老年公寓法定代表人、院长）、刘某（鲁山县康乐园老年公寓副院长）、马某（鲁山县康乐园老年公寓副院长）、张某（鲁山县康乐园老年公寓办公室主任）、孔某（鲁山县康乐园老年公寓消防安全主管）、翟某（鲁山县康乐园老年公寓电工）。

（2）冯某：鲁山县通达卷闸门彩钢瓦门店个体老板。

（三）事故发生经过及应急救援情况

1. 事故发生经过

5 月 25 日 19 时 30 分许，康乐园老年公寓不能自理区女护工赵某、龚某在起火建筑西门口外聊天，突然听到西北角屋内传出异常声响，两人迅速进屋，发现建筑物内西墙处的立式空调以上墙面及顶棚区域已经着火燃烧。

赵某立即大声呼喊救火并进入房间拉起西墙侧轮椅上的两位老人往室外跑，再次返回救人时，火势已大，自己被烧伤，龚某向外呼喊求助。

由于大火燃烧迅猛，并产生大量有毒有害烟雾，老人不能自主行动，无法快速自救，导致重大人员伤亡、不能自理区全部烧毁。

2. 应急处置情况

（1）自救互救情况

不能自理区男护工石某、常某，马某某（范某的丈夫），消防主管孔某和半自理区女护工石某某等听到呼喊求救后，先后到场施救，从起火建筑物内救出13名老人，范某组织其他区域人员疏散。在此期间，范某、孔某发现起火后先后拨打119电话报警。

(2) 应急救援情况

19时34分04秒，鲁山县消防大队接到报警后，迅速调集大队5辆消防车、20名官兵赶赴现场。

19时45分消防车到达现场，起火建筑物已处于猛烈燃烧状态，并发生部分坍塌。

20时10分现场火势得到控制。

20时20分明火被扑灭（见图2）。

图2 现场救援情况

（四）事故直接原因

老年公寓不能自理区西北角房间西墙及其对应吊顶内，给电视机供电的电器线路接触不良发热，高温引燃周围的电线绝缘层、聚苯乙烯泡沫、吊顶木龙骨等易燃可燃材料，造成火灾。

（五）责任追究情况

1. 追究刑事责任

(1) 范某（鲁山县康乐园老年公寓法定代表人、院长）、刘某（鲁山县康乐园老年公寓副院长）、马某（鲁山县康乐园老年公寓副院长）、张某（鲁山县康乐园老年公寓办公室主任）、孔某（鲁山县康乐园老年公寓消防安全主管）、翟某（鲁山县康乐园老年公寓电工）、冯某（鲁山县通达卷闸门彩钢瓦门店个体老板）共 7 名企业相关责任人因涉嫌重大责任事故罪被批准逮捕。

（2）鲁山县民政局原党组副书记、局长刘某某等 24 名公职人员因涉嫌玩忽职守罪被批准逮捕。

2. 党纪政纪处分

河南省民政厅党组书记、厅长冯某某等 27 名政府有关部门公职人员受到党纪、政纪处分。

二、事故教训与预防措施

（一）存在的主要问题及教训

1. 违法违规建设、运营，事故隐患长期存在

康乐园老年公寓发生火灾建筑物没有经过规划、立项、设计、审批、验收，使用无资质施工队；违规使用聚苯乙烯夹芯彩钢板、不合格电器电线；未按照国家强制性行业标准《老年人建筑设计规范》要求在床头设置呼叫对讲系统，不能自理区配置护工不足。

2. 违规大量使用易燃建筑材料

建筑物大量使用聚苯乙烯夹芯彩钢板（聚苯乙烯夹芯材料燃烧的滴落物具有引燃性），且吊顶空间整体贯通，加剧火势迅速蔓延并猛烈燃烧，导致整体建筑物短时间内垮塌损毁；不能自理区老人无自主活动能力，无法及时自救，造成重大人员伤亡。

3. 安全管理责任严重不落实，消防安全意识淡薄

康乐园老年公寓日常管理不规范，没有建立相应的消防安全组织和消防制度，没有制定消防应急预案，没有组织员工进行应急演练和消防安全培训教育；员工对消防法律法规不熟悉、不掌握，消防安全知识匮乏。

4. 政府有关部门未落实安全监管责任，违规审批许可

政府有关部门消防日常监管不到位，从未发现康乐园老年公寓使用违规彩钢板扩建经营、安全组织管理缺失等问题；违规批准康乐园老年公寓设置，贯彻落实法规政策不到位。

（二）事故警示及预防措施

（1）生产经营单位落实守法经营，建设施工要经过严格的规划、立项、设计、审批和验收，严禁违法违规建设行为。

（2）严禁使用聚苯乙烯夹芯彩钢板等可燃易燃材料。建设施工要发包给有资质、专业的施工单位，并加强对施工单位的监管。

(3) 加强对人员密集场所的老旧电器设备、电气线路、断电保护器等装置的检查，及时消除火灾隐患。

(4) 生产经营单位加强内部管理，建立相应的消防安全组织和消防制度；组织员工进行定期的应急演练和消防安全培训教育，提高员工的消防意识和应急能力。

(5) 政府有关部门落实安全监管责任，加强行业管理，特别要重点加强人员密集场所的消防安全监管；规范审批程序，严格落实法律法规。

三、事故解析与风险防控

(一) 聚苯乙烯夹芯彩钢板及其危险性

1. 聚苯乙烯夹芯彩钢板

聚苯乙烯夹芯彩钢板是一种复合建筑材料。它主要由三层结构组成，上下两层是彩色涂层钢板，中间夹芯层是聚苯乙烯泡沫塑料。彩色涂层钢板一般是经过表面预处理（如磷化、钝化等）后，在其表面涂上各种有机涂料，如聚酯、硅改性聚酯、高耐久性聚酯、聚偏氟乙烯等涂层等（见图 3）。

图 3　聚苯乙烯夹芯彩钢板

2. 聚苯乙烯夹芯彩钢板的危险性

(1) 耐火性能差

聚苯乙烯夹芯彩钢板的夹芯材料是聚苯乙烯泡沫塑料，这种材料属于易燃材料，耐火等级达不到国家技术标准，且阻燃性差、燃点低。一旦遇到火源，这种彩钢板会迅速燃烧，火势蔓延速度快，给火灾扑救带来极大困难。

(2) 燃烧产物有毒

聚苯乙烯夹芯彩钢板在燃烧过程中，会产生一氧化碳和氰化氢等有毒气体。这些有毒气体对人体有极大的危害，极易造成人员短时间昏迷、窒息，甚至死亡。特别是在人员密集场所和宿舍等场所使用这种彩钢板，一旦发生火灾，后果将不堪设想。

(二) 主要法律法规要求

1.《中华人民共和国安全生产法》部分条款

第二十一条　生产经营单位的主要负责人对本单位安全生产工作负有下列

职责：

（一）建立健全并落实本单位全员安全生产责任制，加强安全生产标准化建设；

（二）组织制定并实施本单位安全生产规章制度和操作规程；

（三）组织制定并实施本单位安全生产教育和培训计划；

（四）保证本单位安全生产投入的有效实施；

（五）组织建立并落实安全风险分级管控和隐患排查治理双重预防工作机制，督促、检查本单位的安全生产工作，及时消除生产安全事故隐患；

（六）组织制定并实施本单位的生产安全事故应急救援预案；

（七）及时、如实报告生产安全事故。

2.《中华人民共和国建筑法》部分条款

第二十六条　承包建筑工程的单位应当持有依法取得的资质证书，并在其资质等级许可的业务范围内承揽工程。

禁止建筑施工企业超越本企业资质等级许可的业务范围或者以任何形式用其他建筑施工企业的名义承揽工程。

禁止建筑施工企业以任何形式允许其他单位或者个人使用本企业的资质证书、营业执照，以本企业的名义承揽工程。

3.《中华人民共和国消防法》部分条款

第十六条　机关、团体、企业、事业等单位应当履行下列消防安全职责：

（一）落实消防安全责任制，制定本单位的消防安全制度、消防安全操作规程，制定灭火和应急疏散预案；

（二）按照国家标准、行业标准配置消防设施、器材，设置消防安全标志，并定期组织检验、维修，确保完好有效；

（三）对建筑消防设施每年至少进行一次全面检测，确保完好有效，检测记录应当完整准确，存档备查；

（四）保障疏散通道、安全出口、消防车通道畅通，保证防火防烟分区、防火间距符合消防技术标准；

（五）组织防火检查，及时消除火灾隐患；

（六）组织进行有针对性的消防演练；

（七）法律、法规规定的其他消防安全职责。

单位的主要负责人是本单位的消防安全责任人。

第二十六条　建筑构件、建筑材料和室内装修、装饰材料的防火性能必须符合国家标准；没有国家标准的，必须符合行业标准。

人员密集场所室内装修、装饰，应当按照消防技术标准的要求，使用不燃、难燃材料。

4.《养老机构管理办法》部分条款

第三十条 养老机构应当依法履行消防安全职责，健全消防安全管理制度，实行消防工作责任制，配置消防设施、器材并定期检测、维修，开展日常防火巡查、检查，定期组织灭火和应急疏散消防安全培训。

养老机构的法定代表人或者主要负责人对本单位消防安全工作全面负责，属于消防安全重点单位的养老机构应当确定消防安全管理人，负责组织实施本单位消防安全管理工作，并报告当地消防救援机构。

5.《养老机构重大事故隐患判定标准》部分条款

第三条 养老机构重大事故隐患主要包括以下几方面：

（一）重要设施设备存在严重缺陷；

（二）安全生产相关资格资质不符合法定要求；

（三）日常管理存在严重问题；

（四）严重违法违规提供服务；

（五）其他可能导致人员重大伤亡、财产重大损失的重大事故隐患。

第四条 养老机构重要设施设备存在严重缺陷主要指：

（一）建筑设施经鉴定属于C级、D级危房或者经住房城乡建设部门研判建筑安全存在重大隐患；

（二）经住房城乡建设、消防等部门检查或者第三方专业机构评估判定建筑防火设计、消防、电气、燃气等设施设备不符合法律法规和强制性标准的要求，不具备消防安全技术条件，存在重大事故隐患；

（三）违规使用易燃可燃材料为芯材的彩钢板搭建有人活动的建筑或者大量使用易燃可燃材料装修装饰；

（四）使用未取得许可生产、未经检验或者检验不合格、国家明令淘汰、已经报废的电梯、锅炉、氧气管道等特种设备。

案例13　串联插座虽便捷
火灾风险不小视

——辽宁省铁岭市开原爱恩养老公寓“7·9”火灾事故暴露出的主要问题与警示

一、事故详情

（一）事故基本情况

2024年7月9日，辽宁省铁岭市开原爱恩养老公寓发生火灾事故，经事故调查工作组认定，该起事故是一起一般火灾责任事故，造成2名养员死亡，过火面积15 m^2，直接经济损失9.95万元。

（二）涉事单位及相关责任人情况

1. 事发整体建筑情况

整体建筑位于开原市长征街水木清华小区10幢沿街住宅楼，2007年建设，主体为砖混结构，东西走向，南侧有联排11家商业网点，该建筑层数六层，一、二层为商业网点，三至六层为住宅。东侧为水木清华小区住宅楼，南侧为孙台路，西侧为长征街，北侧为水木清华小区院内。

2. 事故发生单位——爱恩养老公寓

爱恩养老公寓位于整体建筑的6号门市，层数为二层，建筑面积160 m^2，共8间养老用房，11张床位。通向二层设有一部敞开式疏散楼梯，一层通向店面设有一个安全出口，一层北侧设有厨房和卫生间。

6号门市现产权人兰某将该门市整体租赁予张某经营养老公寓使用。

起火部位为开原市爱恩养老公寓一区二层205室，起火点为205室南侧1号护理床下方。

3. 事故主要责任人

张某，爱恩养老公寓经营者，对本次事故负有直接责任。

（三）事故发生经过及应急救援情况

1. 事故发生经过

2024 年 7 月 9 日 05 时 29 分左右，经营者张某与护工赵某为二层失能养员洗漱完毕后二人下楼。

06 时 08 分，水木清华小区居民辛某在自家发现该养老公寓二层北侧窗户冒烟，拨打电话 119 报火警。

路人发现该养老公寓二层着火，告知在养老公寓一楼的张某和赵某，二人携带手提式干粉灭火器到二层查看火情，到达二楼后发现 205 房间内起火，走廊有大量的浓烟，其他房间未见明火。

二人使用手提式干粉灭火器进行灭火，因火势较大无法实施灭火，护工将隔壁 206 房间内的 2 名失能养员疏散至安全区域。

2. 应急救援情况

7 月 9 日 06 时 08 分，铁岭市消防救援支队开原大队接到报警，立即调派 15 名消防救援人员、4 辆消防车赶赴现场处置，大队指挥员遂行出动。

06 时 23 分，在养老公寓工作人员配合下，搜救控火二组将 205 室 2 名被困人员救出并交予现场医护人员处理。

06 时 30 分，现场明火被全部扑灭，经反复排查已无复燃可能。

（四）事故直接原因

通过现场勘验、调查询问、视频分析、检验鉴定和专家论证等技术手段，调查组认定：起火原因为开原市爱恩养老公寓一区二层 205 室南侧 1 号护理床下方延长线插座短路引燃地面存放的护理垫等可燃物起火。

（五）责任追究情况

1. 追究刑事责任

张某，爱恩养老公寓经营者，未按照法律法规落实主体责任，对本次事故负有直接责任，由司法部门追究其刑事责任。

2. 党纪政务处分

政府有关部门 7 名公职人员，移交开原市政府、市消防救援支队按照干部管理权限依法依规依纪处理。

二、事故教训与预防措施

（一）存在的主要问题及教训

1. 主体责任不落实，日常管理不到位

爱恩养老公寓未建立相应的消防安全组织和消防安全管理制度，未制定灭火和应急疏散预案，未组织员工进行应急演练和消防安全培训教育，未严格落实24小时值班制度，未严格按照用电安全管理制度进行巡查检查，未对电气设施进行定期检测和经常性维护保养，未办理消防设计审查、消防验收备案抽查，经营地址增加后未办理营业执照变更。

2. 私拉乱接电气线路，延长线插座串联使用

养老公寓的养员室内使用防褥疮垫等用电设备，存在电气线路未按要求敷设的情况。起火的205室延长线插座串联使用，该房间西墙墙壁插座连接的延长线插座放置在该房间南侧1号护理床下方，该插座为1号床养员使用的防褥疮垫供电，该插座同时连接另一个延长线插座为东墙壁挂电视机供电。使用期间未对电源线路进行定期检查维护，造成电源线路故障，导致火灾发生。

3. 护理床下方堆放可燃物，致使火灾快速蔓延

起火的205室内南侧1号护理床的养员为脑梗患者，其床下堆放很多日常使用的护理垫等可燃物，床下可燃物遇到引火源时会迅速燃烧并产生大量有毒有害气体。

4. 火灾报警不及时，延误人员疏散和灭火救援时机

该养老公寓二层养员均为行动不便和失能人员，由于该养老公寓工作人员少，发生火灾时二层无工作人员。路人经过发现火情后，告知正在养老公寓一层工作的经营者张某、护工赵某二层着火，但火势较大无法靠近实施灭火，两人合力将隔壁206室内二名养员疏散至安全区域。火灾在初期时未及时发现，贻误人员疏散和灭火救援的最佳时机。

5. 政府有关部门行政监管不到位

民政、公安、消防、街道、社区等部门日常安全监管不到位，未持续督促该单位对存在的安全隐患进行整改；住建部门对爱恩养老公寓开展检查时，没有依法进行行政处罚，未持续跟进问题整改到位。基层消防治理工作不足、质效不高。

（二）事故警示及预防措施

1. 养老机构必须落实安全生产和消防安全主体责任，加强日常管理

制定并落实安全生产和消防安全管理制度，重点涵盖消防设施维护保养、用火用电用气安全管理、消防安全巡查检查、火灾隐患整改等方面，明确各项制度的具体内容和执行要求，确保安全生产和消防安全工作有章可循。

法定代表人和主要负责人同为安全生产和消防安全第一责任人，全面负责安全生产和消防安全工作；明确安全管理责任人，具体组织实施日常安全管理；将安全责任细化到每个部门、每个岗位和每个员工，签订安全责任书，形成全员参与、各负其责的安全责任体系。

2. 严禁私拉乱接电气线路

养老机构在建设和装修时，应严格按照电气设计规范要求进行电气线路的敷设，避免出现线路老化、过载、乱拉乱接等问题，定期邀请专业电工对电气线路进行全面检查和维护，及时发现并消除安全隐患。

3. 日常生活必须物品，要规范存放

养老房间进行定期检查，禁止在床底等位置堆放大量护理垫等易燃物品。可以为护理垫等物品设置专门的储存区域，如在房间内配备有防火性能的收纳柜，将护理垫整齐放置在收纳柜中，确保其远离火源。

4. 加强安全宣传教育，定期开展应急演练

定期组织员工进行消防安全技能培训，使他们熟悉各类消防设施器材的使用方法，掌握火灾报警、扑救初期火灾、组织人员疏散逃生等技能，确保在火灾发生时能够迅速、有效地进行应对。

结合养老机构的特点，制定科学合理、切实可行的灭火和应急疏散预案，明确火灾发生时各部门和人员的职责分工、疏散路线、救援措施等。定期组织员工和养员进行消防演练，提高他们的火灾应急处置能力和逃生自救能力。

5. 政府有关部门强化针对性排查整治，并加强基层消防人员配备和队伍建设

强化对养老机构的监督检查和服务指导，重点检查疏散通道是否畅通，消防设施是否完好，火、电、气使用是否规范，是否存放易燃易爆物品，入住人员是否违规取暖，是否开展灭火疏散演练，各类人员消防安全培训是否到位，火灾隐患是否整改到位。

要进一步落实乡镇、街道安全生产和消防工作属地责任，明确乡镇街道消防安全组织机构和消防力量建设以及人员编制、经费保障、工作机制等政策措施，加强基层消防安全队伍建设。

三、事故解析与风险防控

（一）串联插座及其风险

1. 串联插座定义

串联插座是指将多个插座依次连接在一起的一种电气连接方式。在串联电路中，电流依次通过每个插座，就像一串珠子一样，电流从电源出发，先流经第一个插座，然后再流到第二个插座，以此类推。从物理连接上看，通常是将一个插座的火线（L）连接到下一个插座的火线输入端，零线（N）连接到下一个插座的零线输入端，地线（PE）也相应地连接到下一个插座的地线输入端（见图 1）。

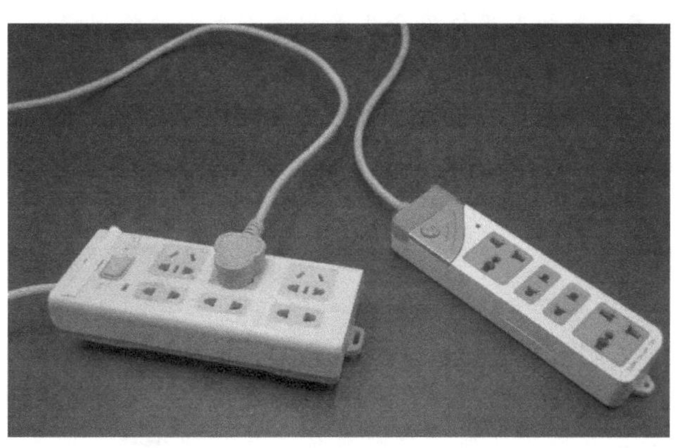

图 1　串联插座外观图

2. 串联插座的风险

(1) 电流过载与火灾风险

当多个插座串联在同一电路上时，每个插座都会通过相同的电流。如果某个插座上连接的设备过多或功率过大，就可能导致电流过载。电流过载会使电线发热，严重时可能引发短路甚至火灾。这种火灾风险是由于总负载可能超过单个插座的最大负载限制，从而增加了火灾的风险。

(2) 电压不稳定与设备损坏

串联连接可能导致电压在不同插座之间分配不均，某些设备可能无法获得所需的稳定电压，从而影响其正常运行或造成损坏。电压不稳定还可能对设备的电路造成损害，缩短设备的使用寿命。

(3) 安全隐患增加

插座串联增加了电路中的连接点和潜在故障点。任何一个连接点出现问题，如松动、接触不良或老化，都可能引发电气故障。这些故障不仅可能导致设备无法正常工作，还可能引发火灾等严重后果。此外，如果插座内部的两个线头发生了接触，就相当于直接把火线与零线相连，这会导致其余所有用电器都被短路，同时容易导致火灾。

(二) 主要法律法规要求

1.《中华人民共和国安全生产法》部分条款

第五条　生产经营单位的主要负责人是本单位安全生产第一责任人，对本单位的安全生产工作全面负责。其他负责人对职责范围内的安全生产工作负责。

第二十一条　生产经营单位的主要负责人对本单位安全生产工作负有下列职责：

(一) 建立健全并落实本单位全员安全生产责任制，加强安全生产标准化建设；

（二）组织制定并实施本单位安全生产规章制度和操作规程；

（三）组织制定并实施本单位安全生产教育和培训计划；

（四）保证本单位安全生产投入的有效实施；

（五）组织建立并落实安全风险分级管控和隐患排查治理双重预防工作机制，督促、检查本单位的安全生产工作，及时消除生产安全事故隐患；

（六）组织制定并实施本单位的生产安全事故应急救援预案；

（七）及时、如实报告生产安全事故。

第二十八条 生产经营单位应当对从业人员进行安全生产教育和培训，保证从业人员具备必要的安全生产知识，熟悉有关的安全生产规章制度和安全操作规程，掌握本岗位的安全操作技能，了解事故应急处理措施，知悉自身在安全生产方面的权利和义务。未经安全生产教育和培训合格的从业人员，不得上岗作业。

2.《中华人民共和国消防法》部分条款

第十六条 机关、团体、企业、事业等单位应当履行下列消防安全职责：

（一）落实消防安全责任制，制定本单位的消防安全制度、消防安全操作规程，制定灭火和应急疏散预案；

（二）按照国家标准、行业标准配置消防设施、器材，设置消防安全标志，并定期组织检验、维修，确保完好有效；

（三）对建筑消防设施每年至少进行一次全面检测，确保完好有效，检测记录应当完整准确，存档备查；

（四）保障疏散通道、安全出口、消防车通道畅通，保证防火防烟分区、防火间距符合消防技术标准；

（五）组织防火检查，及时消除火灾隐患；

（六）组织进行有针对性的消防演练；

（七）法律、法规规定的其他消防安全职责。

单位的主要负责人是本单位的消防安全责任人。

第十七条 县级以上地方人民政府消防救援机构应当将发生火灾可能性较大以及发生火灾可能造成重大的人身伤亡或者财产损失的单位，确定为本行政区域内的消防安全重点单位，并由应急管理部门报本级人民政府备案。

消防安全重点单位除应当履行本法第十六条规定的职责外，还应当履行下列消防安全职责：

（一）确定消防安全管理人，组织实施本单位的消防安全管理工作；

（二）建立消防档案，确定消防安全重点部位，设置防火标志，实行严格管理；

（三）实行每日防火巡查，并建立巡查记录；

（四）对职工进行岗前消防安全培训，定期组织消防安全培训和消防演练。

第二十七条 电器产品、燃气用具的产品标准，应当符合消防安全的要求。

电器产品、燃气用具的安装、使用及其线路、管路的设计、敷设、维护保养、检测，必须符合消防技术标准和管理规定。

3.《养老机构管理办法》部分条款

第三十条　养老机构应当依法履行消防安全职责，健全消防安全管理制度，实行消防工作责任制，配置消防设施、器材并定期检测、维修，开展日常防火巡查、检查，定期组织灭火和应急疏散消防安全培训。

养老机构的法定代表人或者主要负责人对本单位消防安全工作全面负责，属于消防安全重点单位的养老机构应当确定消防安全管理人，负责组织实施本单位消防安全管理工作，并报告当地消防救援机构。

4.《养老机构重大事故隐患判定标准》部分条款

第三条　养老机构重大事故隐患主要包括以下几方面：

（一）重要设施设备存在严重缺陷；

（二）安全生产相关资格资质不符合法定要求；

（三）日常管理存在严重问题；

（四）严重违法违规提供服务；

（五）其他可能导致人员重大伤亡、财产重大损失的重大事故隐患。

第六条　养老机构日常管理存在严重问题主要指：

（一）未建立安保、消防、食品等各项安全管理制度或者未落实相关安全责任制；

（二）未对特种设备、电气、燃气、安保、消防、报警、应急救援等设施设备进行定期检测和经常性维护、保养，导致无法正常使用；

（三）未按规定制定突发事件应急预案或者未定期组织开展应急演练；

（四）未落实24小时值班制度、未进行日常安全巡查检查或者对巡查检查发现的突出安全问题未予以整改；

（五）未定期进行安全生产教育和培训，相关工作人员不会操作消防、安保等设施设备，不掌握疏散逃生路线；

（六）因施工等特殊情况需要进行电气焊等明火作业，未按规定办理动火审批手续。

案例14　科学实验室里的“危险杀手”

——2018年北京交通大学“12·26”爆炸事故暴露出的主要问题与警示

一、事故详情

（一）事故基本情况

2018年12月26日，北京交通大学市政与环境工程实验室发生爆炸燃烧，事故造成3人死亡（2名博士、1名硕士）（见图1）。

图1　事故现场照片

（二）涉事单位及相关责任人情况

1. 事故发生单位——北京交通大学

事故现场位于北京交通大学东校区东教2号楼。该建筑物为砖混结构，中间两层建筑物为市政与环境工程实验室（以下简称环境实验室），东西两侧三层建筑物为电教教室（内部与环境实验室不连通）。环境实验室一层由西向东依次为模型室、综合实验室（西南侧与模型室连通）、微生物实验室、药品室、大型仪器平台；二层由西向东分别为水质工程学Ⅱ、水质工程学Ⅰ、流体力学、环境监测实验室；一层南侧设有5个南向出入口；一、二层由东、西两个楼梯间连接；一层模型室和综合实验室南墙外码放9个集装箱（见图2）。

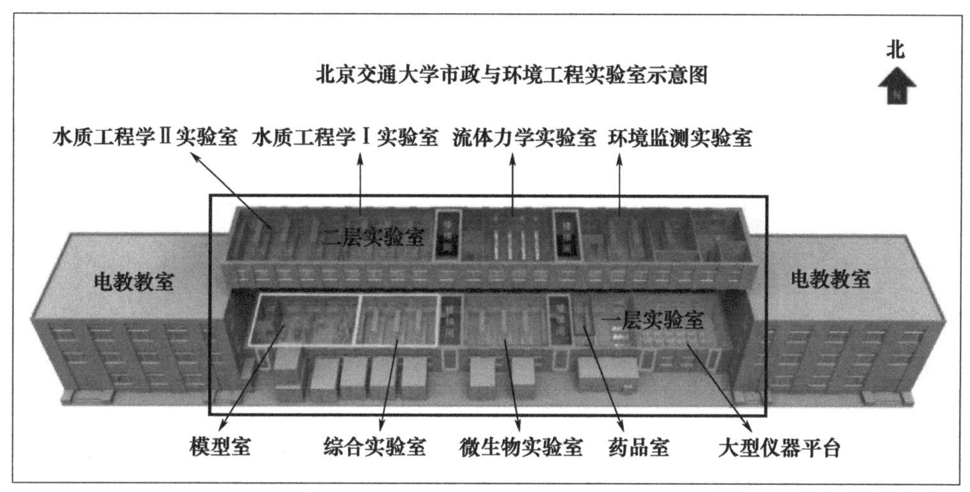

图2 建筑物布局图

2. 事故项目情况

该项目由北京交通大学土木建筑工程学院市政与环境工程系教授李某申请立项，经学校批准，并由李某负责实施。

2018年11月至12月期间，李某与北京京华清源环保科技有限公司签订技术合作协议；北京京华清源环保科技有限公司和北京交大创新科技中心签订销售合同，约定15天内制作2 m^3 垃圾渗滤液硝化载体。

北京京华清源环保科技有限公司按照与李某的约定，从河南新乡县京华镁业有限公司购买30桶镁粉（1 t，易制爆危险化学品），并通过互联网购买项目所需的搅拌机（饲料搅拌机）。李某从天津市同鑫化工厂购买了项目所需的6桶磷酸（0.21 t，危险化学品）和6袋过硫酸钠（0.2 t，危险化学品）以及其他材料。

3. 危险化学品管理情况

（1）保卫处是学校安全工作的主管部门，负责各学院危险化学品、易制爆危险化学品等购置（赠予）申请的审批、报批，以及实验室危险化学品的入口管理。

（2）国资处负责监管实验室危险化学品、易制爆危险化学品的储存、领用及使用的安全管理情况。

(3) 科技处负责对涉及危险化学品等危险因素科研项目风险评估。

(4) 土木建筑学院负责本院实验室危险化学品、易制爆危险化学品等危险物品的购置、储存、使用与处置的日常管理。

(5) 事发前，李某违规将试验所需镁粉、磷酸、过硫酸钠等危险化学品存放在一层模型室和综合实验室，且未按规定向学院登记。

4. 事故主要责任人

(1) 李某，事发科研项目负责人。

(2) 张某，事发实验室管理人员。

(3) 北京交通大学其他相关责任人 13 人。

(三) 事故发生经过及应急救援情况

1. 事故发生经过

2018 年 2 月至 11 月期间，李某先后开展垃圾渗滤液硝化载体相关试验 50 余次。

11 月 30 日，事发项目所用镁粉运送至环境实验室，存放于综合实验室西北侧。

12 月 14 日，磷酸和过硫酸钠运送至环境实验室，存放于模型室东北侧。

12 月 17 日，搅拌机被运送至环境实验室，存放于模型室北侧中部。

12 月 23 日 12 时 18 分至 17 时 23 分，李某带领刘某辉、刘某轶、胡某翠等 7 名学生在模型室地面上，对镁粉和磷酸进行搅拌反应，未达到试验目的。

12 月 24 日 14 时 09 分至 18 时 22 分，李某带领上述 7 名学生尝试使用搅拌机对镁粉和磷酸进行搅拌，生成了镁与磷酸镁的混合物。因第一次搅拌过程中搅拌机料斗内镁粉粉尘向外扬出，李某安排学生用实验室工作服封盖搅拌机顶部活动盖板处缝隙。当天消耗 3 至 4 桶（每桶约 33 kg）镁粉。

12 月 25 日 12 时 42 分至 18 时 02 分，李某带领其中 6 名学生将 24 日生成的混合物加入其他化学成分混合后，制成圆形颗粒，并放置在一层综合实验室实验台上晾干。其间，两桶镁粉被搬运至模型室。

12 月 26 日上午 09 时许，刘某辉、刘某轶、胡某翠等 6 名学生按照李某安排陆续进入实验室，准备重复 24 日下午的操作。

经视频监控录像反映：当日 09 时 27 分 45 秒，刘某辉、刘某轶、胡某翠进入一层模型室。

09 时 33 分 21 秒，模型室内出现强烈闪光。

09 时 33 分 25 秒，模型室内再次出现强烈闪光，并伴有大量火焰，随即视频监控中断。

事故发生后，爆炸及爆炸引发的燃烧造成一层模型室、综合实验室和二层水质工程学Ⅰ、Ⅱ实验室受损。其中，一层模型室受损程度最重。模型室外（南侧）邻近放置的集装箱均不同程度过火。

2. 应急救援情况

2018 年 12 月 26 日 09 时 33 分，市消防总队 119 指挥中心接到北京交通大学东校区东教 2 号楼发生爆炸起火的报警。报警人称现场实验室内有镁粉等物质，并有人员被困。119 指挥中心接警后，共调集 11 个消防救援站、38 辆消防车、280 余名指战员赶赴现场处置。

09 时 50 分，搜救组在模型室与综合实验室连接门东侧 1～2 m 处发现第一具尸体，抬到西侧楼梯间。随后，陆续在模型室的中间部位发现第二具尸体，在模型室与综合实验室连接门西侧约 1 m 处发现第三具尸体。

11 时 45 分，现场排除复燃复爆危险后，救援人员进入建筑内部开展搜索清理，抬出三具尸体移交医疗部门，并用沙土、压缩空气干泡沫清理现场残火。

18 时，现场清理完毕，双榆树消防站留守现场看护，其余消防救援力量返回。

（四）事故直接原因

专家组对提取的物证、书证、证人证言、鉴定结论、勘验笔录、视频资料进行系统分析和深入研究，结合爆炸燃烧模拟结果，确认事故直接原因为：在使用搅拌机对镁粉和磷酸搅拌、反应过程中，料斗内产生的氢气被搅拌机转轴处金属摩擦、碰撞产生的火花点燃爆炸，继而引发镁粉粉尘云爆炸，爆炸引起周边镁粉和其他可燃物燃烧，造成现场 3 名学生烧死。

（五）责任追究情况

1. 追究刑事责任

事发科研项目负责人北京交通大学教授李某和事发实验室管理人员张某 2 名有关责任人员被追究刑事责任。

2. 给予问责处理

时任北京交通大学党委书记和校长等 13 名北京交通大学相关人员给予问责处理。

二、事故教训与预防措施

（一）存在的主要问题及教训

学校没有有效的实验室（场所）、实验设备监管制度和机制，各部门安全监管责任严重不落实，科研项目负责人无安全意识。违规开展试验、冒险作业；违规购买、违法储存危险化学品；对实验室和科研项目安全管理不到位是导致本起事故的主要原因。

1. 相关负责人安全意识不够

科研项目负责人李某对危险化学品的危险性和破坏性认识不足，没有最起码的安全意识，侥幸无畏，安排学生违规试验、冒险作业。

事发科研项目负责人违规使用教学实验室开展试验，违规购买、违法储存危险化学品；违反《北京交通大学实验室技术安全管理办法》等规定，未采取有效安全防护措施；未告知试验的危险性，明知危险仍冒险作业。

2. 实验室（场所）管理混乱

违规堆放了多达 30 桶镁粉、6 桶磷酸、6 袋过硫酸钠以及其他材料。

3. 实验设备（饲料搅拌机）本质不安全

没有本质安全的镁粉和磷酸搅拌机，而是使用在网上购买的饲料搅拌机，由于上盖不严密，造成大量的镁粉飘在空中，为发生爆炸埋下了隐患。

4. 实验室管理人员不履职

事发实验室管理人员张某，未落实校内实验室相关管理制度；未有效履行实验室安全巡视职责，未有效制止事发项目负责人违规使用实验室，未发现违法储存的危险化学品。

5. 土木建筑工程学院对实验室安全工作不重视，管理不到位

未发现违规购买、违法储存易制爆危险化学品的行为；未对申报的横向科研项目开展风险评估；未按学校要求开展实验室安全自查；在事发实验室主任岗位空缺期间，未按规定安排实验室安全责任人并进行必要培训。土木建筑工程学院下设的实验中心未按规定开展实验室安全检查、对实验室存放的危险化学品底数不清，报送失实；对违规使用教学实验室开展试验的行为，未及时查验、有效制止并上报。

6. 学校监管机制缺失

学校未建立有效的实验室（场所）、实验设备等安全监管制度和机制，未建立并形成有效的危险化学品的监管机制。

学校的保卫处、国资处、科研处及二级学院都有对危险化学品监督管理的职责，没有形成有效的监管机制，可以说是“四龙治水”职责不清，责任不明。

（二）事故警示及预防措施

1. 建立分级分类管理的责任制，加强实验室安全管理

（1）高校应完善实验室管理制度，实现分级分类管理；明确校级分管领导，明确学院等二级单位、实验室责任；各实验室开展实验范围、人员及审批权限，严格落实实验室使用登记相关制度。

（2）结合实验室安全管理实际，配备具有相应专业能力和工作经验的人员负责实验室安全管理。

2. 强化科研项目安全管理，重视实验材料、设备、场所的安全性

建立完备的科研项目安全风险评估体系，对科研项目涉及的安全内容进行实质性审核，对科研项目实验所需的危险化学品、仪器器材、实验设备和实验场地进行备案审查，并采取必要的安全防护措施。

3. 建设危险化学品信息化管理平台，实现全链条管理

(1) 建立对危险化学品购买、运输、储存、使用等全过程的集中管理体系，严禁不具备资质的危险品运输车辆进入校园。

(2) 设立符合安全条件的危险化学品储存场所，建立危险化学品集中使用制度，易制毒、易制爆等管制类化学品要严格规范储存，台账清晰，实验室内严禁过量存放易燃易爆化学品，严肃查处违规储存危险化学品的行为。

4. 建立健全实验现场处置方案，定期开展培训和演练

要编制有针对性的实验现场处置方案，定期开展有针对性的危险化学品安全培训和应急演练，提高实验室人员处理突发事故的能力，最大限度地预防和减少实验室突发事故及其造成的损害，保障实验室人员的生命和财产安全。

三、事故解析与风险防控

(一) 危化品及其危险性

1. 危化品

危化品是危险化学品的简称，是指具有毒害、腐蚀、爆炸、燃烧、助燃等性质，对人体、设施、环境具有危害的剧毒化学品和其他化学品（见图 3)。

图 3　危化品分类图

2. 危化品的危险性

(1) 火灾爆炸危险

①易燃易爆性

许多危化品具有较低的闪点、燃点和自燃点，这使得它们在常温或稍高温度下就容易燃烧。例如，汽油的闪点约为−45 ℃，在常温下很容易挥发形成可燃蒸气。一旦遇到明火、电火花、静电火花或者高温物体，就会瞬间燃烧。而且，在封闭空间内，可燃蒸气与空气混合达到一定比例（爆炸极限）时，如氢气在空气中的爆炸极限是4.0%～75.6%，遇火源就会发生爆炸，爆炸产生的冲击波能够摧毁建筑物、设备，对周围环境和人员造成巨大伤害。

一些危化品在储存或运输过程中，如果容器发生泄漏，泄漏出的液体或气体在地面流淌或扩散，遇到火源也会引发火灾或爆炸。比如液化石油气（LPG），它主要成分是丙烷和丁烷，泄漏后会迅速汽化，形成可燃混合气，只要有一点火星就可能引发大爆炸。

②氧化性引发的爆炸

具有强氧化性的危化品能与许多可燃物质发生剧烈反应，从而引发爆炸。例如，高锰酸钾是一种强氧化剂，它与甘油、蔗糖等有机物质接触时，能在短时间内发生剧烈氧化反应，释放出大量的热，导致爆炸。在实验室或化工生产中，如果这两种物质不小心混合，就会引发严重的事故。

氯酸钠也是一种强氧化剂，它在受到撞击、摩擦或者与还原性物质混合时，容易发生爆炸。在烟花爆竹生产中，如果违规使用氯酸钠代替硝酸钾，就会大大增加爆炸的风险。

(2) 健康危害

①急性毒性

部分危化品具有剧毒，人体短时间内接触或摄入少量就会引起严重的中毒反应。例如，氰化物进入人体后，会迅速与细胞色素氧化酶中的三价铁离子结合，抑制细胞呼吸，导致组织缺氧。中毒者会出现呼吸困难、心跳过速、抽搐、昏迷等症状，几分钟内就可能死亡。

硫化氢是一种有臭鸡蛋气味的剧毒气体，当空气中硫化氢浓度达到1000 ppm以上时，人吸入一口就可能导致呼吸麻痹而死亡。在石油开采、污水处理等行业，如果发生硫化氢泄漏，会对现场工作人员的生命安全构成巨大威胁。

②慢性毒性

长期接触某些危化品会对人体造成慢性损害。例如，苯是一种常见的有机溶剂，长期暴露在苯环境中的工人，苯会通过呼吸道和皮肤进入人体，主要损害造血系统。初期可能表现为白细胞减少，随着时间推移，可能会导致再生障碍性贫血或白血病。

汞是一种重金属，长期接触汞及其化合物，会引起汞中毒。汞蒸气可以通过呼吸道进入人体，沉积在肾脏、大脑等器官，造成肾脏损害、神经系统损伤等。比如在汞温度计生产车间，如果通风不良，工人长期吸入汞蒸气，就会出现记忆力减退、肢体震颤等症状。

③腐蚀性危害

强酸（如硫酸、盐酸）和强碱（如氢氧化钠、氢氧化钾）等危化品具有很强的腐蚀性。当这些物质接触人体皮肤和眼睛时，会造成严重的化学灼伤。硫酸接触皮肤后，会使皮肤脱水碳化，形成黑色焦痂；氢氧化钠与皮肤接触会使皮肤蛋白质变性，引起灼伤、红肿、疼痛等症状。如果溅入眼睛，可能会导致失明。

腐蚀性危化品还会对设备和建筑物造成损坏。例如，在化工管道中，酸性或碱性物质的长期腐蚀会使管道壁变薄，最终导致管道破裂，引发泄漏事故。

（3）环境危害

①水体污染

危化品泄漏到水体中会造成严重的污染。例如，石油化工产品泄漏到河流、湖泊或海洋中，会在水面形成油膜，阻止氧气进入水中，导致水生生物窒息死亡。同时，石油中的一些有毒成分，如多环芳烃，会在水生生物体内积累，通过食物链传递，对整个生态系统造成危害。

一些重金属危化品，如镉、铅、汞等，进入水体后会长期存在。它们会被水生生物吸收，造成生物体内重金属超标，影响生物的生长、繁殖和生存。而且这些重金属很难通过自然过程降解，会在水体环境中不断积累，对水资源的可持续利用构成威胁。

②土壤污染

危化品泄漏到土壤中会改变土壤的性质，使土壤肥力下降。例如，强酸、强碱泄漏会使土壤酸碱度发生剧烈变化，导致土壤中的微生物死亡，影响土壤的生态功能。

有机危化品，如农药、多氯联苯等，进入土壤后会在土壤中残留很长时间。它们会被植物吸收，影响农作物的质量和安全性。而且这些污染物还可能随着雨水渗透进入地下水，进一步扩大污染范围。

③大气污染

易挥发的危化品会进入大气，造成空气污染。例如，挥发性有机化合物（VOCs）如苯、甲苯、二甲苯等，在化工生产、涂装、印刷等过程中会挥发到空气中。它们在阳光照射下会与氮氧化物发生光化学反应，形成臭氧和细颗粒物（$PM_{2.5}$）等污染物，导致空气质量下降，引发雾霾天气，对人体的呼吸道和心血管系统等造成危害。

一些危化品发生事故时会释放出有毒气体，如氯气、氨气等。氯气是一种黄绿色的有毒气体，在化工生产中用于消毒、漂白等过程。如果发生氯气泄漏，它会刺激人的呼吸道和眼睛，引起咳嗽、呼吸困难、眼痛等症状，在高浓度下甚至会导致死亡。

（二）主要法律法规要求

1.《中华人民共和国安全生产法》部分条款

第二十一条 生产经营单位的主要负责人对本单位安全生产工作负有下列职责：

（一）建立健全并落实本单位全员安全生产责任制，加强安全生产标准化建设；

（二）组织制定并实施本单位安全生产规章制度和操作规程；

（三）组织制定并实施本单位安全生产教育和培训计划；

（四）保证本单位安全生产投入的有效实施；

（五）组织建立并落实安全风险分级管控和隐患排查治理双重预防工作机制，督促、检查本单位的安全生产工作，及时消除生产安全事故隐患；

（六）组织制定并实施本单位的生产安全事故应急救援预案；

（七）及时、如实报告生产安全事故。

第二十五条 生产经营单位的安全生产管理机构以及安全生产管理人员履行下列职责：

（一）组织或者参与拟订本单位安全生产规章制度、操作规程和生产安全事故应急救援预案；

（二）组织或者参与本单位安全生产教育和培训，如实记录安全生产教育和培训情况；

（三）组织开展危险源辨识和评估，督促落实本单位重大危险源的安全管理措施；

（四）组织或者参与本单位应急救援演练；

（五）检查本单位的安全生产状况，及时排查生产安全事故隐患，提出改进安全生产管理的建议；

（六）制止和纠正违章指挥、强令冒险作业、违反操作规程的行为；

（七）督促落实本单位安全生产整改措施。

生产经营单位可以设置专职安全生产分管负责人，协助本单位主要负责人履行安全生产管理职责。

第二十八条 生产经营单位应当对从业人员进行安全生产教育和培训，保证从业人员具备必要的安全生产知识，熟悉有关的安全生产规章制度和安全操作规程，掌握本岗位的安全操作技能，了解事故应急处理措施，知悉自身在安全生产方面的权利和义务。未经安全生产教育和培训合格的从业人员，不得上岗作业。

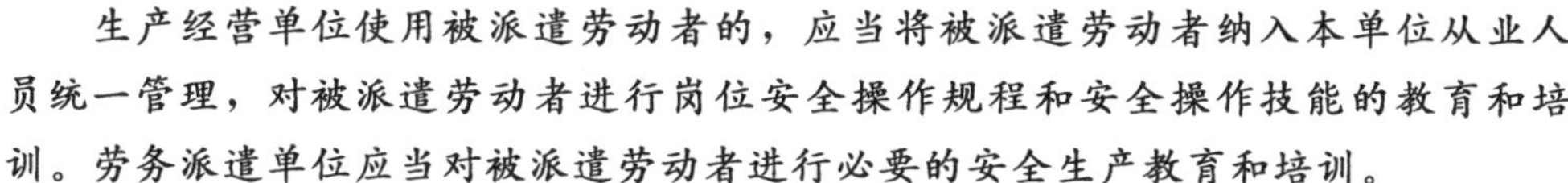

生产经营单位使用被派遣劳动者的，应当将被派遣劳动者纳入本单位从业人员统一管理，对被派遣劳动者进行岗位安全操作规程和安全操作技能的教育和培训。劳务派遣单位应当对被派遣劳动者进行必要的安全生产教育和培训。

生产经营单位接收中等职业学校、高等学校学生实习的，应当对实习学生进行相应的安全生产教育和培训，提供必要的劳动防护用品。学校应当协助生产经营单位对实习学生进行安全生产教育和培训。

生产经营单位应当建立安全生产教育和培训档案，如实记录安全生产教育和培训的时间、内容、参加人员以及考核结果等情况。

第四十一条　生产经营单位应当建立安全风险分级管控制度，按照安全风险分级采取相应的管控措施。

生产经营单位应当建立健全并落实生产安全事故隐患排查治理制度，采取技术、管理措施，及时发现并消除事故隐患。事故隐患排查治理情况应当如实记录，并通过职工大会或者职工代表大会、信息公示栏等方式向从业人员通报。其中，重大事故隐患排查治理情况应当及时向负有安全生产监督管理职责的部门和职工大会或者职工代表大会报告。

县级以上地方各级人民政府负有安全生产监督管理职责的部门应当将重大事故隐患纳入相关信息系统，建立健全重大事故隐患治理督办制度，督促生产经营单位消除重大事故隐患。

2.《危险化学品安全管理条例》部分条款

第二十二条　生产、储存危险化学品的企业，应当委托具备国家规定的资质条件的机构，对本企业的安全生产条件每3年进行一次安全评价，提出安全评价报告。安全评价报告的内容应当包括对安全生产条件存在的问题进行整改的方案。

生产、储存危险化学品的企业，应当将安全评价报告以及整改方案的落实情况报所在地县级人民政府安全生产监督管理部门备案。在港区内储存危险化学品的企业，应当将安全评价报告以及整改方案的落实情况报港口行政管理部门备案。

第二十四条　危险化学品应当储存在专用仓库、专用场地或者专用储存室（以下统称专用仓库）内，并由专人负责管理；剧毒化学品以及储存数量构成重大危险源的其他危险化学品，应当在专用仓库内单独存放，并实行双人收发、双人保管制度。

危险化学品的储存方式、方法以及储存数量应当符合国家标准或者国家有关规定。

第三十三条第一款　国家对危险化学品经营（包括仓储经营，下同）实行许可制度。未经许可，任何单位和个人不得经营危险化学品。

第三十七条　危险化学品经营企业不得向未经许可从事危险化学品生产、经营活动的企业采购危险化学品，不得经营没有化学品安全技术说明书或者化学品安全标签的危险化学品。

3.《教育系统重大事故隐患判定指南》部分条款

第六条 实验实训管理中存在以下行为之一的，应直接判定为重大事故隐患：

（一）未建立健全并落实学校、二级单位和实验室（实训场所）安全管理三级责任体系的。

（二）实验人员在未得到安全准入的条件下进入实验室（实训场所）开展实验活动的。

（三）未建立实验室（实训场所）重要危险源（包括各类剧毒、易制爆、易制毒、爆炸品等有毒有害化学品，各类易燃、易爆、有毒、窒息、高压等危险气体，动物及病原微生物，辐射源及射线装置，同位素及核材料，危险性机械加工装置，强电强磁与激光设备，特种设备等）风险管控方案（包括但不限于实验室分级分类；高风险等级实验室的备案与监督；制定应急预案并定期演练；按等级实施安全检查、安全培训、安全评估、条件保障等管理）的。

（四）涉及重要危险源的实验时，未进行安全风险分析及制定相应防护措施的。

（五）未经主管部门许可擅自建设、使用、转让涉及重要危险源实验室（实训场所）或设备的。

（六）违规购买、存储、使用、运输、转让或处置重要危险源的。

（七）在实验室（实训场所）内使用超出其安全许可范围的实验材料、设备或进行超出其安全等级的实验活动的。

（八）未按法律法规以及行业标准、安全技术规范等规定要求落实重大设施设备（包括存储剧毒、易制爆化学品，危废贮存站，备案生物实验室，涉源场所，特种设备等设施设备）定期环评、检测、监测、维保的。

（九）实验室（实训场所）内超量存放危险化学品；或大量使用危险气体且无气体浓度报警措施或通风设施不合格；或超规使用危险设备尤其是大型设备的。

（十）实验室未按照行业标准落实应急与急救设施设备的，未配置安全防护用品的。

案例15　有限空间风险隐蔽冒险施救反铸大祸

——广东省东莞市中堂镇“2·15”较大中毒事故暴露出的主要问题与警示

一、事故详情

（一）事故基本情况

2019年2月15日23时许，位于东莞市中堂镇吴家涌村庙水路12号的东莞市双洲纸业有限公司工作人员在进行污水调节池（事故应急池）清理作业时，发生一起气体中毒事故，造成7人死亡、2人受伤，直接经济损失约为人民币1200万元（见图1）。

图1　事故现场照片

调查认定：东莞市中堂镇“2·15”较大中毒事故是一起安全生产主体责任不落实，违章作业、盲目施救而引发的较大生产安全责任事故。

（二）涉事单位及相关责任人情况

1. 事故发生单位——东莞市双洲纸业有限公司（以下简称双洲纸业）

双洲纸业公司类型：有限责任公司（自然人投资或控股）；地址：东莞市中堂

镇吴家涌村；法定代表人：莫某。

双洲纸业采用废纸为原料，年用量 35 万 t。产品为瓦楞纸，年生产能力为 32 万 t。

双洲纸业拥有 2 个生产车间（一车间和三车间），5 条生产线，其中一车间 3 条生产线，三车间 2 条生产线。生产设备主要有 3800 型单长网纸机 3 台，4600 型叠网纸机 2 台，180 t 锅炉 1 台等。其中一车间和三车间各设有一套污水处理系统。该公司主要由造纸车间、制浆车间、熬胶车间、锅炉房、原料仓库、成品仓库和堆成废纸组成。

2. 事发地点——一车间污水调节池

一车间污水调节池（又称事故应急池）占地面积约 500 m²，为不规则布置。整个池有 2 个构筑物，上层为 3 个圆柱形塔，下层为污水调节池：有效高度 4 m（地上 2 m，地下 2 m），为半地下池，容积约 2000 m³。池面平台设置有 8 个通气口（规格约 1.5 m×0.8 m），平时以活动格栅覆盖（未上锁）；在东南角池面平台下约 2 m 处设置有一个人孔（直径为 0.6 m）。

污水调节池的主要用途是用于收集一车间生产废水、厂区经化粪池处理后的生活污水、化验室废水及厂区雨水，收集的废水在该池内经混合浓度均化后由提升泵泵入废水处理系统处理。另外也用于一车间事故时的生产废水暂存及一、三车间生产用水互补存放，该池富余的部分空间用作事故应急池（见图 2）。

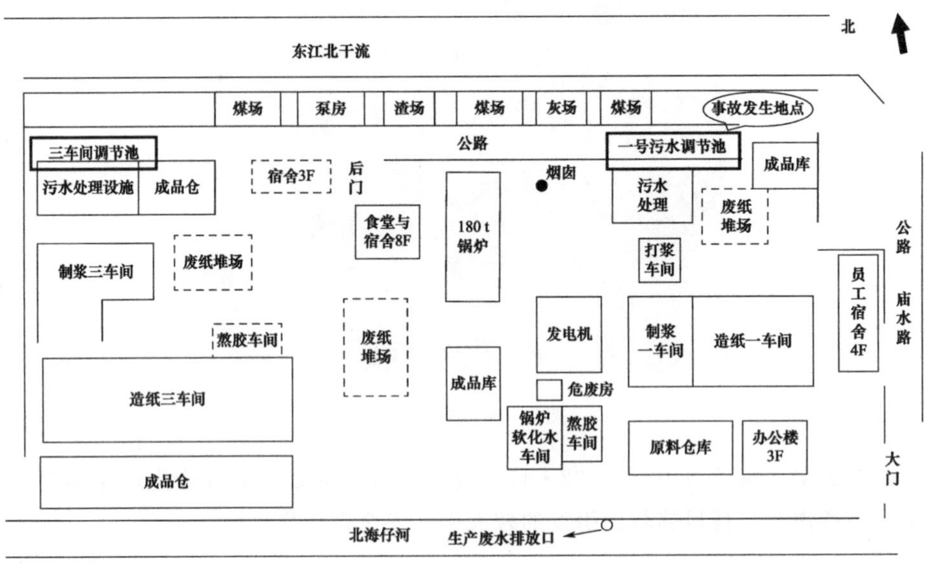

图 2 厂区平面布置图

3. 事故主要责任人

(1) 莫某（双洲纸业法定代表人兼总经理）、江某（双洲纸业生产部负责人、

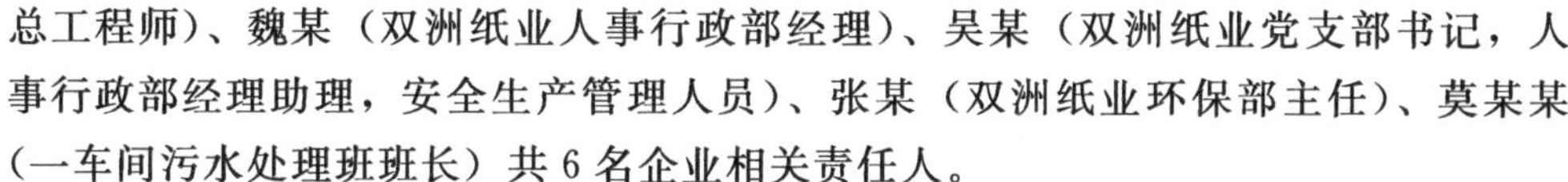

总工程师）、魏某（双洲纸业人事行政部经理）、吴某（双洲纸业党支部书记，人事行政部经理助理，安全生产管理人员）、张某（双洲纸业环保部主任）、莫某某（一车间污水处理班班长）共6名企业相关责任人。

（2）政府有关部门相关人员6人。

（三）事故发生经过及应急救援情况

1. 事故发生经过

双洲纸业自2019年2月11日起停机检修，环保部主任张某布置工作，要求一车间班长莫某某、三车间班长陈某于2月15日组织人员进入污水调节池清污。一车间污水调节池和三车间污水调节池清污分别由莫某某、陈某负责组织。

2月15日19时30分左右，班长莫某某组织一车间环保部门清洗工人魏某火、熊某明、李某雄、萧某球、邹某田、邓某玲、张某春共7人分组轮番下池清理作业：第一组下池作业有魏某火、熊某明、李某雄、萧某球4人，下池时间为19时30分至21时05分；第二组下池人员是熊某明、邓某玲、张某春3人，时间为21时15分至22时50分。

约23时00分，第三组下池人员邹某田、萧某球、魏某火3人，开始下池作业。

环保部主任张某负责一车间污水调节池和三车间污水调节池的巡查，莫某某则负责一车间污水调节池的巡查观察，韦某和余某平负责看守池上两台泵机。

约23时08分，第三组人员下池数分钟后，位于一车间污水调节池平台4#通气口处的韦某听到池内的邹某田呼救，但未观察到具体位置，遂也呼喊救人。恰逢这时到一车间污水调节池平台上聊天的邹某生（邹某田的丈夫）听到呼救，第一个下池救人；班长莫某某在平台上指挥熊某明、余某平、李某雄下池救人（3人下池后很快晕倒），同时打电话给环保部文员袁某醒。随后，张某、黄某军先后下池救人。张某自行爬出池口，出池后叫韦某打电话求救，但未拨通。

23时13分左右，袁某醒赶到现场与三车间班长陈某下池施救，莫某某找来绳索，与袁某醒、陈某等人合力拉起池下5名伤者，其中包括下池救人的黄某军。

2. 应急救援情况

张某春在事发现场于23时16分拨通120急救电话、23时17分拨通119电话求救，消防队员于23时25分到达现场，医护人员于23时30分到达现场。

经消防队员与厂方员工的全力营救，共救出被困人员9人。

其中，第三组的魏某火、萧某球、邹某田及施救的熊某明、李某雄、余某平、邹某生7人经现场抢救无效死亡，张某、黄某军2人被送至市人民医院ICU进行全力救治。

（四）事故直接原因

双洲纸业一车间污水处理班人员邹某田等 3 人违章进入含有硫化氢气体的污水调节池内进行清淤作业，是导致事故发生的直接原因。

双洲纸业污水调节池属于有限空间，相关人员违章进行有限空间作业：一是作业前未采取通风措施，对氧气、有毒有害气体（硫化氢）浓度进行检测；二是在作业过程中未采取有效通风措施，且未对有限空间作业面气体浓度进行连续监测；三是作业人员未佩戴隔绝式正压呼吸器和便携式有毒气体报警仪。

双洲纸业其他从业人员盲目施救导致事故伤亡的扩大。邹某生等参与应急救援的人员不具备有限空间事故应急处置知识和能力，在对污水调节池内中毒人员施救时未做好自身防护、配备必要的救援器材和器具（气体检测仪、通风装备、吊升装备等）。

（五）责任追究情况

1. 追究刑事责任

双洲纸业的法定代表人兼总经理莫某等 6 名企业相关责任人员因涉嫌重大责任事故罪被刑事拘留，并移送司法机关处理。

2. 党纪政务处分

政府有关部门公职人员共 6 人受到党纪政务处分。

二、事故教训与预防措施

（一）存在的主要问题及教训

1. 安全责任不落实，违章指挥、违章作业

未严格落实有限空间作业审批制度、现场安全管理制度、安全操作规程，环保部主任张某在未履行有限空间作业审批手续、未确定有限空间作业监护人员、应急救援人员及其安全职责，违规安排莫某某、陈某组织 21 人开展一、三车间污水调节池污泥清理作业。

莫某某违反有限空间作业安全操作规程，违背“先通风、再检测、后作业”的原则，违规带领熊某明、魏某火等 8 名未佩戴符合行业标准的安全防护用品的作业人员进入污水调节池内作业。

2. 应急处置能力差，违章指挥、盲目进行现场施救

一车间污水处理班班长莫某某，作为一车间污水调节池污泥清理作业班负责人，不熟知有限空间作业中的危害因素和安全措施、违章带领作业人员下池作业，特别是在事故发生后，在平台上违章指挥熊某明、余某平、李某雄三人下池救人，

盲目施救，三人下池后很快晕倒，造成事故进一步扩大。

3. 专项安全培训不到位，从业人员安全意识差

一是对有限空间作业人员未做到全覆盖培训，未对萧某球（死者）、李某雄（死者）等作业人员进行专项安全培训；二是有限空间作业专项培训中，在检测仪器、劳动防护用品的正确使用，紧急情况下的应急处置措施及自救和互救知识等方面的培训缺失；三是安排未经培训教育合格的有限空间作业人员上岗作业。

4. 风险辨识工作不到位，事故隐患多

对企业有限空间的数量、位置以及危险有害因素辨识不足；未能排查出有限空间作业存在违反作业审批制度、现场安全管理制度、安全操作规程等违章作业的安全隐患，未能排查出有限空间作业专项安全教育培训、应急救援预案编制及演练存在严重不足的问题。

5. 应急救援预案编制不完善，应急演练缺失

一是针对污水调节池有限空间作业编制的应急救援预案可操作性不足，未明确应急组织机构及职责、事故风险描述、预警及信息报告、应急响应、保障措施等方面内容；二是未曾对污水调节池等有限空间作业开展专项应急救援演练工作，未能保证相关人员具备应急处置能力。

（二）事故警示及预防措施

1. 严禁违章指挥、违章作业

落实有限空间安全生产管理制度，建立健全安全生产责任体系，明确各级管理人员和操作人员的职责和权限，确保安全生产责任到人；坚决贯彻执行有限空间作业的“七不”原则：未经风险辨识不作业、未经通风和检测合格不作业、不佩戴劳动防护用品不作业、没有监护不作业、电气设备不符合规定不作业、未经审批不作业、未经培训演练不作业。

2. 严禁违章指挥、盲目施救

完善有限空间作业应急预案，明确应急救援流程和责任分工，并确保其可操作性；定期开展全员安全应急救援演练，提高员工的应急意识和应急处置能力，确保在事故发生后能够迅速启动应急预案，配备必要的救援器材和器具进行救援。提高遇险决策能力，一旦发生有限空间作业事故，现场负责人必须冷静组织施救，现场作业人员应立即报警，并选择最佳自救方式，合理控制抢险人员数量，严禁盲目施救。

3. 加强专项培训

生产经营单位要针对有限空间作业等特殊岗位进行专项培训，确保作业人员掌握正确的作业方法，做到作业人员培训全覆盖；作业人员进行有限空间作业时

必须严格按照有限空间作业安全规程进行操作，确保作业前进行充分的通风、检测及佩戴有效个人防护用品。

4. 严格隐患排查整治

对有限空间进行全面清查和辨识，明确作业风险和防范措施；建立有限空间作业隐患排查动态管理机制，定期对作业现场进行巡查，及时发现并消除安全隐患。

三、事故解析与风险防控

（一）冒险施救及其风险

1. 冒险施救

有限空间作业“冒险施救”是指在有限空间发生人员遇险情况时，救援人员在未准确评估有限空间内危险有害因素、没有采取恰当的防护措施、未制定合理的救援方案的情况下，贸然进入有限空间进行救援的行为。

（1）缺乏风险评估

没有对有限空间内可能存在的有毒有害气体（如硫化氢、一氧化碳等）、缺氧或富氧环境、易燃易爆物质积聚等风险进行分析。

（2）未采取防护措施

救援人员没有配备必要的个人防护装备，如空气呼吸器、防毒面具、安全带等。

（3）无救援计划

没有制订科学合理的救援计划，包括如何进入有限空间、如何搬运遇险人员、如何进行现场急救等环节。

2. 冒险施救的风险

（1）有毒有害气体中毒

有限空间内可能积聚了大量有毒气体，如硫化氢、一氧化碳、氯气等。冒险施救时，救援人员未采取有效的防护措施就进入空间，会因吸入这些有毒气体而中毒。例如，在化粪池、污水井等有限空间内，硫化氢气体浓度可能很高，一旦救援人员在没有佩戴防毒面具的情况下进入，短时间内就会出现头晕、恶心、呼吸困难等中毒症状，严重时可导致呼吸麻痹而死亡。

（2）缺氧窒息

由于有限空间通风不良，氧气含量可能较低。如果救援人员未提前检测氧气含量，也没有携带供氧设备就进入，很容易因缺氧而失去意识。比如在长期封闭的地窖、储油罐等有限空间中，氧气可能已经被消耗殆尽，救援人员在没有防护措施的情况下进入，很快就会出现窒息情况。

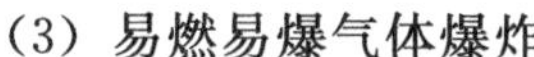

(3) 易燃易爆气体爆炸

在一些有限空间内存在易燃易爆气体，如甲烷、乙炔等。如果救援人员在进入时没有进行气体检测，并且在救援过程中产生了静电、火花（如使用非防爆工具），就可能引发爆炸。例如，在天然气管道泄漏形成的有限空间内，任何一点火星都可能引发剧烈爆炸，对救援人员造成严重的爆炸伤害。

（二）主要法律法规要求

1.《中华人民共和国安全生产法》部分条款

第二十一条　生产经营单位的主要负责人对本单位安全生产工作负有下列职责：

（一）建立健全并落实本单位全员安全生产责任制，加强安全生产标准化建设；

（二）组织制定并实施本单位安全生产规章制度和操作规程；

（三）组织制定并实施本单位安全生产教育和培训计划；

（四）保证本单位安全生产投入的有效实施；

（五）组织建立并落实安全风险分级管控和隐患排查治理双重预防工作机制，督促、检查本单位的安全生产工作，及时消除生产安全事故隐患；

（六）组织制定并实施本单位的生产安全事故应急救援预案；

（七）及时、如实报告生产安全事故。

第二十二条　生产经营单位的全员安全生产责任制应当明确各岗位的责任人员、责任范围和考核标准等内容。

生产经营单位应当建立相应的机制，加强对全员安全生产责任制落实情况的监督考核，保证全员安全生产责任制的落实。

第二十八条第一款　生产经营单位应当对从业人员进行安全生产教育和培训，保证从业人员具备必要的安全生产知识，熟悉有关的安全生产规章制度和安全操作规程，掌握本岗位的安全操作技能，了解事故应急处理措施，知悉自身在安全生产方面的权利和义务。未经安全生产教育和培训合格的从业人员，不得上岗作业。

第四十一条第一款　生产经营单位应当建立安全风险分级管控制度，按照安全风险分级采取相应的管控措施。

第四十五条　生产经营单位必须为从业人员提供符合国家标准或者行业标准的劳动防护用品，并监督、教育从业人员按照使用规则佩戴、使用。

第四十九条第一款　生产经营单位不得将生产经营项目、场所、设备发包或者出租给不具备安全生产条件或者相应资质的单位或者个人。

第五十七条　从业人员在作业过程中，应当严格落实岗位安全责任，遵守本单位的安全生产规章制度和操作规程，服从管理，正确佩戴和使用劳动防护用品。

第五十八条 从业人员应当接受安全生产教育和培训，掌握本职工作所需的安全生产知识，提高安全生产技能，增强事故预防和应急处理能力。

2.《中华人民共和国劳动法》部分条款

第五十四条 用人单位必须为劳动者提供符合国家规定的劳动安全卫生条件和必要的劳动防护用品，对从事有职业危害作业的劳动者应当定期进行健康检查。

3.《工贸企业有限空间作业安全规定》部分条款

第六条 工贸企业应当对有限空间进行辨识，建立有限空间管理台账，明确有限空间数量、位置以及危险因素等信息，并及时更新。

鼓励工贸企业采用信息化、数字化和智能化技术，提升有限空间作业安全风险管控水平。

第九条 工贸企业应当每年至少组织一次有限空间作业专题安全培训，对作业审批人、监护人员、作业人员和应急救援人员培训有限空间作业安全知识和技能，并如实记录。

未经培训合格不得参与有限空间作业。

第十条 工贸企业应当制定有限空间作业现场处置方案，按规定组织演练，并进行演练效果评估。

第十二条 工贸企业应当对可能产生有毒物质的有限空间采取上锁、隔离栏、防护网或者其他物理隔离措施，防止人员未经审批进入。监护人员负责在作业前解除物理隔离措施。

第十四条 有限空间作业应当严格遵守"先通风、再检测、后作业"要求。存在爆炸风险的，应当采取消除或者控制措施，相关电气设施设备、照明灯具、应急救援装备等应当符合防爆安全要求。

作业前，应当组织对作业人员进行安全交底，监护人员应当对通风、检测和必要的隔断、清除、置换等风险管控措施逐项进行检查，确认防护用品能够正常使用且作业现场配备必要的应急救援装备，确保各项作业条件符合安全要求。有专业救援队伍的工贸企业，应急救援人员应当做好应急救援准备，确保及时有效处置突发情况。

4.《工贸企业重大事故隐患判定标准》部分条款

第十三条 存在硫化氢、一氧化碳等中毒风险的有限空间作业的工贸企业有下列情形之一的，应当判定为重大事故隐患：

（一）未对有限空间进行辨识、建立安全管理台账，并且未设置明显的安全警示标志的；

（二）未落实有限空间作业审批，或者未执行"先通风、再检测、后作业"要求，或者作业现场未设置监护人员的。

案例16　违章作业埋隐患
盲目施救添新痛

——河南焦作悯农面制品有限公司“7·18”较大中毒和窒息事故暴露出的主要问题与警示

一、事故详情

（一）事故基本情况

2020年7月18日18时许，河南省焦作市武陟县焦作悯农面制品有限公司工人李某在发酵车间工作时，因操作不当掉入物料罐内，导致中毒窒息死亡，其他工作人员处置不当，盲目施救，致使事故后果扩大，共造成6人死亡。

经调查认定，该起事故是一起生产安全责任事故。

（二）涉事单位及相关责任人情况

1. 事故发生单位——焦作悯农面制品有限公司（以下简称焦作悯农公司）

焦作悯农公司成立于2019年7月9日，法定代表人李某某。该企业有员工10人，属于食品生产小微企业，未取得食品生产许可证。

焦作悯农公司厂房用地系张菜园村支书张某个人农用地，2017年以每年7万元的价格，出租给武陟县瑞都粉业加工厂王某从事食品生产，2018年王某又以每年3.5万元将其中一部分场地转让给焦作悯农公司从事食品生产。

经调查，事故发生时，张某未按照国土部门有关规定办理建设农用地手续，该宗土地系非法建设用地，不能用于生产建设。

2. 事故相关单位

武陟县瑞都粉业加工厂（以下简称武陟瑞都加工厂），个体工商户，法定代表人王某；经营范围：面豆制品加工销售。

王某将武陟瑞都加工厂部分场地和食品生产设备转让给不具备安全生产条件的李某某。

3. 事故现场勘验情况

事故现场位于武陟县詹店镇张菜园村。焦作悯农公司坐南朝北，东临土路，南临鱼塘，西临武陟瑞都加工厂，北边为空厂房。空厂房北边为水泥路，武陟瑞都加工厂西侧为张氏祠堂和文化苑（见图 1）。

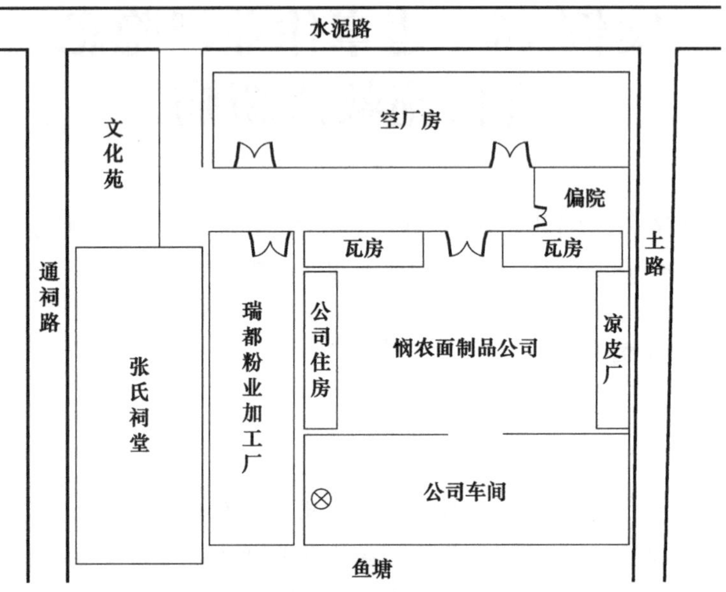

图 1　事故现场方位示意图

焦作悯农公司场地分布见图 2。事发地点位于焦作悯农公司车间沉淀区。

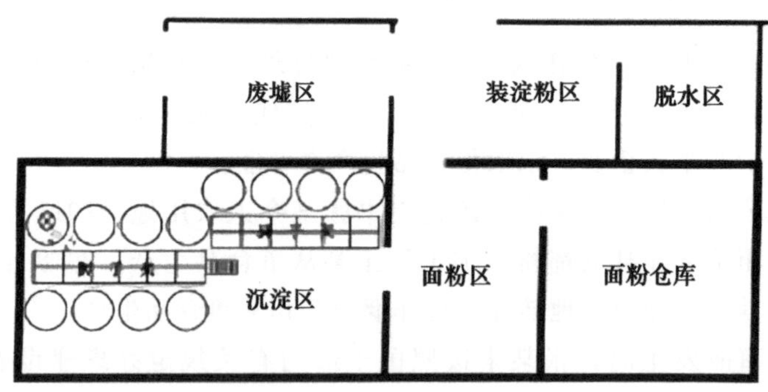

图 2　事故现场平面示意图

4. 事故主要责任人

(1) 焦作悯农公司法定代表人李某某。

(2) 武陟瑞都加工厂法定代表人王某。

(3) 武陟县詹店镇张菜园村党支部书记张某。

（三）事故发生经过及应急救援情况

1. 事故发生经过

由于当事人全部在事故中死亡，事故发生经过无法直接还原。根据焦作悯农公司员工柴某、高某以及救援人员朱某、王某等人叙述，推断事故经过为：2020年7月18日，按照日常分工，李某在发酵车间，方某和秦某在制浆车间，郭某在面粉仓库添加面粉，秦某某、高某、柴某、张某某在淀粉车间正常工作，李某强在厂房外西边的宿舍（厨房）休息，李某某到厂外拉东西。

约18时许，秦某（哑巴）在制浆车间“啊啊”大叫，方某、秦某某听到呼叫后随其进入发酵车间，闻讯赶到的李某强、李某某先后也进入发酵车间。

18时25分许，朱某回到公司寻找李某某，柴某告诉其李某某在发酵车间，当朱某进入发酵车间并上到工作台后，发现方某、秦某某、李某强、李某某、李某、秦某6人全部在沉淀罐内，立即拨打110、119、120求救。

2. 应急救援情况

约19时30分，武陟县消防救援大队到达现场开展救援，至21时，现场救援结束，2人现场死亡，4人被送到武陟县人民医抢救，19日凌晨，4人均经抢救无效死亡。

（四）事故直接原因

焦作悯农公司员工李某安全意识差，违反操作规程，违章作业，不慎坠入物料罐，导致中毒窒息死亡。

焦作悯农公司员工对作业现场存在的风险辨识不清，处置不当，盲目进行施救，导致事故后果扩大。

（五）责任追究情况

焦作悯农公司法定代表人李某某因其在事故中死亡，免予追究责任。

武陟瑞都加工厂法定代表人王某以及武陟县詹店镇张菜园村党支部书记张某由司法机关依法追究其刑事责任。

二、事故教训与预防措施

（一）存在的主要问题及教训

1. 第一责任人的安全生产责任严重不落实

焦作悯农公司企业主体责任不落实，未经食品生产许可违法违规生产经营；拒不执行相关部门停产指令，违法擅自进行生产。安全管理制度、操作规程不完善；未组织开展风险辨识管控和隐患排查治理。

焦作悯农公司主要负责人安全意识低，没有落实第一责任人的责任，未建立健全安全生产责任制和安全生产管理制度；有限空间管理制度缺失，有限空间场所现场无警示标识，生产现场脏乱差，现场管理混乱。

2. 安全培训不到位，盲目施救导致事故扩大

焦作悯农公司安全教育培训不到位，未定期开展全员安全应急救援演练，从业人员安全意识淡薄，缺乏必要的应急处置能力。在事故发生后，从业人员对作业现场存在的风险辨识不清，处置不当，盲目施救，导致事故扩大。

3. 场地出租方违规出租

武陟县詹店镇张菜园村委会和武陟瑞都加工厂违规将非建设用地出租给不具备安全生产条件的焦作悯农公司，增加了事故发生的风险。

4. 政府有关部门未认真履行安全监管职责

隐患排查治理工作不深入、不全面、不细致，对焦作悯农公司的隐患整改督促不到位；“打非治违”行动开展不力，对焦作悯农公司违法违规生产行为监管不力、失控漏管；对巡查中发现的无证食品生产企业，未认真核实情况，未及时上报；对焦作悯农公司违法违规使用土地行为监管不力。

（二）事故警示及预防措施

1. 严格落实主要负责人的第一责任人的责任

生产经营单位主要负责人，要全面落实第一责任人的责任，组织制定安全生产管理制度，特别针对有限空间作业，要制定操作规程，要明确有限空间作业审批人、监护人员、作业人员的职责；加强安全培训、作业审批等工作，配置防护用品、应急救援装备等；编制有针对性的现场处置方案，加强应急处置的现场演练。

2. 提高安全自保意识，严禁盲目施救

发现有限空间中毒等异常情况时，监护人员应当立即组织作业人员撤离现场并报警；发生有限空间作业事故，应当立即按照现场处置方案进行应急处置，组织科学施救。未做好自保安全防护措施，任何人禁止盲目施救。

3. 建立健全有限空间安全管理制度

生产经营单位应建立健全有限空间作业安全管理制度，明确作业流程和操作规程，严格遵守“先通风、再检测、后作业”要求，加强风险辨识和隐患排查治理。

在有限空间出入口等醒目位置设置明显的安全警示标志，并在具备条件的场所设置安全风险告知牌。

4. 加强安全教育培训和应急演练

生产经营单位每年至少组织一次有限空间作业专题安全培训，对作业审批人、

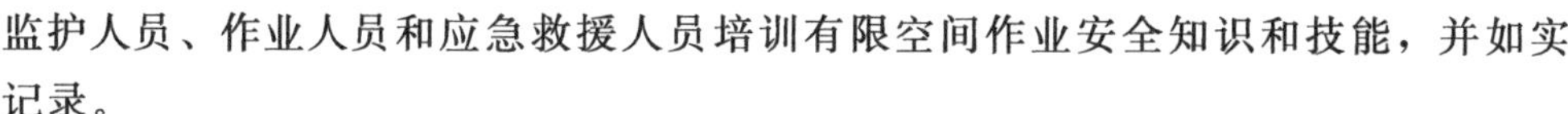

监护人员、作业人员和应急救援人员培训有限空间作业安全知识和技能，并如实记录。

制定有限空间作业现场处置方案，按规定组织演练，并进行演练效果评估。

5. 严格把关场地出租

场地出租方应严格把关承租方的安全生产条件，确保承租方具备合法合规的生产经营资质和安全生产条件。

6. 强化监管与执法

政府有关部门要切实加强对辖区内各生产经营单位的监督管理，特别要加强对危险化学品、有限空间、涉氨制冷等高危行业领域的安全监管，加大对重点地区、重点企业的检查。要深入开展安全生产“打非治违”专项行动，严厉打击各种安全生产违法违规行为，督促企业及时发现和消除事故隐患。

三、事故解析与风险防控

（一）有限空间及其危险性

1. 有限空间

有限空间是指封闭或者部分封闭，与外界相对隔离，出入口较为狭窄，自然通风不良，易造成有毒有害、易燃易爆物质积聚或者氧含量不足的空间（见图3）。

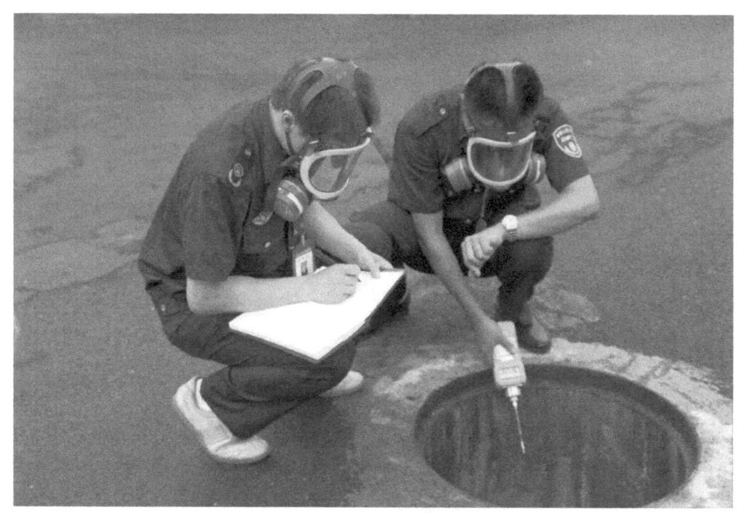

图3　有限空间现场图

定义为有限空间需同时满足以下三个条件，缺一不可：

（1）进出口有限或者受到限制；

（2）易造成有毒有害、易燃易爆物质积聚或者氧含量不足；

(3) 有人员进入的可能和需求。

有限空间作业是指作业人员进入有限空间实施的作业活动。

2. 有限空间的危险性

有限空间作业存在多种事故风险，包括但不限于中毒、窒息、爆炸、火灾、坠落、溺水、坍塌、触电、机械伤害、烫伤等。其中，中毒、窒息和爆炸事故较为常见，且一旦发生，往往造成严重后果。

(1) 中毒

有限空间内可能存在有毒气体，如硫化氢、一氧化碳、苯和苯系物、氰化氢、磷化氢等。这些气体主要通过呼吸道进入人体，再经血液循环，对人体的呼吸、神经、血液等系统及肝脏、肺、肾脏等脏器造成严重损伤。

(2) 窒息

有限空间内可能因氧气含量不足而导致窒息。这可能是由于生物的呼吸作用或物质的氧化作用消耗了氧气，或者有限空间内存在单纯性窒息气体（如二氧化碳、甲烷、氮气等）排挤了氧空间。

(3) 爆炸

有限空间内积聚的易燃易爆物质与空气混合形成爆炸性混合物，若混合物浓度达到其爆炸极限，遇明火、化学反应放热、撞击或摩擦火花、电气火花、静电火花等点火源时，就会发生燃爆事故。

(二) 主要法律法规要求

1.《中华人民共和国安全生产法》部分条款

第二十一条 生产经营单位的主要负责人对本单位安全生产工作负有下列职责：

(一) 建立健全并落实本单位全员安全生产责任制，加强安全生产标准化建设；

(二) 组织制定并实施本单位安全生产规章制度和操作规程；

(三) 组织制定并实施本单位安全生产教育和培训计划；

(四) 保证本单位安全生产投入的有效实施；

(五) 组织建立并落实安全风险分级管控和隐患排查治理双重预防工作机制，督促、检查本单位的安全生产工作，及时消除生产安全事故隐患；

(六) 组织制定并实施本单位的生产安全事故应急救援预案；

(七) 及时、如实报告生产安全事故。

第二十二条 生产经营单位的全员安全生产责任制应当明确各岗位的责任人员、责任范围和考核标准等内容。

生产经营单位应当建立相应的机制，加强对全员安全生产责任制落实情况的监督考核，保证全员安全生产责任制的落实。

第二十八条第一款　生产经营单位应当对从业人员进行安全生产教育和培训，保证从业人员具备必要的安全生产知识，熟悉有关的安全生产规章制度和安全操作规程，掌握本岗位的安全操作技能，了解事故应急处理措施，知悉自身在安全生产方面的权利和义务。未经安全生产教育和培训合格的从业人员，不得上岗作业。

第四十一条第一款　生产经营单位应当建立安全风险分级管控制度，按照安全风险分级采取相应的管控措施。

第四十五条　生产经营单位必须为从业人员提供符合国家标准或者行业标准的劳动防护用品，并监督、教育从业人员按照使用规则佩戴、使用。

第四十九条第一款　生产经营单位不得将生产经营项目、场所、设备发包或者出租给不具备安全生产条件或者相应资质的单位或者个人。

第五十七条　从业人员在作业过程中，应当严格落实岗位安全责任，遵守本单位的安全生产规章制度和操作规程，服从管理，正确佩戴和使用劳动防护用品。

第五十八条　从业人员应当接受安全生产教育和培训，掌握本职工作所需的安全生产知识，提高安全生产技能，增强事故预防和应急处理能力。

2.《工贸企业有限空间作业安全规定》部分条款

第四条　工贸企业主要负责人是有限空间作业安全第一责任人，应当组织制定有限空间作业安全管理制度，明确有限空间作业审批人、监护人员、作业人员的职责，以及安全培训、作业审批、防护用品、应急救援装备、操作规程和应急处置等方面的要求。

第五条　工贸企业应当实行有限空间作业监护制，明确专职或者兼职的监护人员，负责监督有限空间作业安全措施的落实。

监护人员应当具备与监督有限空间作业相适应的安全知识和应急处置能力，能够正确使用气体检测、机械通风、呼吸防护、应急救援等用品、装备。

第七条　工贸企业应当根据有限空间作业安全风险大小，明确审批要求。

对于存在硫化氢、一氧化碳、二氧化碳等中毒和窒息等风险的有限空间作业，应当由工贸企业主要负责人或者其书面委托的人员进行审批，委托进行审批的，相关责任仍由工贸企业主要负责人承担。

未经工贸企业确定的作业审批人批准，不得实施有限空间作业。

第十一条　工贸企业应当在有限空间出入口等醒目位置设置明显的安全警示标志，并在具备条件的场所设置安全风险告知牌。

第十三条　工贸企业应当根据有限空间危险因素的特点，配备符合国家标准或者行业标准的气体检测报警仪器、机械通风设备、呼吸防护用品、全身式安全带等防护用品和应急救援装备，并对相关用品、装备进行经常性维护、保养和定期检测，确保能够正常使用。

第十五条 监护人员应当全程进行监护，与作业人员保持实时联络，不得离开作业现场或者进入有限空间参与作业。

发现异常情况时，监护人员应当立即组织作业人员撤离现场。发生有限空间作业事故后，应当立即按照现场处置方案进行应急处置，组织科学施救。未做好安全措施盲目施救的，监护人员应当予以制止。

作业过程中，工贸企业应当安排专人对作业区域持续进行通风和气体浓度检测。作业中断的，作业人员再次进入有限空间作业前，应当重新通风、气体检测合格后方可进入。

3.《工贸企业重大事故隐患判定标准》部分条款

第十三条 存在硫化氢、一氧化碳等中毒风险的有限空间作业的工贸企业有下列情形之一的，应当判定为重大事故隐患：

（一）未对有限空间进行辨识、建立安全管理台账，并且未设置明显的安全警示标志的；

（二）未落实有限空间作业审批，或者未执行“先通风、再检测、后作业”要求，或者作业现场未设置监护人员的。

4.《谷物磨制重大事故隐患判定要点》部分条款

第三条 粮食加工企业谷物磨制生产活动存在以下情形之一的，应当判定为重大事故隐患：

（一）未建立与岗位相匹配的全员安全生产责任制的。

（二）未制定实施生产安全事故隐患排查治理制度的。

（三）未对承包单位或承租单位及其劳务派遣人员的安全生产工作统一协调、管理，或者未定期进行安全检查的。

（四）特种作业人员未按照规定经专门的安全作业培训并取得相应资格上岗作业的。

（五）大米砻糠间、面粉散存仓、封闭式设备内部等划分为20区的粉尘爆炸危险场所电气设备不符合防爆要求，或者未落实粉尘清理制度，造成作业现场积尘严重的。

（六）未对存在硫化氢、一氧化碳等中毒风险的有限空间进行辨识并设置明显的安全警示标志，或者未落实有限空间作业审批，或者作业现场未设置监护人员的。

（七）其他严重违反涉及谷物磨制生产活动的法律法规及标准规范且存在危害程度较大、可能导致重大事故，或者重大经济损失现实危险的。

案例 17 “小施工”引发大事故

——北京丰台长峰医院“4·18”重大火灾事故暴露出的主要问题与警示

一、事故详情

（一）事故基本情况

2023 年 4 月 18 日 12 时 50 分，北京市丰台区靛厂新村 291 号北京长峰医院发生重大火灾事故（见图 1），造成 29 人死亡、42 人受伤，直接经济损失 3831.82 万元。

图 1　事故现场照片

调查认定，北京丰台长峰医院“4·18”火灾事故是一起因事发医院违法违规实施改造工程、施工安全管理不力、日常管理混乱、火灾隐患长期存在，施工单位违规作业、现场安全管理缺失，加之应急处置不力，地方党委政府和有关部门职责不落实而导致的重大生产安全责任事故。

（二）涉事单位及相关责任人情况

1. 事故发生单位——北京长峰医院

法定代表人汪某杰，主要负责人汪某兵，持有《医疗机构执业许可证》，设有外科、内科、肿瘤科等科室；登记床位数 150 张，实有床位数 340 张；注册卫生技术人员 236 名，其中护士 124 名。2015 年 10 月，经营性质变更为营利性，并划入长峰医院公司。

北京长峰医院股份有限公司（以下简称长峰医院公司）成立于 2009 年 12 月。法定代表人、实际控制人均为汪某杰，经营范围包含医院管理（不含诊疗活动）、健康管理及需要审批的诊疗活动等。事发时，该公司共管理包括北京长峰医院在内的 18 家医疗卫生机构。

北京长峰医院主体建筑为东门诊住院楼（以下简称东楼）及南配楼、西门诊住院楼（以下简称西楼），东、西楼七层之间建有连廊，南侧另有互联网医院、CT 室、核磁共振室、氧气房、配电室等建筑。起火建筑为东楼及南配楼。

2. 事故相关单位情况

（1）中源信诚（北京）建筑装饰有限公司（以下简称中源信诚公司）

中源信诚公司为事发工程 ICU 施工的承包单位。

该公司成立于 2021 年 3 月。法定代表人王某峰，经营范围包含施工总承包、专业承包、工程勘察、工程设计等。

（2）北京宏玉浩祥科技有限公司（以下简称宏玉浩祥公司）

宏玉浩祥公司成立于 2009 年 8 月，法定代表人王某峰。经营范围包含住宅室内装饰装修、建设工程施工、建设工程勘察、建设工程设计等。该公司无建筑业企业资质和建筑施工安全生产许可证。

（3）山东淞泰医用工程有限公司（以下简称淞泰公司）

淞泰公司成立于 2015 年 7 月，法定代表人孙某政。经营范围包含医疗器械销售、普通机械设备安装服务等。

3. 北京长峰医院 ICU 改造工程情况

（1）起火建筑基本情况

东楼主体自东向西呈“▁▀”型，东西长 55.3 m，南北宽 18.8 m，高 23.7 m，建筑面积 5726.42 m^2，分东区、西区两部分，两区层高不一致，通过斜坡通道连接。东区地上六层，每层设有一条通道（长 21.7 m、宽 1.4 m，以下简称北通道）；西区地下一层、地上八层，每层设有一条通道（长 38.6 m、宽 1.4 m，以下简称南通道）；南北通道通过楼层中部楼梯间连通（见图 2、图 3）。

南配楼共三层，建筑面积 999.33 m^2。南配楼一层与东楼东区一层相互贯通为门诊区，二层为 PCR 实验室（基因扩增实验室），三层通过无障碍坡道与东楼西区五层、六层和东区五层连通，为 ICU（重症加强护理病房）改造工程施工现场（见图 4）。

图 2 起火建筑结构示意图（北向南）

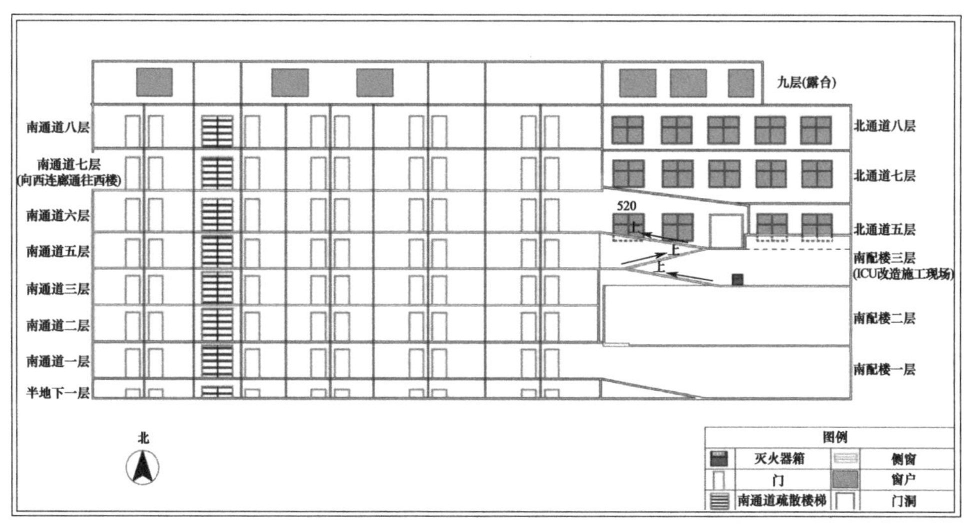

图 3 起火建筑剖面示意图（南向北）

北京长峰医院消防控制室设置在东楼一层。东楼通道墙面装修采用大芯板（刷防火涂料），楼内设有火灾自动报警系统、自动喷水灭火系统、室内消火栓系统。消防用电设备未采用专用的供电回路。2021 年至 2023 年，长峰医院公司委托第三方消防技术服务机构对北京长峰医院东楼消防设施进行 3 次年度检测，结论均为不合格。

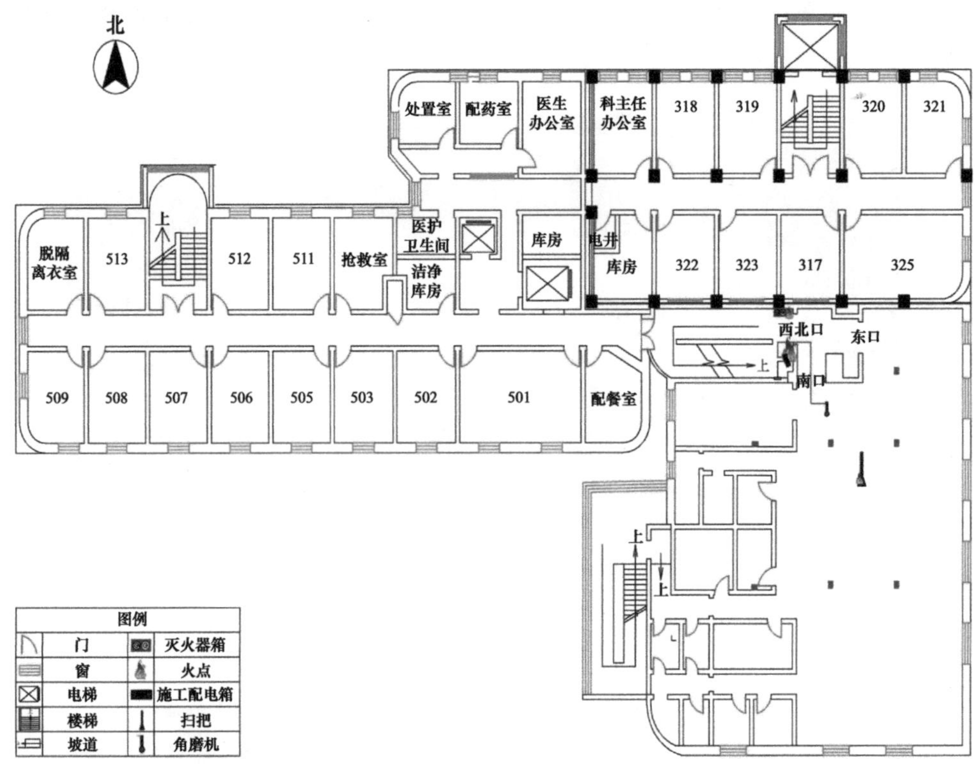

图 4　起火建筑东楼西区五层、东区三层及南配楼三层 ICU 剖面图

（2）北京长峰医院 ICU 改造工程情况

①工程发包承包情况

2022 年 12 月，长峰医院公司决定在北京长峰医院建设 ICU。2023 年 3 月，长峰医院公司与中源信诚公司签订 ICU 改造工程施工合同。

②净化工程及吊桥设备安装分包情况

2023 年 3 月 23 日，王某峰未经长峰医院公司认可，以宏玉浩祥公司名义将北京长峰医院 ICU 净化工程及吊桥设备安装分包给陈某辉。陈某辉以淞泰公司名义与宏玉浩祥公司签订合同（合同签名处为陈某辉）。淞泰公司未参与实际施工，将收取的工程款全部转至陈某辉个人账户。陈某辉将净化工程款转给姜某春，由姜某春组织工人施工。

③自流平地面施工分包情况

2023 年 3 月 25 日，王某峰将自流平地面施工以包工包料形式分包给程某君并支付工程款；程某君组织工人施工（见图 5）。

4. 事故主要责任人

（1）长峰医院公司：汪某杰（法定代表人）、汪某兵（副总裁）、罗某（基建

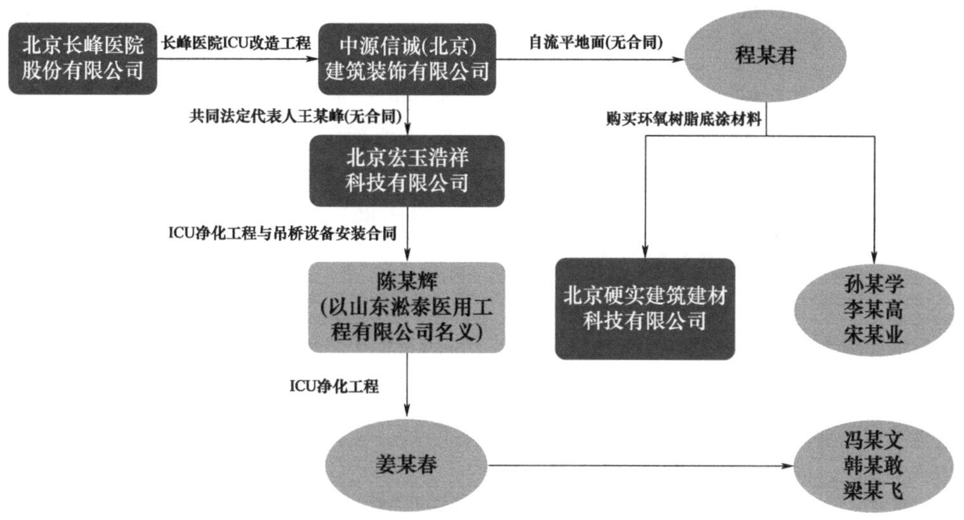

图 5　事发医院 ICU 改造工程发包分包关系图

组负责人)。

(2) 北京长峰医院：王某玲（执行总经理、院长)、汪某（后勤副院长)、潘某卿（业务副院长)、王某阳（总务科主任)、李某虹（消防控制室负责人)。

(3) 中源信诚公司：王某峰（法定代表人)、张某鹏（事发项目现场管理人员)，陈某辉（净化工程及吊桥设备安装负责人)，姜某春（净化工程负责人)，程某君（自流平地面施工负责人)，冯某文、韩某敢、梁某飞（净化门安装作业人员)，孙某学、李某高、宋某业（自流平地面施工作业人员)。

(4) 政府有关部门公职人员 42 名。

（三）事故发生经过及应急救援情况

1. 事故发生经过

2023 年 4 月 17 日，净化门安装作业人员冯某文、韩某敢、梁某飞到达施工现场安装净化门。

中源信诚公司员工张某鹏通知自流平地面作业人员于 4 月 18 日进场施工。

4 月 18 日 07 时 04 分，自流平地面作业人员孙某学、李某高、宋某业到达施工现场。

07 时 21 分，净化门安装作业人员冯某文等 3 人返回施工现场继续安装净化门。

09 时 19 分，孙某学等 3 人将环氧树脂底涂材料的主剂及固化剂混合后开始用扫帚涂刷地面。

12 时 23 分许，李某高将残留的环氧树脂底涂材料扫出 ICU 西北门口外。

12 时 33 分，孙某学等 3 人完成作业离场。

12 时 47 分，韩某敢使用角磨机切割修整金属净化板墙板，梁某飞安装门框，未办理动火审批手续，无动火监护人进行现场监护。

12 时 50 分，施工现场发生爆燃形成 3 处火点，梁某飞等 3 人相继跑出。

12 时 50 分至 12 时 53 分，梁某飞两次返回现场使用灭火器扑灭了两处火点，随后关闭角磨机并离开，但未发现西北门外坡道下方堆放的可燃物起火。

监控视频显示，12 时 50 分，坡道下方可燃物燃烧产生的高温烟气通过坡道进入北通道五层、南通道六层并水平蔓延。

12 时 56 分许，坡道下方明火相继引燃坡道附近及北通道五层、南通道六层墙面木质装修材料，并产生高温烟气。

之后，北通道五层烟气沿东侧楼梯间蔓延至北通道七层、八层；南通道六层烟气通过管道竖井和西侧楼梯间蔓延至南通道七层、八层。

2. 应急处置情况

（1）事故单位初期处置情况

12 时 50 分，北京长峰医院东楼感烟探测器发出报警信号，消防控制室值班员李某虹未报警。随后，李某虹及 1 名后勤维修人员试图进入施工现场处置但未成功。

13 时 05 分，医院副院长汪某指派 1 名电工拉闸断电（临时断电导致供氧停止）。

15 时 18 分，医院总务科主任王某阳手动恢复供氧操作，因医院消防用电设备无专用供电回路导致消防用电同时被切断，约 2 min 后该电工重新合闸供电。

12 时 50 分至 13 时 05 分，医院火灾自动报警联动控制器共收到东楼反馈信号 132 个，但火灾声光警报器、喷淋泵、消火栓泵未自动启动。

13 时 18 分，医院值班人员到泵房手动启动喷淋泵和消火栓泵，但自动喷水灭火系统和消火栓系统管网无水，未扑灭初期火灾。

（2）应急救援情况

4 月 18 日 12 时 57 分，北京市消防救援总队 119 指挥中心接北京长峰医院东楼五层病房患者报警，先后调派 9 个消防救援站 30 辆消防车、180 名指战员赶赴现场处置。

13 时 03 分，第一批消防救援力量到达现场。

13 时 33 分，现场明火被扑灭。各相关部门和单位密切协同配合，共营救转移患者、家属及医护人员 142 人。

事故发生后，北京市共派出 29 辆救护车、300 余人次参与医疗转运工作，累计转运救治 71 人至 8 家收治医院。

（四）事故直接原因

通过视频分析、现场勘验、检测鉴定及模拟实验分析，认定事故直接原因是：北京长峰医院改造工程施工现场，施工单位违规进行自流平地面施工和门框安装

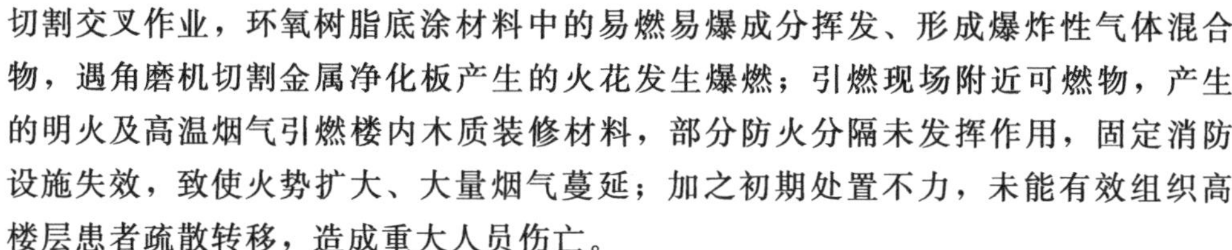

切割交叉作业，环氧树脂底涂材料中的易燃易爆成分挥发、形成爆炸性气体混合物，遇角磨机切割金属净化板产生的火花发生爆燃；引燃现场附近可燃物，产生的明火及高温烟气引燃楼内木质装修材料，部分防火分隔未发挥作用，固定消防设施失效，致使火势扩大、大量烟气蔓延；加之初期处置不力，未能有效组织高楼层患者疏散转移，造成重大人员伤亡。

（五）责任追究情况

1. 追究刑事责任

长峰医院公司法定代表人汪某杰、北京长峰医院院长王某玲、中源信诚（北京）建筑装饰有限公司法定代表人王某峰等 19 人因涉嫌重大责任事故罪，被公安机关立案侦查，已被检察机关批准逮捕。

2. 党纪政务处分

（1）对该事故中存在失职失责问题的丰台区委、区政府，六里桥街道党工委、办事处及卫生健康、住房城乡建设、消防救援、应急管理和自然资源规划等部门 41 名公职人员进行了严肃处理。

（2）一名中管干部对事故发生负有重要领导责任，予严肃问责，由国家监察委员会给予政务警告处分。

二、事故教训与预防措施

（一）存在的主要问题及教训

1. 承包工程的施工单位违规交叉作业，施工现场安全管理严重缺失

（1）中源信诚公司承包北京长峰医院南配楼三层 ICU 改造工程，但在施工现场，施工单位在未办理动火审批手续违规进行明火作业、现场无人监护、未对现场可燃物进行清理的情况下开展自流平地面施工和净化门门框安装切割动火，违规交叉作业。

（2）中源信诚公司未根据施工现场实际情况制定施工方案，未对作业人员开展安全生产教育和培训，并进行针对性的技术交底。爆燃发生后，作业人员未将现场形成的多处火点全部扑灭，且未第一时间报警。

（3）中源信诚公司未建立用火、用电管理制度并采取防火措施，未配有专人值守；坡道和医院通道墙面采用木质装修材料、施工区域与非施工区域未按规定采用不燃材料进行防火分隔，导致明火蔓延至东楼主体建筑内。

（4）中源信诚公司未针对易燃易爆物品制定防火安全措施，施工现场未保持有效通风，违规在作业场所调料。

2. 发包工程的长峰医院公司未落实安全生产和消防安全的主体责任，违法违规行为严重

（1）未落实施工现场安全管理职责，对施工单位的监管力度不足。

①长峰医院公司将工程发包给中源信诚公司后，在未聘用工程监理的情况下，未发现并制止现场交叉作业行为，未承担工程监理法定责任和义务。

②对施工现场消防安全检查不到位，未及时督促施工单位清理现场可燃物。

③未对动用明火实行严格的消防安全管理，未及时发现施工现场违规动火作业行为。

（2）未按规定履行消防安全主体责任，火灾隐患长期存在。

①未对消防设施、器材定期组织维修，未对建筑消防设施检测发现的问题进行整改，火灾自动报警系统、自动喷水灭火系统、室内消火栓系统未保持完好有效。火灾发生后，固定消防设施失效，自动喷水灭火系统和消火栓系统管网无水，未能有效控制火势。

②部分管道竖井未进行防火封堵且未设置防火门；消防用电设备未采用专用的供电回路，部分楼梯间防火门闭门器损坏，无法正常关闭，北通道五层东侧楼梯间常闭式防火门未保持关闭状态；南通道六层西侧楼梯间防火门上方石膏板隔墙被烧穿，导致烟气蔓延扩散。

③符合界定标准但未进行消防安全重点单位申报；未确定消防安全重点部位并实行每日防火巡查，未及时消除火灾隐患；未按规定落实消防控制室 24 小时双人值班制度，值班人员证书未达到相应资质等级。

④住院部公共走道狭窄，宽仅有 1.4 m，转移条件差，救援转移困难，不满足规范要求；东楼西侧封闭楼梯间无自然通风。

（3）未按规定开展应急准备及应急处置，医院工作人员应急能力薄弱。

①灭火和应急疏散预案中，未针对无自理能力和行动不便的患者专门制定疏散、转移方案；未根据事故风险特点，组织针对失能患者疏散等关键环节的应急演练，仅组织部分医护人员开展模拟疏散演练；未对每名员工定期开展消防安全培训。

②病区设置不合理，事发医院将行动不能自理或行动不便的患者集中安置在七层、八层等高楼层，大部分患者无自主逃生能力。

③火灾发生后，事发医院未及时启动应急预案，事发医院工作人员未第一时间报警，未有效组织初期火灾扑救和人员疏散。

（4）未履行建筑施工法定义务，违法违规实施改造工程。

2017 年以来北京长峰医院陆续进行维修、施工改造的 51 个项目（含 ICU 改造工程）中，需要办理相关手续的 38 个项目（含 ICU 改造工程）均未按规定向住房城乡建设部门申请办理施工许可或向街道乡镇申请办理开工登记手续，其中部分项目也未按规定向消防、住房城乡建设部门申请消防设计审查验收。

3. 地方党委政府和有关部门职责不落实，监管不力

地方党委政府防范化解重大风险意识薄弱，医疗卫生机构行政审批和安全管理短板明显，建设工程安全监督管理存在漏洞，消防安全风险防控网不严密。

（二）事故警示及预防措施

（1）生产经营单位对承包单位必须统一协调管理。落实施工现场安全管理职责，加强对外包施工单位的安全检查和监管力度，严禁违法转包分包，坚决制止外包施工单位违法违规施工的行为。

（2）生产经营单位必须加强动火等危险作业的监督检查，严禁违规交叉作业。

（3）生产经营单位按规定履行消防安全主体责任，及时清理易燃易爆物品。定期检查、维修消防设施和器材，确保防火门能正常关闭，保持消防通道的通畅；确定消防安全重点部位并实行每日防火巡查，及时消除火灾隐患。

（4）生产经营单位按规定开展应急准备及应急处置，对每名员工定期开展消防安全培训，提高员工的应急意识和应急技能。

（5）施工单位加强施工现场的安全管理，根据施工现场实际情况制定施工方案，对作业人员开展安全生产教育和培训，并进行针对性的技术交底。

（6）政府有关部门切实负起防范化解重大风险的责任，对违法违规行为要严肃处理。

三、事故解析与风险防控

（一）违规交叉作业及其风险

1. 违规交叉作业

违规交叉作业是指在同一作业区域内，不同工种或不同施工单位的作业活动在时间和空间上相互交叉，且不符合安全规定和作业流程的作业情况（见图 6）。

图 6　违规交叉作业示意图

这种作业方式增加了事故发生的风险，因为不同作业之间可能相互干扰、产生冲突，从而引发各种安全隐患。

2. 违规交叉作业的风险

(1) 火灾和爆炸危险

①动火与易燃物交叉作业

当动火作业（如焊接、气割等）与存在易燃物质（如油漆、溶剂、油气等）的作业交叉时，火花、熔渣等很容易点燃易燃物。例如，在化工企业的维修车间，焊接作业产生的高温熔渣如果飞溅到附近含有易燃化学品的储存桶上，就可能引发火灾甚至爆炸。易燃液体的蒸气与空气混合达到一定比例（爆炸极限），遇到火源就会爆炸，爆炸产生的冲击波会对周围人员和设备造成巨大的破坏。

②电气作业与可燃环境交叉作业

在存在可燃气体、粉尘的环境中进行电气作业，如果电气设备产生火花（如开关操作产生的电弧、短路产生的火花等），就会成为点火源。例如，在煤矿井下，当瓦斯浓度达到一定程度时，电气设备产生的微小火花都可能引发瓦斯爆炸，造成惨重的人员伤亡和财产损失。

(2) 物体打击风险

①上下交叉作业

在建筑施工、设备安装等场景中，当存在上下交叉作业时，高处作业的工具、材料或设备部件很容易掉落。例如，在高层建筑的外立面粉刷和地面的管道铺设同时进行的交叉作业中，粉刷工人手中的工具一旦掉落，会对下方管道铺设工人的头部、身体等造成严重打击伤害。

②水平交叉作业

在同一水平面上，不同作业活动相互干扰，也可能导致物体打击。比如，在一个车间内，一边在进行大型设备的搬运，另一边在进行小型零部件的装配。如果设备搬运过程中出现晃动、碰撞，可能会使设备上的一些零部件脱落，击中正在进行装配作业的人员。

(3) 中毒窒息风险

①有限空间交叉作业

在有限空间（如地下室、储油罐、污水井等）内，如果不同作业同时进行，可能会破坏有限空间内的通风条件或者导致有毒有害物质的释放。例如，在对一个长期闲置的化粪池进行清理和维修的交叉作业中，维修人员在没有采取通风措施的情况下使用电动工具，可能会产生火花，同时清理作业可能会搅动池底的污泥，释放出硫化氢等有毒气体。作业人员在这种环境下，容易因吸入有毒气体而中毒窒息。

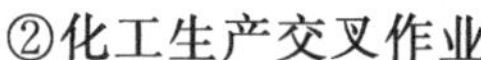

②化工生产交叉作业

在化工生产过程中，不同的工艺环节交叉作业时，可能会发生化学反应失控或有毒物质泄漏。例如，在一个化工反应釜的清洗和加料的交叉作业中，如果清洗不彻底，残留的反应物与新加入的原料发生化学反应，可能会产生有毒气体，导致作业人员中毒。

（二）主要法律法规要求

1.《中华人民共和国安全生产法》部分条款

第二十二条 生产经营单位的全员安全生产责任制应当明确各岗位的责任人员、责任范围和考核标准等内容。

生产经营单位应当建立相应的机制，加强对全员安全生产责任制落实情况的监督考核，保证全员安全生产责任制的落实。

第三十条 生产经营单位的特种作业人员必须按照国家有关规定经专门的安全作业培训，取得相应资格，方可上岗作业。

特种作业人员的范围由国务院应急管理部门会同国务院有关部门确定。

第四十一条第一款 生产经营单位应当建立安全风险分级管控制度，按照安全风险分级采取相应的管控措施。

第四十三条 生产经营单位进行爆破、吊装、动火、临时用电以及国务院应急管理部门会同国务院有关部门规定的其他危险作业，应当安排专门人员进行现场安全管理，确保操作规程的遵守和安全措施的落实。

第四十四条第一款 生产经营单位应当教育和督促从业人员严格执行本单位的安全生产规章制度和安全操作规程；并向从业人员如实告知作业场所和工作岗位存在的危险因素、防范措施以及事故应急措施。

第四十九条第一款 生产经营单位不得将生产经营项目、场所、设备发包或者出租给不具备安全生产条件或者相应资质的单位或者个人。

第四十九条第二款 生产经营项目、场所发包或者出租给其他单位的，生产经营单位应当与承包单位、承租单位签订专门的安全生产管理协议，或者在承包合同、租赁合同中约定各自的安全生产管理职责；生产经营单位对承包单位、承租单位的安全生产工作统一协调、管理，定期进行安全检查，发现安全问题的，应当及时督促整改。

2.《中华人民共和国消防法》部分条款

第十六条 机关、团体、企业、事业等单位应当履行下列消防安全职责：

（一）落实消防安全责任制，制定本单位的消防安全制度、消防安全操作规程，制定灭火和应急疏散预案；

（二）按照国家标准、行业标准配置消防设施、器材，设置消防安全标志，并定期组织检验、维修，确保完好有效；

（三）对建筑消防设施每年至少进行一次全面检测，确保完好有效，检测记录应当完整准确，存档备查；

（四）保障疏散通道、安全出口、消防车通道畅通，保证防火防烟分区、防火间距符合消防技术标准；

（五）组织防火检查，及时消除火灾隐患；

（六）组织进行有针对性的消防演练；

（七）法律、法规规定的其他消防安全职责。

单位的主要负责人是本单位的消防安全责任人。

第二十一条 禁止在具有火灾、爆炸危险的场所吸烟、使用明火。因施工等特殊情况需要使用明火作业的，应当按照规定事先办理审批手续，采取相应的消防安全措施；作业人员应当遵守消防安全规定。

进行电焊、气焊等具有火灾危险作业的人员和自动消防系统的操作人员，必须持证上岗，并遵守消防安全操作规程。

第二十六条 建筑构件、建筑材料和室内装修、装饰材料的防火性能必须符合国家标准；没有国家标准的，必须符合行业标准。

人员密集场所室内装修、装饰，应当按照消防技术标准的要求，使用不燃、难燃材料。

3.《建设工程安全生产管理条例》部分条款

第二十一条 施工单位主要负责人依法对本单位的安全生产工作全面负责。施工单位应当建立健全安全生产责任制度和安全生产教育培训制度，制定安全生产规章制度和操作规程，保证本单位安全生产条件所需资金的投入，对所承担的建设工程进行定期和专项安全检查，并做好安全检查记录。

施工单位的项目负责人应当由取得相应执业资格的人员担任，对建设工程项目的安全施工负责，落实安全生产责任制度、安全生产规章制度和操作规程，确保安全生产费用的有效使用，并根据工程的特点组织制定安全施工措施，消除安全事故隐患，及时、如实报告生产安全事故。

第三十一条 施工单位应当在施工现场建立消防安全责任制度，确定消防安全责任人，制定用火、用电、使用易燃易爆材料等各项消防安全管理制度和操作规程，设置消防通道、消防水源，配备消防设施和灭火器材，并在施工现场入口处设置明显标志。

4.《医疗机构重大事故隐患判定清单（试行）》部分条款

（一）医疗机构中的特种作业人员、特种设备安全管理和作业人员未按有关规定取得相应从业资格证书上岗。

（二）医疗机构使用的医疗、变配电、医用气体、消防、燃气和机械式停车库等设备设施，存在以下可能直接或间接导致人员伤亡事故情形之一的：

1. 设备的设计、制造、安装、使用、检测、维修、改造和报废，不符合强制性国家标准或者强制性行业标准；

2. 使用未取得许可生产、未经检验或检验不合格的、国家明令淘汰或已经报废的设备；

3. 使用的设备发生过事故或者存在明显故障，未对其进行全面检查、消除事故隐患，继续使用的；

4. 监督管理部门认为属于重大事故隐患的其他情形。

（三）未经有权部门批准，擅自关闭或者破坏直接关系生产安全的监控、报警、防护、救生设备、设施，以及篡改、隐瞒、销毁其相关数据、信息。

（六）医疗机构有以下情形之一的：

1. 将项目、场所、设备发包或者出租给不具备安全生产条件或者相应资质的单位或者个人的；未与承包单位、承租单位签订专门的安全生产管理协议，或者在承包合同、租赁合同中未约定各自的安全生产管理职责的；

2. 未对承包单位、承租单位的安全生产工作统一协调、管理，未定期进行安全检查的；

3. 发现安全问题，未及时督促承包单位、承租单位整改的。

案例 18　逃生通道被封堵
培训学生遭厄运

——江西新余佳乐苑临街店铺“1·24”特别重大火灾事故暴露出的主要问题与警示

一、事故详情

（一）事故基本情况

2024 年 1 月 24 日 15 时 22 分，江西省新余市渝水区佳乐苑小区临街商住综合楼发生特别重大火灾事故，造成 39 人死亡、9 人受伤，直接经济损失 4352.84 万元（见图 1）。

图 1　事故现场照片

调查认定：江西新余佳乐苑临街店铺“1·24”特别重大火灾事故是一起因涉事房主违法违规改变商住综合楼地下一层用途用作出租经营，冷库建设施工单位违规建设冷库时起火，涉事建筑先天存在防火分隔重大缺陷，教育培训机构和宾馆违规经营，属地有关部门专业监管和行业管理失职缺位，地方党委政府安全领导责任落实不到位，导致的生产安全责任事故。

（二）涉事单位及相关责任人情况

1. 事发单位——佳乐苑小区临街商住综合楼（以下简称佳乐苑综合楼）

佳乐苑综合楼位于新余市渝水区天工南大道 1766 号。该建筑共七层，总建筑面积 7587.41 m^2，其中地下一层（相关验收手续均未办理）1283.45 m^2、为事发在建冷库所在层，地上一、二层为临街商铺（以下简称一层、二层），在二层屋顶平台上建有四层的居民住宅 3 栋（见图 2）。

图 2　事发建筑示意图

该建筑由新余市丰华房地产开发有限公司（以下简称丰华地产）开发；新余市人防办原负责人联系有关单位设计编制了地下一层人防工程平面图并交给丰华地产；江西省新余市建筑设计院（以下简称新余设计院）设计编制了地上建筑全部图纸，并根据丰华地产提供的地下一层人防工程平面图设计了地下一层结构、水电施工图；施工承包人挂靠在新余市赣新建筑工程公司（以下简称赣新建筑公司）名下施工；新余市正大工程监理有限公司（以下简称正大监理公司）负责工程监理。

2. 有关单位情况

（1）丰华地产成立于 2003 年 1 月，2019 年 2 月注销。佳乐苑综合楼（见图 3）实际控制人陈某，系丰华地产原法定代表人陈某某之子。

（2）新余市渝水区佰烩香烧烤原料批发部（以下简称佰烩香批发部）成立于 2022 年 3 月，为个体工商户，实际经营者吴某。2024 年 1 月 6 日，陈某将地下一层中的 400 m^2 出租给吴某使用，其余闲置。吴某委托新余凝霜制冷设备有限公司（以下简称凝霜制冷公司）建设冷库。

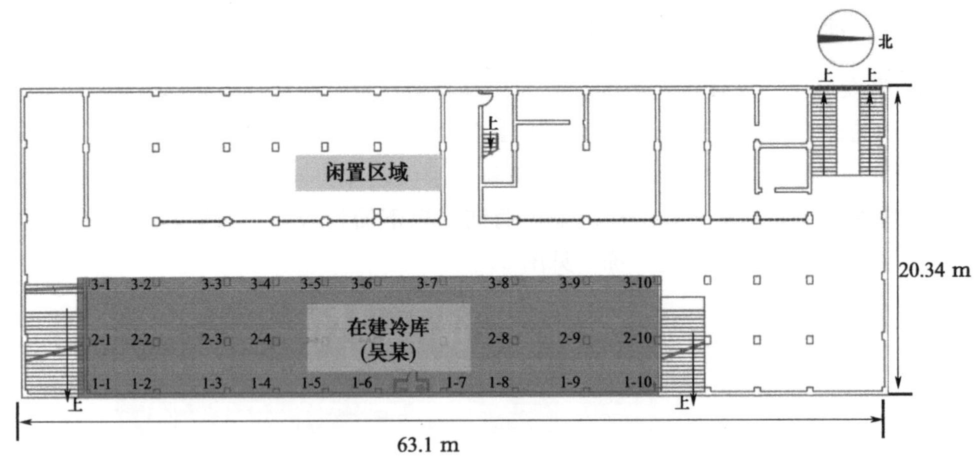

图 3　佳乐苑综合楼地下一层分布图

（3）凝霜制冷公司成立于 2021 年 4 月，法定代表人吴某某。

（4）新余市博弈教育咨询有限公司（以下简称博弈教育）成立于 2017 年 3 月，法定代表人柳某（同时经营管理博弈尚榜，事发时该公司无人上课）。

（5）渝水区天工南大道聚馨源宾馆（以下简称聚馨源宾馆）成立于 2017 年 10 月，为个体工商户，实际经营者张某、丁某，共有 31 间客房（见图 4）。

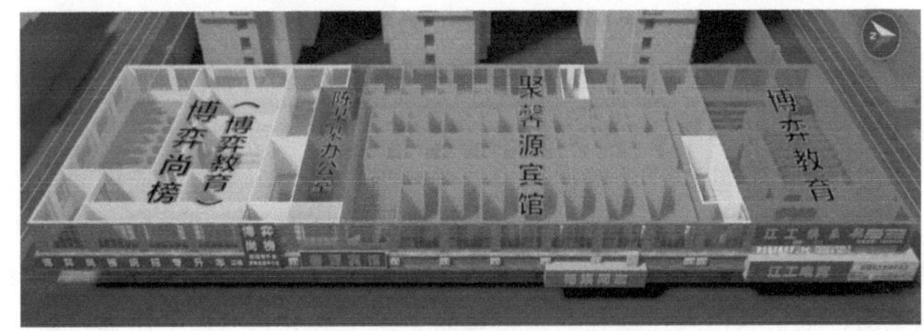

图 4　佳乐苑综合楼二层分布图

3. 事故主要责任人

（1）丰华地产原法定代表人陈某某、其子陈某。

（2）佰烩香批发部实际经营者吴某。

（3）凝霜制冷公司法定代表人吴某某及施工人员宋某、邓某、杨某、柳某某。

（4）博弈教育法定代表人柳某。

（5）聚馨源宾馆实际经营者张某、丁某。

（三）事故发生经过及应急救援情况

1. 事故发生经过

佰烩香批发部实际经营者吴某委托凝霜制冷公司法定代表人吴某某以包工包料形式建设冷库。

2024年1月8日，吴某某组织施工人员开始进场施工，至23日晚，完成了双饰金属面聚氨酯夹芯板冷库隔墙建设，冷库墙面、立柱及顶棚聚氨酯泡沫喷涂作业，制冷系统管道焊接和制冷压缩机组安装作业，开展地面挤塑板铺设作业。

1月24日10时06分，吴某某、宋某、邓某、杨某、柳某某等5人进场继续铺设冷库地面挤塑板，并使用瓶装聚氨酯泡沫填缝剂进行填缝作业。

13时40分，5人外出吃饭，于14时35分返回现场继续施工。

14时42分，吴某某离开施工现场，至事发未返回。

14时56分，吴某来到现场查看施工情况，未离开。

15时10分，挤塑板铺设和填缝作业结束。

15时20分，开始在挤塑板上铺设塑料薄膜，期间现场人员听到类似冬季脱毛衣发出的“啪啪啪”静电声响。

15时22分，铺设约30 m后，现场人员看到塑料薄膜卷前方挤塑板明显鼓起并伴有“嘭”的声响，同时发现右前方地面缝隙处出现火苗，通过脚踩、泼水等方式灭火未果，随即起火区域产生大量黑烟，通过地下一层南北两侧楼梯迅速扩散至二层。

事故共造成39人死亡，9人受伤。死亡人员中，地下一层施工人员1人，二层博弈教育32人（参加专升本培训的学生31人、教师1人）、聚馨源宾馆6人；受伤人员中，博弈教育6人（均为参加专升本培训的学生）、聚馨源宾馆3人。

2. 应急救援情况

事故发生后，地下一层现场吴某、宋某、邓某、杨某4人逃生；一层8家商铺共47人紧急疏散，未造成人员伤亡。二层博弈教育1名学生通过北侧楼梯逃生，5名学生通过东北侧阳台处群众临时搭建的梯子逃生；聚馨源宾馆2人通过南侧楼梯逃生，5人从宾馆房间跳窗逃生（见图5）。

15时24分，新余市消防救援支队接到报警，先后调派10个消防队站共28辆消防车、173名指战员到场处置。

18时50分，明火被扑灭。

20时50分，救援行动结束，共搜救出被困人员43人，其中39人死亡、4人生还。

图5 现场自救逃生照片

（四）事故直接原因

经调查认定，事故的直接原因是：佳乐苑综合楼地下一层违法违规建设冷库，施工作业中使用聚氨酯泡沫填缝剂时释放易燃气体局部积聚达到可燃条件，在挤塑板上铺设塑料薄膜时产生静电放电点燃积聚的易燃气体，迅即引燃聚氨酯泡沫、挤塑板等易燃可燃材料，产生大量有毒烟气；地下一层与一层共用的疏散楼梯防火分隔缺失，烟气快速蔓延至二层；位于二层的博弈教育教室外安装了防盗网和广告牌，正在培训的学生无法及时有效逃生，造成人员伤亡扩大。

（五）责任追究情况

1. 追究刑事责任

（1）丰华地产原法定代表人陈某某、其子陈某，佰烩香批发部实际经营者吴某，凝霜制冷公司法定代表人吴某某及施工人员宋某、邓某、杨某，博弈教育法定代表人柳某，聚馨源宾馆实际经营者张某、丁某共10人因涉嫌重大责任事故罪，已被检察机关批捕。

（2）凝霜制冷公司施工人员柳某某因在事故中死亡，不再追究刑事责任。

（3）3名公职人员因涉嫌严重违纪违法和职务犯罪，接受纪律审查和监察调查。

2. 党纪政务处分

55名公职人员被给予党纪政务处分：新余市委、市政府（7人）、江西省教育厅（3人）、江西省消防救援总队（2人）、江西省国防动员办公室（2人）、江西省住房和城乡建设厅（2人）、渝水区委、区政府（4人）、新余市教育局（3人）、新余市消防救援支队（5人）、新余市国防动员办公室（2人）、新余市原规划局（1

人）、新余市城管局（3 人）、新余市公安局（7 人）以及省部级公职人员 3 人。

二、事故教训与预防措施

（一）存在的主要问题及教训

1. 涉事房主违规改变建筑用途，违法违规出租

佳乐苑综合楼实际控制人陈某擅自改变地下一层使用功能，原本的建筑设计用途被随意更改，打破了建筑原有的功能规划和安全设计，为火灾事故的发生埋下了隐患。特别是地下一层本不适合用作冷库等特殊用途，2024 年 1 月 6 日房主仍同意佰烩香批发部建设冷库。

多次将不符合消防安全条件的场所违规出租，对佳乐苑综合楼消火栓管网系统无水等长期存在的隐患未组织整改，未按规定及时组织拆除防盗网和广告牌。

2. 地下一层冷库建设和施工单位未落实消防安全主体责任，违法违规建设、施工

（1）冷库建设单位——佰烩香批发部

实际经营者吴某违规将地下一层楼梯拆除改造，破坏了疏散通道；地下一层东北部楼梯下半部分被拆除砌筑成 2 m 高的竖墙，与一层地面出口上方悬挂的广告牌、楼梯间形成竖向通道，对有毒烟气快速向上流动产生了一定作用。

聘请不具备资质的施工单位建设冷库；冷库未经专业设计，未对冷库建设项目实施有效管控；施工现场违反防火禁火有关规定。

（2）冷库施工单位——凝霜制冷公司

①违规使用了大量的聚氨酯泡沫等可燃易燃材料。

施工单位在起火冷库的墙面、顶棚、立柱均违规喷涂了易燃的聚氨酯泡沫保温层、厚度达 15 cm，还违规使用了易燃的聚氨酯夹芯板作墙体，地面铺设的两层挤塑板也可燃。

施工人员使用聚氨酯泡沫填缝剂填缝时，释放的异丁烷、丁烷、丙烷等易燃气体因密度大于空气，在两层挤塑板、挤塑板与地面，以及挤塑板与墙角、立柱之间的狭小空间内积聚，达到可燃条件。

事故发生时这些易燃可燃材料被快速引燃，产生大量含有高浓度氰化物的有毒烟气。

②安全管理制度缺失，施工现场未采取防火、灭火安全措施。

在施工过程中没有进行技术交底，使用聚氨酯泡沫填缝剂完成挤塑板铺设后未进行分项验收就立即开始铺设塑料薄膜。

塑料薄膜铺设现场未采取防火安全措施，施工人员明知塑料薄膜滚动铺设易

产生静电，依然没有采取任何静电防范措施，导致静电产生、放电形成点火源，点燃了积聚的易燃气体；现场未配备灭火器等消防设施器材，发生火灾后不能及时控火、灭火。

3. 二层事故有关单位存在多项安全隐患，违规经营，人为导致生命通道不通畅

(1) 博弈教育

未按营业执照明确的营业范围开展业务；租用不符合消防安全条件的场所；未制定应急预案并组织逃生演练。

博弈教育教室西侧窗户安装了防盗网，东侧临街阳台违规安装了广告牌，大教室 2 个疏散门净宽度和距离不符合规定，严重阻碍了被困人员逃生；本次事故中通往阳台的内开门，也影响了被困人员逃生。

(2) 聚馨源宾馆

未及时办理特种行业许可证；消防设施未保持完好有效；疏散指示标识数量不足；未制定应急预案，未组织逃生演练。

东北角疏散通道内摆放燃煤烧水炉和蜂窝煤等，违规占用疏散通道、安全出口，对被困人员逃生造成了影响。

4. 涉事建筑建设、设计、施工、监理单位未落实安全生产主体责任，违法违规问题严重，导致涉事建筑先天存在防火分隔缺陷等重大隐患

(1) 丰华地产（建设单位）

违法与个人（以赣新建筑公司名义）签订合同，由其组织佳乐苑综合楼项目施工；指使施工承包人不按设计施工，东侧两个疏散楼梯未建成封闭楼梯间、未建设地下一层部分隔墙；地下一层与地上部分未同时规划、同时设计、同时建设、同时竣工验收，委托不具有资质的单位进行地下一层工程水电施工设计、施工安装和工程监理；在未通过新余市人防办验收的情况下，未补缴易地建设费，也未向有关主管部门申请变更为普通地下一层，擅自投入使用。

(2) 新余设计院（设计单位）

无人防工程设计资质，违规承担佳乐苑综合楼人防工程结构、水电施工等设计并出图；施工过程中参加分步检查和竣工验收时，没有认真核对设计文件，未发现并指出疏散楼梯梯段位置、火灾自动报警系统、应急照明和室内消火栓等均与设计图纸不符的问题，签署了质量合格文件；施工过程检查和竣工验收把关不严，东侧两个疏散楼梯未按设计施工形成封闭楼梯间。

(3) 赣新建筑公司（施工单位）

违规允许施工承包人以本单位名义承揽工程；未按照工程设计图和人防平面图施工，东侧两个疏散楼梯未建成封闭楼梯间；地下一层未按设计安装火灾自动报警系统、应急照明灯具和室内消火栓。

(4) 正大监理公司（监理单位）

在佳乐苑综合楼项目中，仅指派 2 名一般监理人员；未指出施工单位在施工过程中未按图纸施工等问题。

5. 政府有关部门存在规划建设源头失守、排查整顿不力、监管制度有漏洞、消防验收检查走形式、专项整治走过场和教育培训机构管理缺失等问题

(1) 工程规划建设审批管理混乱，明知存在违法地下室仍通过验收投入使用。

(2) 住房城乡建设部门“两违”清查落空；人防部门排查出问题后不依法处理。

(3) 住房城乡建设部门对冷库施工监管职责认识不清，该管的没有管起来。

(4) 消防部门验收和监督检查均未发现防火分隔缺失等问题隐患；公安部门资质审核把关不严，日常消防监督检查弄虚作假。

(5)“九小场所”长期底数不清、情况不明，拆除防盗窗（网）行动敷衍了事走过场。

(6) 教育部门对专升本考试培训机构审批监管职责认识存在偏差，成人培训机构检查只部署不落实，对举报投诉问题未依法查处。

(二) 事故警示及预防措施

1. 建筑楼宇的业主单位（或个人）严格落实安全生产和消防安全主体责任

建筑楼宇的业主单位（或个人）要严格遵守法律法规，不得擅自改变建筑用途，建筑用途变更必须向住建、消防部门提交申请，取得批准后方可施工。

每月对出租场所开展消防设施检查，重点排查管网无水、电气线路老化、通道堵塞等问题，建立隐患台账并限期整改。对承租方违规增设隔断、封堵逃生窗等行为，立即要求恢复原状。

2. 严禁违规建设、施工

施工单位应制定详细的施工安全规程，施工人员必须严格按照规程进行操作。在涉及动火等危险作业时，要提前做好安全防护措施，如清理周边易燃物、配备灭火设备等。

严禁在人员密集场所使用聚氨酯泡沫、聚氨酯夹芯板及挤塑板等可燃易燃材料。

加强对施工人员的安全培训，提高其安全意识和操作技能。

3. 确保生命通道的畅通

定期检查和清理疏散通道，确保通道内无杂物堆放、无障碍物阻挡。疏散通道的标识要清晰明确，应急照明设备要保持良好状态，以便在紧急情况下人员能够快速、准确地找到逃生路径。

对于人员密集场所，如教育培训机构、宾馆等，要设置足够数量的逃生窗口，且窗口不得被防盗网等障碍物封堵。

4. 确保防火分隔有效

建筑的防火分隔设施是阻止火势蔓延的重要屏障，必须按照设计要求进行建设和维护。

对于老旧建筑或存在防火分隔缺陷的建筑，要及时进行整改和加固，确保疏散楼梯、防火门、防火墙等设施的完整性和有效性。

5. 严格审批与监管

相关部门要对建筑用途的变更、施工建设等项目进行严格审批，确保其符合安全标准和规划要求。对于违规申请坚决不予批准，对已发现的违规行为要立即责令停止并依法进行处罚。例如，对于私自改变建筑用途的行为，要依据相关法律法规进行严肃处理。

6. 加强隐患排查

政府有关部门要建立健全的安全隐患排查制度，定期对各类场所，尤其是"九小场所"、人员密集场所等进行全面排查。排查内容包括消防设施是否完好、电气线路是否老化、安全出口是否畅通等，对发现的隐患要建立台账，逐一整改销号。

7. 强化部门协同监管

教育、消防、住建、城管、公安等部门要加强沟通协作，形成监管合力。建立信息共享机制，及时通报安全隐患和违法违规行为，共同开展联合执法行动，提高监管效率和执法力度。

三、事故解析与风险防控

(一) 聚氨酯泡沫填缝剂及其危险性

1. 聚氨酯泡沫填缝剂

聚氨酯泡沫填缝剂（又称聚氨酯发泡剂）俗称发泡剂、发泡胶，是气雾技术和聚氨酯泡沫技术交叉结合的产物。聚氨酯泡沫填缝剂是将聚氨酯预聚体、发泡剂、催化剂等组分装填于耐压气雾罐中的特殊聚氨酯产品（见图 6）。

图 6　聚氨酯泡沫填缝剂外观图

聚氨酯泡沫填缝剂是一种单组分、湿气固化、多用途的聚氨酯发泡填充弹性密封材料。施工时通过配套施胶枪或手动喷管将气雾状胶体喷射至待施工部位，短期完成成型、发泡、黏结和密封过程，广泛用于建筑门窗边缝、构件伸缩缝及孔洞处的填充密封。

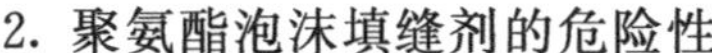

2. 聚氨酯泡沫填缝剂的危险性

根据《危险化学品安全管理条例》的相关规定，聚氨酯泡沫填缝剂属于第三级危险品。同时，在国际危险品海运中，由于聚氨酯泡沫填缝剂是易燃产品且被压力灌装在铝管内，因此，它属于2.1类危险品，并被赋予UN编码1950进行出口。

(1) 易燃性

聚氨酯泡沫填缝剂易受热点燃，且燃烧过程中会释放出大量有毒有害气体，加剧火势。因此，在使用过程中应避免与火源接触，以防止发生火灾。

(2) 毒性

聚氨酯泡沫填缝剂中含有异氰酸酯等化学物质，这些物质可能给人体造成中毒、刺激、过敏等危害。未固化的聚氨酯泡沫填缝剂含有微量有害元素，如果施工时没有防护措施，可能会随空气吸入人体，对人体有害，会刺激眼睛、皮肤和呼吸系统。固化后的聚氨酯泡沫填缝剂则无毒。

(3) 腐蚀性

聚氨酯泡沫填缝剂具有较强的腐蚀性，能够腐蚀人体皮肤、眼睛等组织，严重时可能造成组织坏死。因此，在使用过程中应避免与皮肤和眼睛接触，如不慎接触，应立即用大量清水冲洗，并及时就医。

(二) 主要法律法规要求

1.《中华人民共和国安全生产法》部分条款

第二十一条　生产经营单位的主要负责人对本单位安全生产工作负有下列职责：

(一) 建立健全并落实本单位全员安全生产责任制，加强安全生产标准化建设；

(二) 组织制定并实施本单位安全生产规章制度和操作规程；

(三) 组织制定并实施本单位安全生产教育和培训计划；

(四) 保证本单位安全生产投入的有效实施；

(五) 组织建立并落实安全风险分级管控和隐患排查治理双重预防工作机制，督促、检查本单位的安全生产工作，及时消除生产安全事故隐患；

(六) 组织制定并实施本单位的生产安全事故应急救援预案；

(七) 及时、如实报告生产安全事故。

第二十二条　生产经营单位的全员安全生产责任制应当明确各岗位的责任人员、责任范围和考核标准等内容。

生产经营单位应当建立相应的机制，加强对全员安全生产责任制落实情况的监督考核，保证全员安全生产责任制的落实。

第二十八条第一款　生产经营单位应当对从业人员进行安全生产教育和培训，保证从业人员具备必要的安全生产知识，熟悉有关的安全生产规章制度和安全操作规程，掌握本岗位的安全操作技能，了解事故应急处理措施，知悉自身在安全生产方面的权利和义务。未经安全生产教育和培训合格的从业人员，不得上岗作业。

第三十条 生产经营单位的特种作业人员必须按照国家有关规定经专门的安全作业培训，取得相应资格，方可上岗作业。

特种作业人员的范围由国务院应急管理部门会同国务院有关部门确定。

第四十一条第一款 生产经营单位应当建立安全风险分级管控制度，按照安全风险分级采取相应的管控措施。

第四十四条第一款 生产经营单位应当教育和督促从业人员严格执行本单位的安全生产规章制度和安全操作规程；并向从业人员如实告知作业场所和工作岗位存在的危险因素、防范措施以及事故应急措施。

第五十七条 从业人员在作业过程中，应当严格落实岗位安全责任，遵守本单位的安全生产规章制度和操作规程，服从管理，正确佩戴和使用劳动防护用品。

2.《中华人民共和国消防法》部分条款

第九条 建设工程的消防设计、施工必须符合国家工程建设消防技术标准。建设、设计、施工、工程监理等单位依法对建设工程的消防设计、施工质量负责。

第十六条 机关、团体、企业、事业等单位应当履行下列消防安全职责：

（一）落实消防安全责任制，制定本单位的消防安全制度、消防安全操作规程，制定灭火和应急疏散预案；

（二）按照国家标准、行业标准配置消防设施、器材，设置消防安全标志，并定期组织检验、维修，确保完好有效；

（三）对建筑消防设施每年至少进行一次全面检测，确保完好有效，检测记录应当完整准确，存档备查；

（四）保障疏散通道、安全出口、消防车通道畅通，保证防火防烟分区、防火间距符合消防技术标准；

（五）组织防火检查，及时消除火灾隐患；

（六）组织进行有针对性的消防演练；

（七）法律、法规规定的其他消防安全职责。

单位的主要负责人是本单位的消防安全责任人。

第二十一条 禁止在具有火灾、爆炸危险的场所吸烟、使用明火。因施工等特殊情况需要使用明火作业的，应当按照规定事先办理审批手续，采取相应的消防安全措施；作业人员应当遵守消防安全规定。

进行电焊、气焊等具有火灾危险作业的人员和自动消防系统的操作人员，必须持证上岗，并遵守消防安全操作规程。

第二十六条 建筑构件、建筑材料和室内装修、装饰材料的防火性能必须符

合国家标准；没有国家标准的，必须符合行业标准。

人员密集场所室内装修、装饰，应当按照消防技术标准的要求，使用不燃、难燃材料。

第二十八条　任何单位、个人不得损坏、挪用或者擅自拆除、停用消防设施、器材，不得埋压、圈占、遮挡消火栓或者占用防火间距，不得占用、堵塞、封闭疏散通道、安全出口、消防车通道。人员密集场所的门窗不得设置影响逃生和灭火救援的障碍物。

3.《中华人民共和国建筑法》部分条款

第三条　建筑活动应当确保建筑工程质量和安全，符合国家的建筑工程安全标准。

第三十九条　建筑施工企业应当在施工现场采取维护安全、防范危险、预防火灾等措施；有条件的，应当对施工现场实行封闭管理。

施工现场对毗邻的建筑物、构筑物和特殊作业环境可能造成损害的，建筑施工企业应当采取安全防护措施。

第四十六条　建筑施工企业应当建立健全劳动安全生产教育培训制度，加强对职工安全生产的教育培训；未经安全生产教育培训的人员，不得上岗作业。

4.《工贸企业重大事故隐患判定标准》部分条款

第三条　工贸企业有下列情形之一的，应当判定为重大事故隐患：

（一）未对承包单位、承租单位的安全生产工作统一协调、管理，或者未定期进行安全检查的；

（二）特种作业人员未按照规定经专门的安全作业培训并取得相应资格，上岗作业的；

（三）金属冶炼企业主要负责人、安全生产管理人员未按照规定经考核合格的。

5.《商务领域安全生产重大隐患排查事项清单》部分条款

（一）大型商业综合体未按照应急管理部《大型商业综合体消防安全管理规则（试行）》（应急消〔2019〕314 号）、《大型商业综合体火灾风险指南（试行）》（应急消〔2021〕59 号）要求明确消防安全责任人、消防安全管理人、消防安全工作归口管理部门，未制定消防安全管理制度、灭火和应急疏散预案。

（二）大型商业综合体内零售、餐饮经营主体从业员工未进行上岗前消防培训。

（三）大型商业综合体内零售、餐饮经营主体装修施工时，未经消防部门审批违规动用明火。未按规定向消防部门申请公众聚集场所投入营业、使用前消防检查。

（四）大型商业综合体内零售场所商品、货柜、摊位设置影响消防设施正常使用；摆放占用疏散通道，堵塞安全出口；营业期间安全出口上锁。

案例19　生命通道不畅通 游览人员难逃生

——山西太原台骀山游乐园“10·1”重大火灾事故暴露出的主要问题与警示

一、事故详情

（一）事故基本情况

2020年10月1日，位于山西省太原市迎泽区郝庄镇小山沟村的太原台骀山滑世界农林生态游乐园有限公司冰雕馆发生重大火灾事故，造成13人死亡、15人受伤，过火面积约2258 m^2，直接经济损失1789.97万元（见图1）。

图1　事故现场照片

（二）涉事单位及相关责任人情况

1. 事故发生单位——太原台骀山滑世界农林生态游乐园有限公司（以下简称台骀山游乐园公司）

台骀山游乐园公司于2014年12月3日注册成立，法定代表人韩某，董事长兼总经理韩某某为实际控制人，该公司为家族式企业。该公司投资运营的台骀山滑世界农林生态游乐园（以下简称台骀山游乐园）项目位于太原市迎泽区郝庄镇小山沟村，2013 年 3 月开工建设，2014 年 7 月开始对外营业，逐步建成滑世界乐园、碉堡文化园、根祖文化园、野生植物园四大主题园，年接待游客约 40 万人次，高峰期每天游客约 5000 人次，平时约 1000 人次。

台骀山游乐园公司所有建设项目共占用 167.51 亩土地，不符合迎泽区土地利用总体规划。未依法办理土地使用、建设用地规划、建设工程规划、建设工程施工、建设工程消防等相关手续。

2. 事发地点——冰雕馆

冰雕馆项目位于台骀山游乐园西北处，依山谷而建，南北两侧为山体，东西长 133.85 m，东口宽 32.8 m、西口宽 8.96 m，高 8.2 m，总建筑面积为 2258 m^2（见图 2、图 3）。

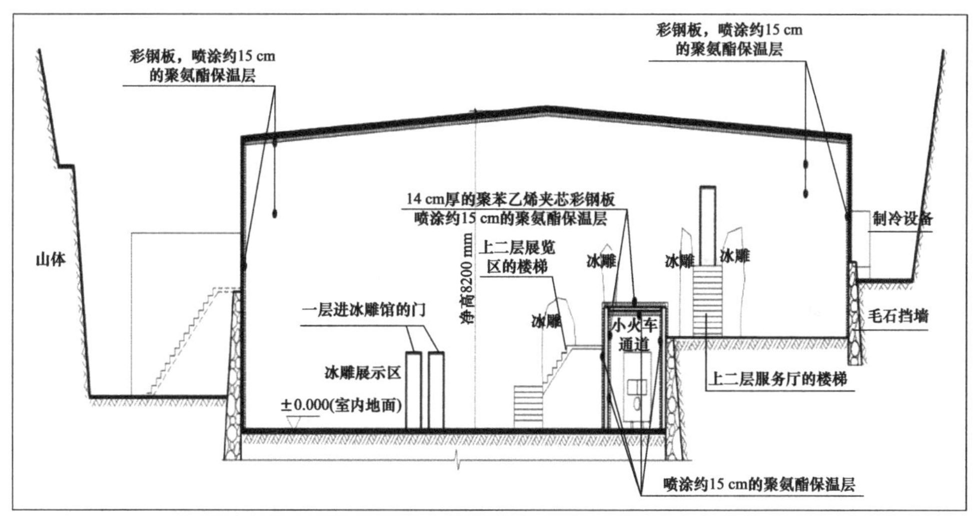

图 2　冰雕馆东口剖面图

冰雕馆主体为钢架结构，南北两侧外墙 4 m 以上用彩钢板围护，顶部为彩钢板封闭。内部喷涂约 15 cm 厚的聚氨酯作保温层，同时用约 14 cm 厚的聚苯乙烯夹芯彩钢板隔离成两个相对独立的部分，南侧为小火车通道，北侧为冰雕游览区（主体建筑一层、局部二层）。小火车通道照明线路均采用铰接方式连接，敷设在聚苯乙烯夹芯彩钢板上，并被聚氨酯保温材料覆盖。小火车通道内有 10 个应急照明灯具、5 具灭火器；冰雕游览区内有 2 个应急照明灯具，灭火器 24 具。冰雕游览区共有 5 个安全出口，分别是东侧一楼入口、东侧二楼出口、西侧出口、南侧 2 个出口（见图 4）。

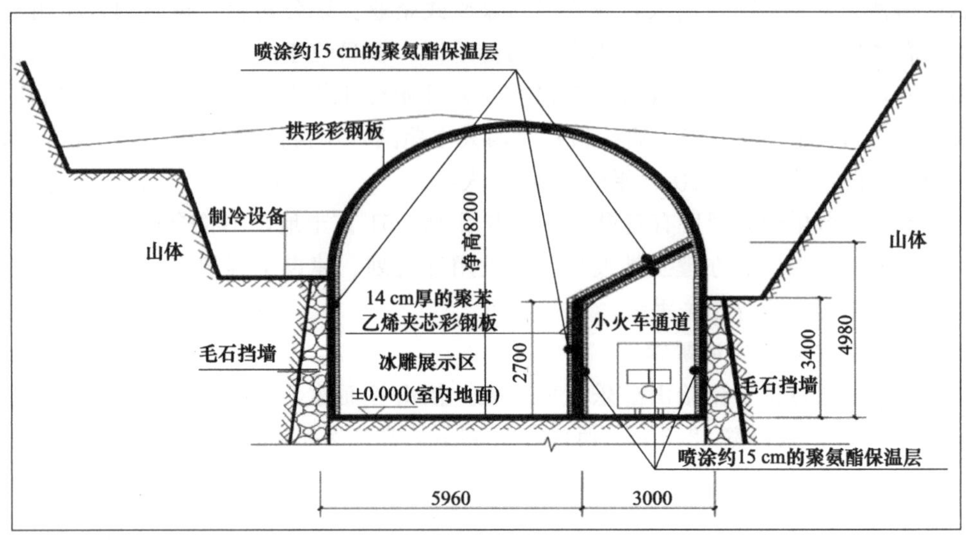

图 3　冰雕馆西口剖面图（单位：mm）

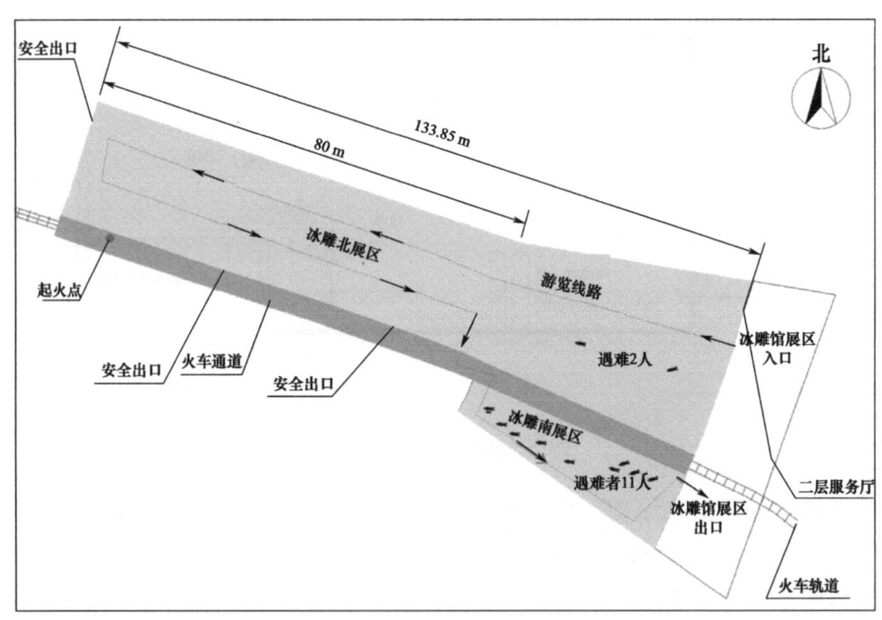

图 4　冰雕馆平面示意图

冰雕馆于 2014 年 2 月开始建设，2014 年底建成。由祁县包工头王某组织人员进行钢架结构施工，由太原市晋源区津成电线电缆销售处刘某组织工人喷涂聚氨酯保温层；该项目主体工程无专业设计、无资质施工、无监理单位、无竣工验收。冰雕由哈尔滨瑞景冰雪文化艺术发展有限公司设计、制作、安装。2015 年 2 月 13

日对外营业后，由该公司经营、韩某军分管，正式员工 9 名。从 2018 年 1 月起，由韩某军承包经营（见图 5）。

图 5 冰雕馆鸟瞰图

3. 事故主要责任人

（1）韩某某：台骀山游乐园公司董事长兼总经理，占股 20%。

（2）韩某：法人代表，占股 60%。

（3）韩某军：冰雕、火车、激流、滑草项目总监。

（4）郭某生：冰雕馆业务经理。

（5）李某：水电维护总监。

（6）卢某勇：冰雕馆水电部工作人员。

（7）台骀山游乐园公司其他有关责任人 7 人。

（8）政府有关部门责任人 38 人。

（三）事故发生经过及应急救援情况

1. 事故发生经过

10 月 1 日 07 时 34 分 35 秒，台骀山游乐园 10 kV 线路发生故障。

为保证正常营业，08 时 50 分许景区水电部工作人员卢某勇开启了 4 台自备发电机供电。随后，水电总监李某通知郝庄供电所工作人员董某福维修线路，董某福联系山西明业电力工程有限公司小店工程部工作人员牛某明协助其处理故障。

故障排除后，12 时 49 分许，牛某明电话联系董某福得知可以供电后将市电接通。

12 时 51 分 44 秒，卢某勇在未将低压用电设备及发电机断开的情况下，直接将单刀双掷隔离开关从自备发电机端切换至市电端。

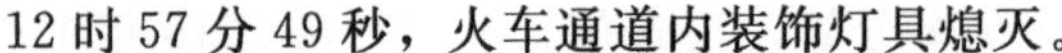

12 时 57 分 49 秒，火车通道内装饰灯具熄灭。

12 时 59 分 22 秒，火车通道西口开始冒烟。

12 时 59 分 37 秒，出现明火。

12 时 59 分 38 秒，冰雕游览区内西南侧开始冒烟。

13 时 08 秒，浓烟从火车通道及冰雕游览区东口涌出。

事故发生时，冰雕游览区内共有 28 名游客被困。

2. 自救互救情况

12 时 59 分许，卢某勇接到景区火山乐园项目部经理张某电话，得知冰雕馆方向冒烟，跑至冰雕馆西口西南方向约 26 米处查看，发现火车通道内冰雕馆一侧有明火，随即到配电室断电。

13 时 01 分许，景区儿童游乐小火车兼职司机何某飞发现冰雕馆西侧冒烟后，立即拨打 119 报警；冰雕馆负责人韩某军与赶到现场的十余名员工用灭火器在火车通道西口灭火。

13 时 05 分许，绿化部总监郭某安安排景区洒水车到冰雕馆西口灭火。

冰雕游览区内焦某涛等游客在闻到刺鼻的气味、发现冰雕馆内停电、看到有明火由西向东蔓延并伴有浓烟后，沿原路返回，发现冰雕馆入口门无法打开，随即用力敲打、踹门，检票员李某某听到后开门，15 名被困游客由此逃生，其中焦某涛于 13 时 07 分许报警。

13 时 10 分许，景区北门保安潘某升赶到迎泽区林业局东山森防灭火救援大队报警。

公司车辆管理部经理郝某刚得知火情后，立即驱车携带约 60 具干粉灭火器于 13 时 30 分许到达冰雕馆西侧支援灭火。

3. 应急救援情况

13 时 01 分 31 秒，太原市消防救援支队指挥中心接到报警后，省、市、区三级立即启动应急响应，迅速组织 19 支应急队伍、276 名专职救援人员，并调集 48 辆消防救援车辆赶赴现场，全力展开现场灭火和人员搜救行动。

13 时 25 分，驻守台骀山游乐园的迎泽区林业局东山森防灭火救援大队先期赶到现场救援。

13 时 45 分后，大东关、郝庄等 17 个消防救援站，以及太原市消防救援支队、山西省消防救援总队全勤指挥部和太原市矿山救护大队陆续到达现场投入救援。

14 时 30 分，搜救出第一名遇难人员，16 时 49 分搜救出最后一名遇难人员。

18 时 30 分，现场救援结束。事故共造成 13 人遇难、15 人受伤。

（四）事故直接原因

经现场勘验、调查询问、视频分析、技术鉴定及专家论证，调查认定起火点

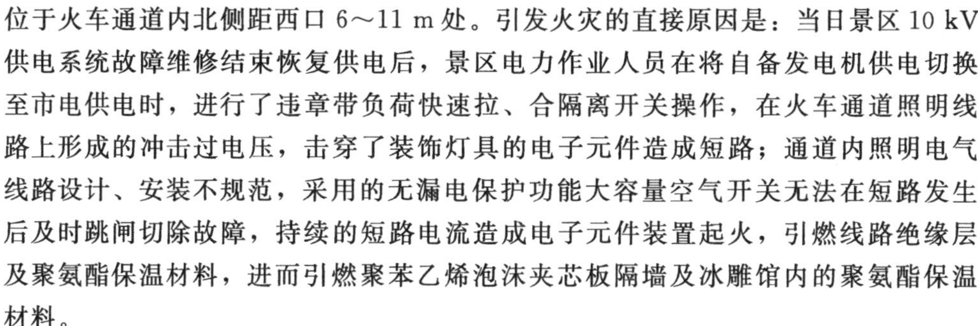

位于火车通道内北侧距西口 6～11 m 处。引发火灾的直接原因是：当日景区 10 kV 供电系统故障维修结束恢复供电后，景区电力作业人员在将自备发电机供电切换至市电供电时，进行了违章带负荷快速拉、合隔离开关操作，在火车通道照明线路上形成的冲击过电压，击穿了装饰灯具的电子元件造成短路；通道内照明电气线路设计、安装不规范，采用的无漏电保护功能大容量空气开关无法在短路发生后及时跳闸切除故障，持续的短路电流造成电子元件装置起火，引燃线路绝缘层及聚氨酯保温材料，进而引燃聚苯乙烯泡沫夹芯板隔墙及冰雕馆内的聚氨酯保温材料。

（五）责任追究情况

1. 追究刑事责任

韩某某、韩某、韩某军、郭某生、李某、卢某勇共 6 名事故企业责任人被公安机关依法采取刑事措施，依法逮捕。

其他 7 名事故企业责任人依法监视居住，并移送检察机关进行公诉。

2. 党纪政务处分

对事故涉及的 38 名有关公职人员，给予了党纪政务处分或组织处理。

二、事故教训与预防措施

（一）存在的主要问题及教训

1. 违法违规建设，“四无工程”埋下重大消防隐患

台骀山游乐园公司违反太原市迎泽区土地利用总体规划，在限制建设区范围内违法占用集体土地；未办理《建设规划许可证》和《施工许可证》擅自开工建设；未进行行政许可或备案，擅自投入使用。

在冰雕馆建设中存在无专业设计、无资质施工、无监理单位、无竣工验收的问题；使用了聚氨酯、聚苯乙烯等易燃可燃材料，将电气线路敷设在聚苯乙烯夹芯彩钢板上，并采用铰接方式接线，被聚氨酯保温层覆盖，埋下重大消防安全隐患。

2. 违规大量使用聚氨酯、聚苯乙烯等易燃可燃材料，造成火势迅速蔓延

冰雕馆内大量使用易燃可燃的聚氨酯保温材料和聚苯乙烯夹芯彩钢板，聚氨酯材料燃点低、燃烧速度极快，起火后火势迅速扩大蔓延。聚苯乙烯夹芯彩钢板隔墙燃烧后，使冰雕游览区和火车通道贯通，火灾发生后，迅速蔓延至整个冰雕馆，聚氨酯、聚苯乙烯等易燃可燃材料大面积燃烧，产生了大量高温有毒烟气。

3. 生命通道不通畅，发生火灾时游览人员不能及时逃生

冰雕馆内疏散通道不通畅，5 个出口中有 3 个人为封堵或紧固、1 个无法从内

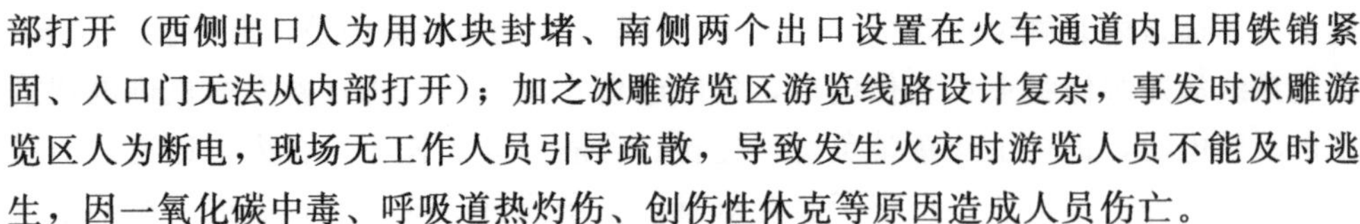

部打开（西侧出口人为用冰块封堵、南侧两个出口设置在火车通道内且用铁销紧固、入口门无法从内部打开）；加之冰雕游览区游览线路设计复杂，事发时冰雕游览区人为断电，现场无工作人员引导疏散，导致发生火灾时游览人员不能及时逃生，因一氧化碳中毒、呼吸道热灼伤、创伤性休克等原因造成人员伤亡。

4. 安全责任不落实，管理混乱

未建立、健全本单位全员安全生产责任制，未设置安全生产管理机构或者配备专职安全生产管理人员；制定的规章制度针对性、操作性不强，仅是为了应对上级部门检查和景区评级。

各岗位消防安全责任人及其职责不明确，未制定消防安全操作规程。

5. 安全培训和应急演练不到位

景区电力作业人员未经专门培训并取得特种作业操作证，进行了违章带负荷快速拉、合隔离开关操作，违规上岗作业。

未编制冰雕馆消防安全应急预案并开展应急疏散演练；消防安全培训缺乏针对性，员工安全意识不强、能力不足，事发时现场无工作人员引导疏散。

6. 隐患排查治理流于形式

没有及时排查治理隐患并建立台账，对景区内大量使用聚氨酯、聚苯乙烯作为装修装饰和保温材料、设置影响消防通道、安全出口障碍物、私拉乱接电气线路、断电保护装置不能正常工作等事故隐患未组织排查，更谈不上治理。

7. 拒不执行政府部门监管指令，违法违规经营

拒不执行国土资源管理部门"自行拆除违法占地上建（构）筑物"的行政处罚决定；未严格执行文化旅游管理部门因其无证经营并存在大量安全隐患下达的停业整顿通知，未经验收批准擅自对外开放。

8. 政府有关部门的监管、执法力度不够

文化和旅游部门、消防救援机构、林业部门、城乡管理部门等有关部门对台骀山游乐园公司的违法违规行为未及时依法采取相应措施，对台骀山游乐园公司的监管力度不足。

（二）事故警示及预防措施

1. 严禁"四无工程"（无专业设计、无资质施工、无监理单位、无竣工验收）

生产经营单位要严格遵守国家法律法规，在进行建设前要取得有关部门的行政审批手续，严禁违法占地、建设等行为；要使用有资质正规的设计、施工、监理单位，建设工程要依法依规组织验收。

2. 严禁违规使用聚氨酯、聚苯乙烯等易燃可燃材料

生产经营单位要严格遵守建设材料相关的法律法规，严禁在人员密集场所使用聚氨酯、聚苯乙烯等易燃可燃材料。

3. 保障生命通道的通畅

定期对消防通道和安全出口进行检查和维护，定期检查灭火器材、疏散指示标志和应急照明设施是否完好有效，定期检查防火门、防火卷帘等防火分隔等设施是否完好且能正常使用，保障所有消防通道和安全出口的通畅。

4. 建立并落实安全生产和消防安全责任制

明确各岗位安全生产和消防安全责任人及其职责；制定消防安全操作规程，人员密集场所要配备专兼职的疏散引导人员；一旦发生火灾，要确保有专门的疏散引导人员进行人员疏散工作。

5. 严厉打击拒不执行政府监管指令的违法行为

生产经营单位要严格落实有关部门的监管指令，并及时依法整改；政府有关部门加强执法、监管的力度，严厉打击拒不执行政府监管指令的违法行为。

三、事故解析与风险防控

（一）“生命通道”及“生命通道”不畅通的风险

1. “生命通道”

“生命通道”是指消防通道，包括消防车通道和疏散通道。

消防车通道是指供消防车通行的道路，其宽度、高度和承载能力等应满足消防车顺利通过的要求。例如，根据规定，消防车道的净宽度和净空高度均不应小于 4.0 m，这样才能保证消防车快速到达火灾现场进行灭火和救援工作（见图 6）。

图 6 消防车通道标识图

疏散通道则是建筑物内用于人员疏散的通道，像疏散楼梯、安全出口通道等，它们应保持畅通无阻，使建筑物内的人员在火灾等紧急情况下能够迅速撤离到安全地带。

2.“生命通道”不畅通的风险

(1) 人员逃生受阻

疏散通道不畅通使建筑物内人员难以安全疏散。在火灾发生时，浓烟和高温会迅速蔓延，人们需要通过疏散通道尽快撤离。如果通道被锁闭、堆放杂物或者设计不合理，人员逃生的速度会减慢，甚至被困在建筑物内，增加人员伤亡的风险。据统计，在火灾造成的人员伤亡中，很大一部分是由于疏散通道不畅通导致的。

(2) 消防车无法及时到达

在火灾发生时，如果消防车通道被占用或堵塞，消防车不能及时抵达火灾现场，火势就会迅速蔓延。根据火灾发展规律，火灾初期是灭火的最佳时机。例如，一般建筑物火灾在起火后的 3～5 min 内火势就会迅速扩大。如果消防车因为通道堵塞延迟到达，火势可能会失去控制，导致建筑物和财产的严重损失。

(3) 消防设备无法靠近

疏散通道不畅会阻碍消防人员携带灭火设备进入建筑内部。如在高层建筑火灾中，消防人员需要通过疏散楼梯将水带、灭火器等设备运送到着火楼层。若疏散楼梯被杂物堵塞，消防人员行动受阻，无法在有效时间内展开灭火行动，火势会进一步扩大，增加扑救难度。

(二) 主要法律法规要求

1.《中华人民共和国安全生产法》部分条款

第四条第一款 生产经营单位必须遵守本法和其他有关安全生产的法律、法规，加强安全生产管理，建立健全全员安全生产责任制和安全生产规章制度，加大对安全生产资金、物资、技术、人员的投入保障力度，改善安全生产条件，加强安全生产标准化、信息化建设，构建安全风险分级管控和隐患排查治理双重预防机制，健全风险防范化解机制，提高安全生产水平，确保安全生产。

第五条 生产经营单位的主要负责人是本单位安全生产第一责任人，对本单位的安全生产工作全面负责。其他负责人对职责范围内的安全生产工作负责。

第二十二条 生产经营单位的全员安全生产责任制应当明确各岗位的责任人员、责任范围和考核标准等内容。

生产经营单位应当建立相应的机制，加强对全员安全生产责任制落实情况的监督考核，保证全员安全生产责任制的落实。

第二十八条第一款 生产经营单位应当对从业人员进行安全生产教育和培训，保证从业人员具备必要的安全生产知识，熟悉有关的安全生产规章制度和安全操作规程，掌握本岗位的安全操作技能，了解事故应急处理措施，知悉自身在安全生产方面的权利和义务。未经安全生产教育和培训合格的从业人员，不得上岗作业。

2.《中华人民共和国消防法》部分条款

第五条　任何单位和个人都有维护消防安全、保护消防设施、预防火灾、报告火警的义务。任何单位和成年人都有参加有组织的灭火工作的义务。

第十六条　机关、团体、企业、事业等单位应当履行下列消防安全职责：

（一）落实消防安全责任制，制定本单位的消防安全制度、消防安全操作规程，制定灭火和应急疏散预案；

（二）按照国家标准、行业标准配置消防设施、器材，设置消防安全标志，并定期组织检验、维修，确保完好有效；

（三）对建筑消防设施每年至少进行一次全面检测，确保完好有效，检测记录应当完整准确，存档备查；

（四）保障疏散通道、安全出口、消防车通道畅通，保证防火防烟分区、防火间距符合消防技术标准；

（五）组织防火检查，及时消除火灾隐患；

（六）组织进行有针对性的消防演练；

（七）法律、法规规定的其他消防安全职责。

单位的主要负责人是本单位的消防安全责任人。

第二十八条　任何单位、个人不得损坏、挪用或者擅自拆除、停用消防设施、器材，不得埋压、圈占、遮挡消火栓或者占用防火间距，不得占用、堵塞、封闭疏散通道、安全出口、消防车通道。人员密集场所的门窗不得设置影响逃生和灭火救援的障碍物。

第六十条　单位违反本法规定，有下列行为之一的，责令改正，处五千元以上五万元以下罚款：

（一）消防设施、器材或者消防安全标志的配置、设置不符合国家标准、行业标准，或者未保持完好有效的；

（二）损坏、挪用或者擅自拆除、停用消防设施、器材的；

（三）占用、堵塞、封闭疏散通道、安全出口或者有其他妨碍安全疏散行为的；

（四）埋压、圈占、遮挡消火栓或者占用防火间距的；

（五）占用、堵塞、封闭消防车通道，妨碍消防车通行的；

（六）人员密集场所在门窗上设置影响逃生和灭火救援的障碍物的；

（七）对火灾隐患经消防救援机构通知后不及时采取措施消除的。

个人有前款第二项、第三项、第四项、第五项行为之一的，处警告或者五百元以下罚款。

有本条第一款第三项、第四项、第五项、第六项行为，经责令改正拒不改正的，强制执行，所需费用由违法行为人承担。

3.《建设工程质量管理条例》部分条款

第七条 建设单位应当将工程发包给具有相应资质等级的单位。

建设单位不得将建设工程肢解发包。

第二十五条 施工单位应当依法取得相应等级的资质证书，并在其资质等级许可的范围内承揽工程。

禁止施工单位超越本单位资质等级许可的业务范围或者以其他施工单位的名义承揽工程。禁止施工单位允许其他单位或者个人以本单位的名义承揽工程。

施工单位不得转包或者违法分包工程。

4.《文化和旅游领域重大事故隐患重点检查事项》部分条款

（一）责任落实情况

（1）是否建立健全并落实全员安全生产责任制；

（2）是否制定安全生产规章制度和应急预案，并建立安全管理档案；

（3）是否开展日常安全检查并组织安全培训和应急演练；

（4）是否保证本单位安全生产投入的有效实施；

（5）是否建立并落实安全风险分级管控和隐患排查治理双重预防工作机制；

（6）是否及时、如实报告生产安全事故。

（二）设施设备情况

（7）是否设置疏散路线示意图、安全出口、疏散通道、安全提示等指示标志，灭火器、应急照明灯具等消防设施是否正常。

（三）安全管理情况

（11）在用特种设备是否取得特种设备使用登记证和检验合格证；

（12）特种设备管理人员、作业人员是否取得相关证书；

（13）人员密集场所是否存在外窗被封堵或被广告牌等遮挡，疏散走道、楼梯间、疏散门或安全出口是否通畅。

案例20　八岁儿童戏玩火
千年古寨成涂炭

——云南临沧翁丁寨古村落“2·14”火灾事故暴露出的主要问题与警示

一、事故详情

（一）事故基本情况

2021年2月14日17时40分，被《中国国家地理》杂志誉为“中国最后的原始部落”的沧源佤族自治县勐角民族乡翁丁村老寨发生火灾，火灾烧毁房屋104间，其中包括寨门2个、厕所4间，造成直接财产损失813.48万元，无人员伤亡（见图1）。

图1　事故现场照片

（二）应急救援情况

火灾发生后，临沧市、沧源县主要领导第一时间奔赴现场指挥灭火救援，启动应急预案，组成7个工作组全力组织开展群众转移、灭火救援和相关处置工作。

云南省消防、文旅等相关部门负责人第一时间赶赴现场指导。

截至火灾扑灭时，共组织灭火救援人员1068人，出动灭火救援车辆23辆（见图2）。

图2　现场救援情况

（三）事故直接原因

8岁小孩在古寨玩火，不慎将古寨可燃物引燃，起火后恰遇当地大风，出现跳火情形，引起火势迅速向四周蔓延、扩散。

（四）责任追究情况

对翁丁"2·14"火灾6个责任单位，19名责任人进行了追责问责。

二、事故教训与预防措施

（一）存在的主要问题及教训

1. 翁丁村大部分建筑由可燃材料组成，一旦失火很难控制

翁丁村老寨的寨门、寨桩、木鼓房和"干栏式"民居建筑的组成多为当地取材的木、竹和茅草等可燃材料，容易失火，且一旦蔓延就很难扑救。

2. 村寨内部可能引发失火的火源居多

村寨内部不仅传统火塘在继续使用，又新增了电气等火源，一旦疏于防范，就很容易失火，并且失火后很容易引发多个火源的连锁反应。

3. 消防资源和设施不完善

消火栓无长压水源，消防用水难以保障；消防器材老旧，没有做到定期的维护和检查，无法正常使用。

4. 居民的防患意识薄弱，缺乏火灾应急技能

在此事故发生前，翁丁村发生过几次小型火灾，这些小型火灾并未引起居民的警惕和防范意识，对各种火灾隐患仍然视而不见。

居民缺乏预防火灾的安全教育和经常性的火灾演练，难以有效预防火灾。

（二）事故警示及预防措施

1. 加大安全投入力度

政府和社会各界高度重视对文物建筑、文化遗产（包括古村、古寨等）消防安全投入，加强消防设施建设，保障消防用水资源，配足配齐消防设施和器材，并定期检查和维护消防设施和器材，确保能正常使用。

2. 文物建筑单位要落实主体责任

要压实消防责任，加强值班巡查，坚决抵制人的不安全行为。要及时清理各种杂物，可燃物要按消防安全标准存放。

3. 加强电气设备的管理

对老旧线路要定期进行隐患排查，发现隐患及时治理。要加强动火作业、明火等火种的管理，坚决抵制违章行为的发生。

4. 加强农民群众的安全教育，特别要提高古村、古寨和古镇等居民的防火安全意识

消防、应急等部门积极组织居民进行预防火灾的安全教育和火灾演练，提高全民的防患意识和火灾应急技能。家长要对孩子开展有针对性教育，让孩子不能随意玩火。

三、事故解析与风险防控

（一）传统村落及其常见的事故隐患

1. 传统村落

中国传统村落，原名古村落，是指民国以前所建的村。2012 年 9 月，经传统村落保护和发展专家委员会第一次会议决定，将习惯称谓“古村落”改为“传统村落”（见图 3）。

传统村落中蕴藏着丰富的历史信息和文化景观，是中国农耕文明留下的最大遗产。保留了较大的历史沿革，即建筑环境、建筑风貌、村落选址未有大的变动，具有独特民俗民风，虽经历久远年代，但至今仍为人们服务的村落。以突出其文

图 3　传统村落

明价值及传承意义。

传统村落在选址、规划等方面，代表了所在地域、民族及特定历史时期的典型特征，并具有一定的科学、文化、历史以及考古的价值，并与周边的自然环境相协调，承载了一定的非物质文化遗产。

2. 传统村落常见的事故隐患

（1）建筑结构方面

①木质建筑易燃

传统村落中很多建筑是木质结构，木材本身属于易燃材料。例如，一些古民居的木柱、木梁、木板墙等，在遇到明火或高温时很容易被点燃。而且木质建筑一旦着火，火势会迅速蔓延，因为木材之间相互连接，火焰能够沿着木材表面快速传播，形成大面积火灾。

②建筑老化与坍塌风险

经过多年的风吹雨打，传统建筑的结构部件可能会出现腐朽、损坏的情况。比如，古建筑的木构件长期受潮，会发生腐烂，导致其承载能力下降。墙体可能会因为地基沉降、雨水冲刷等原因出现裂缝、倾斜，增加了坍塌的可能性，对居民和游客的生命安全构成威胁。

（2）消防设施方面

①消防设施缺乏

传统村落通常缺少现代化的消防设施。许多村落没有安装消防栓、自动喷水灭火系统等基本的消防设备。在发生火灾时，往往只能依靠简单的灭火器或水桶等简陋工具进行灭火，很难在火灾初期有效地控制火势。

②消防水源不足

部分传统村落位置偏远，供水系统不完善，没有足够的消防水源。即使有一些水井、池塘等自然水源，但可能由于距离建筑较远、取水不便或者水量有限，无法满足灭火的实际需求。

（3）用火用电方面

①用火习惯不良

传统村落居民的用火方式可能存在隐患。例如，一些居民仍然使用传统的炉灶做饭、取暖，在炉灶周围堆放柴草等易燃物，容易引发火灾。还有在祭祀等活动中，焚烧香烛、纸钱等行为，如果不加以注意，也可能导致火灾。

②电气线路老化与敷设不规范

随着生活水平的提高，传统村落也逐渐引入了电器设备，但电气线路可能存在老化、过载等问题。而且，由于建筑结构的特殊性，电气线路敷设往往不规范，比如电线没有穿管保护，直接裸露在外，容易因短路、漏电等问题引发火灾。

（4）通道与疏散方面

①道路狭窄

传统村落的道路一般比较狭窄，且多为石板路、土路等。这使得消防车很难顺利进入村落内部，尤其是在紧急情况下，交通拥堵会延误消防救援的最佳时机。

②疏散指示标志和通道不畅

许多传统建筑内部通道狭窄、曲折，没有明显的疏散指示标志。在发生火灾等紧急情况时，居民和游客可能会因为找不到疏散通道或者通道被杂物堵塞而无法及时逃生。

（二）主要法律法规要求

1.《中华人民共和国安全生产法》部分条款

第三条 安全生产工作坚持中国共产党的领导。

安全生产工作应当以人为本，坚持人民至上、生命至上，把保护人民生命安全摆在首位，树牢安全发展理念，坚持安全第一、预防为主、综合治理的方针，从源头上防范化解重大安全风险。

安全生产工作实行管行业必须管安全、管业务必须管安全、管生产经营必须管安全，强化和落实生产经营单位主体责任与政府监管责任，建立生产经营单位负责、职工参与、政府监管、行业自律和社会监督的机制。

第二十二条 生产经营单位的全员安全生产责任制应当明确各岗位的责任人员、责任范围和考核标准等内容。

生产经营单位应当建立相应的机制，加强对全员安全生产责任制落实情况的监督考核，保证全员安全生产责任制的落实。

2.《中华人民共和国消防法》部分条款

第十六条 机关、团体、企业、事业等单位应当履行下列消防安全职责：

（一）落实消防安全责任制，制定本单位的消防安全制度、消防安全操作规程，制定灭火和应急疏散预案；

（二）按照国家标准、行业标准配置消防设施、器材，设置消防安全标志，并定期组织检验、维修，确保完好有效；

（三）对建筑消防设施每年至少进行一次全面检测，确保完好有效，检测记录应当完整准确，存档备查；

（四）保障疏散通道、安全出口、消防车通道畅通，保证防火防烟分区、防火间距符合消防技术标准；

（五）组织防火检查，及时消除火灾隐患；

（六）组织进行有针对性的消防演练；

（七）法律、法规规定的其他消防安全职责。

单位的主要负责人是本单位的消防安全责任人。

第二十八条 任何单位、个人不得损坏、挪用或者擅自拆除、停用消防设施、器材，不得埋压、圈占、遮挡消火栓或者占用防火间距，不得占用、堵塞、封闭疏散通道、安全出口、消防车通道。人员密集场所的门窗不得设置影响逃生和灭火救援的障碍物。

3.《中华人民共和国文物保护法》部分条款

第十五条 各级文物保护单位，分别由省、自治区、直辖市人民政府和市、县级人民政府划定必要的保护范围，作出标志说明，建立记录档案，并区别情况分别设置专门机构或者专人负责管理。全国重点文物保护单位的保护范围和记录档案，由省、自治区、直辖市人民政府文物行政部门报国务院文物行政部门备案。

县级以上地方人民政府文物行政部门应当根据不同文物的保护需要，制定文物保护单位和未核定为文物保护单位的不可移动文物的具体保护措施，并公告施行。

第二十六条 使用不可移动文物，必须遵守不改变文物原状的原则，负责保护建筑物及其附属文物的安全，不得损毁、改建、添建或者拆除不可移动文物。

对危害文物保护单位安全、破坏文物保护单位历史风貌的建筑物、构筑物，当地人民政府应当及时调查处理，必要时，对该建筑物、构筑物予以拆迁。

4.《文化和旅游领域重大事故隐患重点检查事项》全部条款

（一）责任落实情况

1. 是否建立健全并落实全员安全生产责任制；

2. 是否制定安全生产规章制度和应急预案，并建立安全管理档案；

3. 是否开展日常安全检查并组织安全培训和应急演练；

4. 是否保证本单位安全生产投入的有效实施；

5. 是否建立并落实安全风险分级管控和隐患排查治理双重预防工作机制；

6. 是否及时、如实报告生产安全事故。

（二）设施设备情况

7. 是否设置疏散路线示意图、安全出口、疏散通道、安全提示等指示标志，灭火器、应急照明灯具等消防设施是否正常；

8. 星级饭店、娱乐场所、剧院等营业性演出场所、公共文化单位是否按国家工程建设消防技术标准的规定设置自动喷水灭火系统或火灾自动报警系统；

9. 是否将电梯、客运索道、大型游乐设施等特种设备的安全使用说明、安全注意事项和警示标志置于显著位置。

（三）安全管理情况

10. 旅行社是否规范旅游包车、租车行为，是否做到“五不租”（不租用未取得相应经营许可的经营者车辆、未持有效道路运输证的车辆、未安装卫星定位装置的车辆、未投保承运人责任险的车辆、未签订包车合同的车辆）；

11. 在用特种设备是否取得特种设备使用登记证和检验合格证；

12. 特种设备管理人员、作业人员是否取得相关证书；

13. 人员密集场所是否存在外窗被封堵或被广告牌等遮挡，疏散走道、楼梯间、疏散门或安全出口是否通畅；

14. A级旅游景区开放是否经过安全评估。检查中发现存在第（八）、（十）、（十一）、（十四）项情况的，可直接判定为重大事故隐患。

案例 21　违章电焊酿火灾

——浙江武义伟嘉利工贸有限公司“4·17”重大火灾事故暴露出的主要问题与警示

一、事故详情

（一）事故基本情况

2023 年 4 月 17 日 14 时 01 分许，位于浙江省金华市武义县泉溪镇青云路 68 号的浙江伟嘉利工贸有限公司发生一起重大火灾事故（见图 1），导致 11 人死亡，过火面积约 9000 m^2，直接经济损失 2806.5 万元。

图 1　事故现场照片

经调查认定，浙江武义伟嘉利工贸有限公司“4·17”重大火灾事故是一起因违法电焊施工引燃违规存放的拉丝调制漆引发火灾并迅速蔓延，业主违法搭建并改变厂房使用性质，导致疏散楼梯、自动消防设施等安全条件不符合规范，企业未开展应急救援演练导致人员死亡的重大生产安全责任事故。

（二）涉事单位及相关责任人情况

1. 事故发生单位——武义家风工贸有限公司（以下简称家风公司）

家风公司承租事故1#厂房一层、二层，是火灾发生单位。该公司成立于2019年3月20日，公司住所位于武义县泉溪镇凤凰山茆角工业区（浙江伟嘉利工贸有限公司厂区内），法定代表人程某。

厂长兼安全员陈某，事故发生部位车间主任李某，公司从业人员68人。2020年1月31日与伟嘉利公司签订房屋承租协议，租期为3年，2023年1月到期后未签订承租协议，2022年2月1日签订《厂房出租安全协议书》。

2. 事故所涉主要单位情况

（1）事故厂房出租单位——浙江武义伟嘉利工贸有限公司（以下简称伟嘉利公司）

伟嘉利公司成立于2012年4月11日，公司住所位于武义县泉溪镇凤凰山茆角工业区，法定代表人胡某。2021年12月开始处于歇业状态，实际从业人员为2人。

（2）火灾死亡人员单位——金华市烨立工贸有限公司（以下简称烨立公司）

烨立公司承租事故1#厂房三层，该公司成立于2019年6月21日，公司住所位于武义县泉溪镇凤凰山茆角工业区青云路68号（伟嘉利公司厂区内），法定代表人刘某（在事故中死亡）。经营范围为木门、木制家具、木制工艺品的加工、销售，公司从业人员27人。

3. 事故建筑物相关情况

（1）伟嘉利公司1#厂房

系火灾发生建筑物，三层，钢结构，总面积为10018.2 m^2。

起火部位为家风公司制门表面处理车间喷涂作业工段拉丝漆调制间，调制间设置不符合建筑设计防火规范，超量存放桶装易燃易爆拉丝稀释剂与拉丝油漆。喷涂作业后剩余拉丝油漆桶未加盖放置在喷涂作业工段区，未放回油漆仓库。

（2）伟嘉利公司2#厂房

火灾蔓延过火厂房，与1#厂房贴邻建造，三层，钢结构，总面积为11260.80 m^2（见图2）。

（3）事故建筑物出租情况

伟嘉利公司1#厂房一层和二层为家风公司承租，用于生产、储存钢质防盗门；三层为烨立公司承租，用于生产、储存木质门。伟嘉利公司2#厂房出租给其他公司（见图3）。

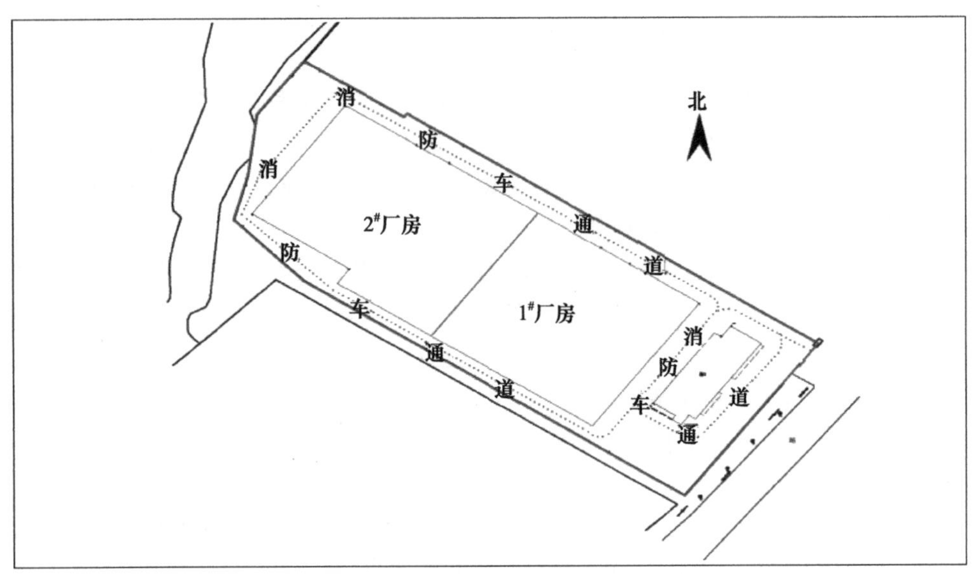

图 2　厂区总平面布置图

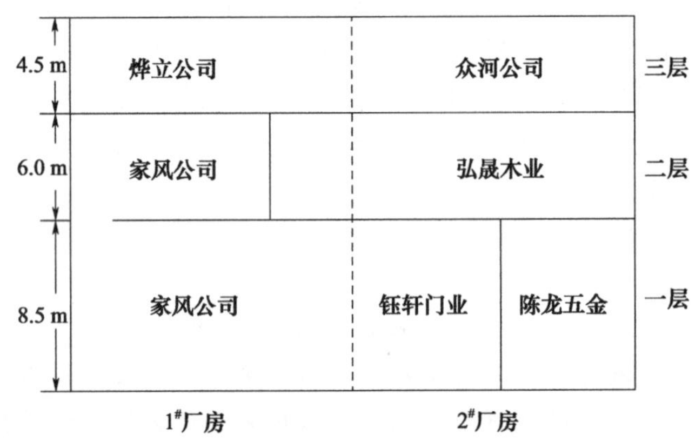

图 3　各层出租示意图

（4）违法搭建情况

伟嘉利公司厂区内共有 9 处违法建筑（见图 4），违法建筑总面积为 2494.21 m^2。其中 1#、2# 厂房四周消防通道上共有 7 处（S1～S7），S1～S6 共 6 处为 2023 年 1 月 2# 厂房竣工验收后逐步搭建，S7 为 2022 年 7 月 1# 厂房建成后搭建。

4. 第三方安全服务机构

（1）武义双利安全生产技术咨询有限公司（以下简称双利安全公司）

成立于 2018 年 11 月，法定代表人李某某。经营范围为安全评价业务、安全咨询服务、企业管理咨询、消防技术服务、标准化服务。公司基本每个月派褚某根

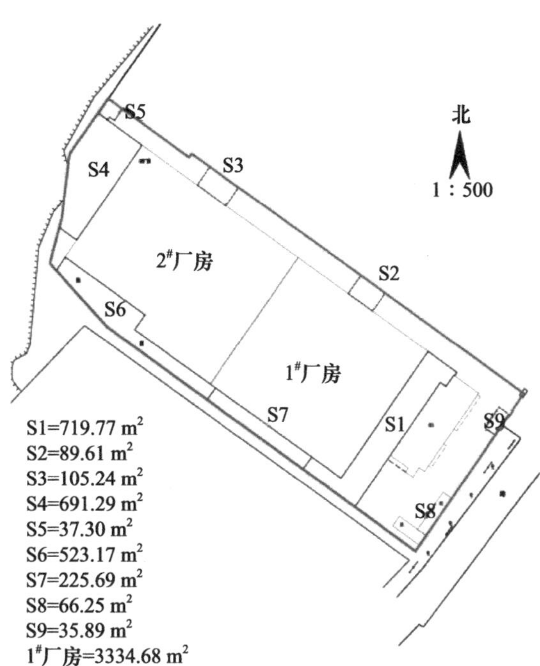

图 4　违法建筑示意图

为家风公司和烨立公司提供安全生产技术咨询服务，帮助企业查找安全事故隐患。

（2）浦江县丰之安安全咨询有限公司（以下简称丰之安安全公司）

成立于 2013 年 3 月 20 日，法定代表人陈某。经营范围为国家三级安全生产标准化评审服务，企业管理咨询，安全、消防、环保管理咨询和技术服务。事故发生前，对家风公司、烨立公司开展过多次检查。

5. 事故主要责任人

（1）伟嘉利公司：胡某（伟嘉利公司法定代表人，事发厂房房东）。

（2）家风公司：程某（家风公司法定代表人，火灾发生单位主要负责人）、应某（家风公司财务负责人，程某妻子）、陈某（家风公司厂长兼安全员）、成某（家风公司事发时无证电焊作业负责人）、杨某（家风公司事发时无证电焊作业人员）、王某（家风公司事发时无证电焊作业人员）、李某亮（家风公司事发时无证电焊作业帮工）、李某（家风公司表面车间主任）。

（3）政府有关部门公职人员 20 名。

（三）事故发生经过及应急救援情况

1. 事故发生经过

因家风公司一层喷漆工段气味过大，经常飘到三层烨立公司车间，应房东伟嘉利公司法定代表人胡某和烨立公司负责人刘某要求，家风公司拟对喷漆工段进行封闭改造。

2023 年 4 月 16 日，家风公司法定代表人程某及其妻子应某、厂长陈某和雇佣施工负责人成某商量，定于 4 月 17 日在喷漆工段的天井流水线上方做一个封闭，防止气味窜到楼上。

17 日上午，成某带电焊工王某和杨某以及帮工李某亮在一层外墙打螺丝，12 时 59 分开始在二层天井上部进行电焊施工。

14 时 01 分 19 秒，杨某和王某爬在脚手架上开始焊接立柱顶部。

14 时 01 分 47 秒，焊点下方一楼起火。

14 时 02 分 08 秒，杨某等人发现起火后从脚手架上下来往二楼北楼梯逃离。

14 时 02 分 57 秒，二层家风公司员工龙某发现冒烟后拨打 119 报警，期间一层、二层家风公司员工全部逃生。

14 时 03 分（起火后 73 s），烟气通过南侧楼梯间进入三层烨立公司。

14 时 03 分 09 秒（起火后 82 s），三层烨立公司员工龙某某发现南侧楼梯间冒烟，同时提示吴某发生火灾，三层人员（共计 12 人）在刘某和卜某的指挥下关闭电源并拿取个人物品开始逃生。

14 时 03 分 43 秒（距离起火 116 s），大量有毒烟气通过南北两侧楼梯间先后进入三层，除某从北侧楼梯间逃生外，其余人员未逃出。

截至 4 月 18 日 03 时许，经现场搜救，确定 11 人遇难。

2. 应急救援情况

14 时 03 分许，武义县消防救援大队指挥中心接到事故企业员工火灾报警。

14 时 14 分许，消防救援人员赶到事故现场开展施救。

消防救援、应急、公安等部门累计组织各类救援力量 600 余人参与应急处置工作。

19 时许，火势得到控制。

21 时许，现场明火基本被扑灭。

截至 4 月 18 日 03 时许，基本完成现场搜救，发现 11 名遇难人员。

（四）事故直接原因

事故调查组通过现场勘查、视频分析、人员询问等，排除了故意纵火、电气短路、自燃、遗留火种等引发火灾因素。事故发生的直接原因：2023 年 4 月 17 日 14 时 01 分许，家风公司雇佣的电焊工在二层违章电焊作业产生的高温焊渣掉落到一层，引燃放置在拉丝漆喷漆台旁使用过的拉丝调制漆引发火灾（见图 5、图 6）。

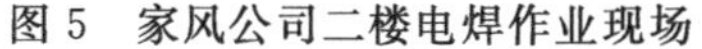
图 5 家风公司二楼电焊作业现场

图 6 现场使用的电焊枪

（五）责任追究情况

1. 追究刑事责任

胡某（伟嘉利公司法定代表人，事发厂房房东）、程某（家风公司法定代表人，火灾发生单位主要负责人）、应某（家风公司财务负责人，程某妻子）、陈某（家风公司厂长兼安全员）、成某（家风公司事发时无证电焊作业负责人）、杨某（家风公司事发时无证电焊作业人员）、王某（家风公司事发时无证电焊作业人员）、李某亮（家风公司事发时无证电焊作业帮工）、李某（家风公司表面车间主任），共 9 名人员已被司法机关采取刑事强制措施。

2. 党纪政务处分

政府有关部门公职人员 20 人被追究不同程度的党纪政务处分。

3. 对中介服务机构的处理

两家第三方安全服务机构被武义县有关部门调查后依法从严处理。

二、事故教训与预防措施

（一）存在的主要问题及教训

1. 未对承租单位进行统一协调管理，安全生产和消防安全管理责任不落实

伟嘉利公司未根据“一厂多租”的实际情况对承租单位的安全生产统一协调、管理。未定期对承租单位进行安全检查、督促整改隐患。未确定责任人对共用部位进行统一管理、未建立灭火和应急疏散预案，未组织承租单位开展应急演练，未对消防设施进行定期维护保养。

家风公司未落实消防安全和安全生产主体责任。未认真开展安全教育培训、应急疏散演练，未落实事故隐患排查，漠视违规动火可能引发火灾的隐患。违规改变厂房使用性质，将火灾危险性丁类厂房作为丙类使用。

2. 违法违规进行 1# 厂房建设

伟嘉利公司 2021 年 10 月，在未经资规部门规划许可情况下擅自动工新建 1# 厂房，施工前未按规定向建设主管部门办理建筑工程施工许可证，委托无资质个人施工，违规变更设计方案施工，2022 年 7 月投入使用前未按规定向建设主管部门办理消防验收备案。建设过程中对二层楼层板开孔，与设计要求不符。2022 年 7 月以来，违反规定占用消防车通道进行大量私搭乱建，堵塞消防车通道。

一层起火处与二层有生产流水线连通，起火后烟气扩散快；厂房南北两侧的两台货梯未设置电梯层门及实体墙电梯围护结构；南北两侧疏散楼梯未封闭；一层起火后，高温有毒烟气直接通过生产流水线连通处、电梯井和疏散楼梯等处快速蔓延扩散至二层三层，形成"烟囱效应"（高度达 15 m 的垂直立体空间），三层员工通过疏散楼梯逃生较为困难。

3. 将设计为丁类火灾危险性的厂房违规出租

伟嘉利公司将设计为丁类火灾危险性的 1#、2# 厂房，出租给家风公司、烨立公司等作为丙类火灾危险性厂房使用。消防设施设置不符合技术规范要求，存在未采用封闭疏散楼梯间、未设置喷淋等自动灭火系统等违规行为。违规分隔厂房导致 1# 厂房二层一部疏散楼梯被封堵。

4. 侥幸无畏，违法违规组织电焊作业

家风公司雇佣未取得特种作业操作证的人员开展电焊作业，作业前未履行动火审批手续，未辨识焊渣飞溅掉落可能引燃油漆、稀释剂的风险，未规范清理易燃物品。作业过程中未安排专门人员进行现场安全管理。

5. 违规储存、使用易燃易爆危险化学品

家风公司稀释剂等易燃危险化学品未按规定存放在专门场所，在调漆间超量存放。调漆间设置不符合建筑设计规范，无防爆、防燃措施。

起火后先后引燃了使用过的 6 桶拉丝调制漆、可燃的玻璃纤维瓦以及存放在拉丝稀释剂仓库的 0.9 t 以上桶装拉丝稀释剂与油漆，起火后猛烈燃烧，产生大量一氧化碳、甲醛等有毒有害的浓烟（见图 7、图 8）。

图 7　家风公司电焊作业下方一楼拉丝漆调配间

图 8　家风公司一楼拉丝稀释剂仓库

6. 中介机构隐患排查不到位，隐患整改不闭环

双利安全公司安全事故隐患排查不到位，未发现事故企业厂房火灾危险性类别不符、疏散通道设置不符合规范要求等消防安全隐患；安全事故隐患排查记录未经企业确认签字。

丰之安安全公司安全事故隐患排查不到位，未发现事故企业厂房火灾危险性类别不符，疏散通道、油漆库、喷漆工段等设置不符合规范等消防安全隐患；对已经发现的调漆间安全事故隐患未跟踪整改闭环。

7. 政府有关部门安全监管责任不落实，对安全生产违法违规行为整治不彻底

政府有关部门未认真落实属地安全生产管理责任，未对事故企业开展执法检查；组织落实“一厂多租”、“三类企业”（三合一、厂中厂、租赁厂房）专项整治行动不到位。

（二）事故警示及预防措施

1. 落实安全生产主体责任

出租单位必须对承租单位的安全生产统一协调、管理，定期对承租单位进行安全检查、督促整改隐患，严禁违规出租。

2. 落实消防安全主体责任

生产经营单位要明确消防安全责任人和消防安全职责，严禁擅自改变厂房使用性质；定期维护保养消防设施、器材和消防安全标志，确保消防通道的通畅。

3. 加强易燃易爆物品管理

生产经营单位要建立专门的易燃易爆物品存储区域，并设置明显的标识和安全提示。禁止在存储区域吸烟、明火作业等危险行为。

4. 加强电焊作业安全管理

生产经营单位必须使用经国家正式培训考试合格的动火操作人员；进行现场焊接、切割、烘烤或加热等动火作业应配备灭火器材，清除周围可燃物，并设置动火监护人。

5. 开展消防安全培训和演练

加强员工的消防安全培训，提高员工的消防安全意识；组织制定符合本单位实际的灭火和应急疏散预案，定期开展火灾事故应急演练，提高员工的应急能力。

6. 安全服务机构加强隐患排查

安全生产技术服务机构排查隐患必须严格、认真、负责，发现隐患及时处理。

7. 强化风险隐患排查整治，坚决打击非法违法建设

政府有关部门切实负起“保护一方”的政治责任，认真落实属地安全生产监管责任，深入开展行业领域安全生产隐患排查整治工作，坚决打击非法违法建设行为。

三、事故解析与风险防控

（一）稀释剂及其危险性

1. 稀释剂

稀释剂是一种能够降低其他物质（如涂料、胶粘剂、油墨等）黏度，使其更易于操作（如涂抹、喷涂、印刷等）的液体。它通常是一种溶剂或者溶剂的混合物，通过与被稀释物质中的高分子成分相互作用，将其分子间的作用力减弱，从而达到降低黏度的效果（见图9）。

图9　稀释剂外观图

在油漆中加入稀释剂，油漆原本比较浓稠的状态会变得稀薄，流动性增强，这样在刷漆或喷漆时就能够更加均匀地覆盖在物体表面。在胶粘剂中，稀释剂可以使胶粘剂的黏性更易于控制，便于涂抹和贴合。

稀释剂属于危险化学品。稀释剂是一种用于稀释或溶解其他物质的化学品，包含易燃溶剂，如甲苯、二甲苯、甲醇等，这些溶剂具有强烈的易燃性和挥发性，遇到明火或高温条件容易引发燃烧或爆炸。此外，稀释剂在生产、储存和使用过程中也存在其他危险因素，如静电、泄漏和误操作等。

2. 稀释剂的危险性

（1）易燃性

大多数稀释剂属于有机溶剂，如甲苯、二甲苯、丙酮、香蕉水（天那水）等。这些有机溶剂具有较低的闪点，例如，甲苯的闪点为4.4 ℃，二甲苯的闪点约为25 ℃。闪点是指在规定的试验条件下，可燃性液体表面产生的蒸气与空气形成的混合物，遇火源能够闪燃的液体最低温度。当环境温度高于其闪点，且遇到明火、静电火花或高温物体时，稀释剂极易燃烧。

一旦燃烧，火势蔓延速度快。这是因为稀释剂在燃烧过程中会释放出大量的热能，而且有机溶剂挥发产生的蒸气会迅速扩散，与空气形成可燃混合气，进一步扩大燃烧范围。例如，在一个通风不良的喷漆车间，如果稀释剂泄漏并被点燃，火焰可能会迅速沿着地面蔓延，点燃周围的易燃物。

（2）易爆性

当稀释剂蒸气与空气混合达到一定比例时，就会形成爆炸性混合物。以丙酮为例，其爆炸极限为2.5%～13.0%（体积分数）。这意味着在这个浓度范围内，遇到火源、高温或静电放电等能量源，就会发生爆炸。

爆炸产生的冲击波和碎片会对周围的人员、设备和建筑物造成严重的破坏。在化工生产或装修施工现场，如果有大量稀释剂泄漏并形成爆炸条件，爆炸可能会导致容器破裂、墙体倒塌等后果。

（3）毒性

许多稀释剂含有对人体有毒有害的成分。例如，苯是一种常见的稀释剂成分，长期接触或吸入高浓度的苯蒸气会对人体的造血系统造成损害，导致贫血、白血病等疾病。甲苯和二甲苯也会影响中枢神经系统，引起头痛、头晕、恶心、呕吐等症状，严重时还可能导致昏迷。

有些稀释剂还会对皮肤和眼睛造成刺激和损伤。如丙酮接触皮肤后，会使皮肤脱脂，引起皮肤干燥、皲裂等；溅入眼睛会导致眼睛疼痛、流泪、角膜损伤等。

（4）造成环境污染

稀释剂泄漏到土壤中会污染土壤，破坏土壤的生态结构，影响土壤中微生物的生存和植物的生长。例如，有机溶剂会使土壤中的有机成分发生变化，导致土壤肥力下降。

若稀释剂进入水体，会对水体造成污染。它会改变水体的化学性质，影响水生生物的生存环境。一些稀释剂对水生生物有毒性，会导致鱼类等水生生物死亡，而且还可能通过食物链的传递，对整个生态系统产生影响。

（二）主要法律法规要求

1.《中华人民共和国安全生产法》部分条款

第三十条　生产经营单位的特种作业人员必须按照国家有关规定经专门的安全作业培训，取得相应资格，方可上岗作业。

特种作业人员的范围由国务院应急管理部门会同国务院有关部门确定。

第三十五条　生产经营单位应当在有较大危险因素的生产经营场所和有关设施、设备上，设置明显的安全警示标志。

第三十九条　生产、经营、运输、储存、使用危险物品或者处置废弃危险物品的，由有关主管部门依照有关法律、法规的规定和国家标准或者行业标准审批并实施监督管理。

生产经营单位生产、经营、运输、储存、使用危险物品或者处置废弃危险物品，必须执行有关法律、法规和国家标准或者行业标准，建立专门的安全管理制度，采取可靠的安全措施，接受有关主管部门依法实施的监督管理。

第四十九条　生产经营单位不得将生产经营项目、场所、设备发包或者出租给不具备安全生产条件或者相应资质的单位或者个人。

生产经营项目、场所发包或者出租给其他单位的，生产经营单位应当与承包单位、承租单位签订专门的安全生产管理协议，或者在承包合同、租赁合同中约定各自的安全生产管理职责；生产经营单位对承包单位、承租单位的安全生产工作统一协调、管理，定期进行安全检查，发现安全问题的，应当及时督促整改。

矿山、金属冶炼建设项目和用于生产、储存、装卸危险物品的建设项目的施工单位应当加强对施工项目的安全管理，不得倒卖、出租、出借、挂靠或者以其他形式非法转让施工资质，不得将其承包的全部建设工程转包给第三人或者将其承包的全部建设工程支解以后以分包的名义分别转包给第三人，不得将工程分包给不具备相应资质条件的单位。

2.《中华人民共和国消防法》部分条款

第二十一条 禁止在具有火灾、爆炸危险的场所吸烟、使用明火。因施工等特殊情况需要使用明火作业的，应当按照规定事先办理审批手续，采取相应的消防安全措施；作业人员应当遵守消防安全规定。

进行电焊、气焊等具有火灾危险作业的人员和自动消防系统的操作人员，必须持证上岗，并遵守消防安全操作规程。

第六十条 单位违反本法规定，有下列行为之一的，责令改正，处五千元以上五万元以下罚款：

（一）消防设施、器材或者消防安全标志的配置、设置不符合国家标准、行业标准，或者未保持完好有效的；

（二）损坏、挪用或者擅自拆除、停用消防设施、器材的；

（三）占用、堵塞、封闭疏散通道、安全出口或者有其他妨碍安全疏散行为的；

（四）埋压、圈占、遮挡消火栓或者占用防火间距的；

（五）占用、堵塞、封闭消防车通道，妨碍消防车通行的；

（六）人员密集场所在门窗上设置影响逃生和灭火救援的障碍物的；

（七）对火灾隐患经消防救援机构通知后不及时采取措施消除的。

个人有前款第二项、第三项、第四项、第五项行为之一的，处警告或者五百元以下罚款。

有本条第一款第三项、第四项、第五项、第六项行为，经责令改正拒不改正的，强制执行，所需费用由违法行为人承担。

第六十三条 违反本法规定，有下列行为之一的，处警告或者五百元以下罚款；情节严重的，处五日以下拘留：

（一）违反消防安全规定进入生产、储存易燃易爆危险品场所的；

（二）违反规定使用明火作业或者在具有火灾、爆炸危险的场所吸烟、使用明火的。

第六十四条 违反本法规定，有下列行为之一，尚不构成犯罪的，处十日以上十五日以下拘留，可以并处五百元以下罚款；情节较轻的，处警告或者五百元以下罚款：

（一）指使或者强令他人违反消防安全规定，冒险作业的；

（二）过失引起火灾的；

（三）在火灾发生后阻拦报警，或者负有报告职责的人员不及时报警的；

（四）扰乱火灾现场秩序，或者拒不执行火灾现场指挥员指挥，影响灭火救援的；

（五）故意破坏或者伪造火灾现场的；

（六）擅自拆封或者使用被消防救援机构查封的场所、部位的。

3.《危险化学品安全管理条例》部分条款

第二十四条 危险化学品应当储存在专用仓库、专用场地或者专用储存室（以下统称专用仓库）内，并由专人负责管理；剧毒化学品以及储存数量构成重大危险源的其他危险化学品，应当在专用仓库内单独存放，并实行双人收发、双人保管制度。

危险化学品的储存方式、方法以及储存数量应当符合国家标准或者国家有关规定。

第二十五条 储存危险化学品的单位应当建立危险化学品出入库核查、登记制度。

对剧毒化学品以及储存数量构成重大危险源的其他危险化学品，储存单位应当将其储存数量、储存地点以及管理人员的情况，报所在地县级人民政府安全生产监督管理部门（在港区内储存的，报港口行政管理部门）和公安机关备案。

第七十八条 有下列情形之一的，由安全生产监督管理部门责令改正，可以处5万元以下的罚款；拒不改正的，处5万元以上10万元以下的罚款；情节严重的，责令停产停业整顿：

（一）生产、储存危险化学品的单位未对其铺设的危险化学品管道设置明显的标志，或者未对危险化学品管道定期检查、检测的；

（二）进行可能危及危险化学品管道安全的施工作业，施工单位未按照规定书面通知管道所属单位，或者未与管道所属单位共同制定应急预案、采取相应的安全防护措施，或者管道所属单位未指派专门人员到现场进行管道安全保护指导的；

（三）危险化学品生产企业未提供化学品安全技术说明书，或者未在包装（包括外包装件）上粘贴、拴挂化学品安全标签的；

（四）危险化学品生产企业提供的化学品安全技术说明书与其生产的危险化学品不相符，或者在包装（包括外包装件）粘贴、拴挂的化学品安全标签与包装内危险化学品不相符，或者化学品安全技术说明书、化学品安全标签所载明的内容不符合国家标准要求的；

（五）危险化学品生产企业发现其生产的危险化学品有新的危险特性不立即公

告，或者不及时修订其化学品安全技术说明书和化学品安全标签的；

（六）危险化学品经营企业经营没有化学品安全技术说明书和化学品安全标签的危险化学品的；

（七）危险化学品包装物、容器的材质以及包装的型式、规格、方法和单件质量（重量）与所包装的危险化学品的性质和用途不相适应的；

（八）生产、储存危险化学品的单位未在作业场所和安全设施、设备上设置明显的安全警示标志，或者未在作业场所设置通信、报警装置的；

（九）危险化学品专用仓库未设专人负责管理，或者对储存的剧毒化学品以及储存数量构成重大危险源的其他危险化学品未实行双人收发、双人保管制度的；

（十）储存危险化学品的单位未建立危险化学品出入库核查、登记制度的；

（十一）危险化学品专用仓库未设置明显标志的；

（十二）危险化学品生产企业、进口企业不办理危险化学品登记，或者发现其生产、进口的危险化学品有新的危险特性不办理危险化学品登记内容变更手续的。

从事危险化学品仓储经营的港口经营人有前款规定情形的，由港口行政管理部门依照前款规定予以处罚。储存剧毒化学品、易制爆危险化学品的专用仓库未按照国家有关规定设置相应的技术防范设施的，由公安机关依照前款规定予以处罚。

生产、储存剧毒化学品、易制爆危险化学品的单位未设置治安保卫机构、配备专职治安保卫人员的，依照《企业事业单位内部治安保卫条例》的规定处罚。

4.《工贸企业重大事故隐患判定标准》部分条款

第三条 工贸企业有下列情形之一的，应当判定为重大事故隐患：

（一）未对承包单位、承租单位的安全生产工作统一协调、管理，或者未定期进行安全检查的；

（二）特种作业人员未按照规定经专门的安全作业培训并取得相应资格，上岗作业的；

（三）金属冶炼企业主要负责人、安全生产管理人员未按照规定经考核合格的。

案例22　渣土缺导排　滑坡酿悲剧

——广东深圳光明新区渣土受纳场“12·20”特别重大滑坡事故暴露出的主要问题与警示

一、事故详情

（一）事故基本情况

2015年12月20日，广东省深圳市光明新区红坳渣土受纳场发生特别重大滑坡事故，事故共造成73人死亡，4人下落不明，17人受伤（重伤3人，轻伤14人）。事故还造成33栋建筑物（厂房24栋，宿舍楼3栋，私宅6栋）被损毁、掩埋，导致90家企业生产受影响，涉及员工4630人，造成直接经济损失88112.23万元（见图1）。

图1　事故现场照片

调查认定，广东深圳光明新区渣土受纳场“12·20”滑坡事故是一起特别重大生产安全责任事故。

（二）涉事单位及相关责任人情况

1. 事故发生单位——深圳市益相龙投资发展有限公司（以下简称益相龙公司）

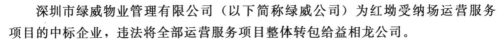

深圳市绿威物业管理有限公司（以下简称绿威公司）为红坳受纳场运营服务项目的中标企业，违法将全部运营服务项目整体转包给益相龙公司。

益相龙公司为红坳受纳场实际建设运营单位，益相龙公司实际控制人为龙某，与益相龙公司有债务关系的林某、王某等人通过以债权换股权的形式实际参与红坳受纳场项目运营。

2. 事故发生地点——红坳渣土受纳场（以下简称红坳受纳场）

红坳受纳场主要功能是受纳建设工程产生的余泥渣土，属于市政基础设施中城市垃圾处理设施。

红坳受纳场位于深圳市光明新区光明街道红坳村南侧的大眼山北坡。大眼山山顶高程 306.8 m，地势南高北低，北面下游为河谷平原地形，最低高程 34.0 m。红坳受纳场地理范围：东经 113°55′50″～113°56′10″、北纬 22°42′30″～22°42′55″，距德吉程工业园厂房实际最小距离 300 m，距中石油西气东输西二线广深支干线深圳段天然气管道实际最小距离 70 m（见图 2）。

图 2　红坳受纳场地理位置示意图

红坳受纳场所处位置原为采石场，经多年开采形成"凹坑"并存有积水约 9 万 m^3（见图 3）。该"凹坑"东、西、南三面环山封闭，北面有高于"凹坑"底部约 17 m 的东西向坝形凸起基岩，且基岩凸起处地形变窄，并由此向北地势逐渐下降，坡度达 22°。红坳受纳场四周出露和北面凸起的基岩既有岩体结构被部分破坏的强、中风化花岗岩，也有基本未变的微风化花岗岩，出露新鲜基岩具有较高的力学强度和抗变形能力。

事故发生前红坳受纳场渣土堆填体由北至南、由低至高呈台阶状布置，共有 9 级台阶（见图 4）。其中，1～6 级台阶已经成型，斜坡已复绿；上部 7～9 级台阶正在进行堆填、碾压，已见初型。0 级台阶高程 56.9 m，堆填体实际最高高程

160.0 m。滑坡前红坳受纳场总堆填量约583万 m^3，主要由建设工程渣土组成，掺有生活垃圾约0.73万 m^3，占0.12%。

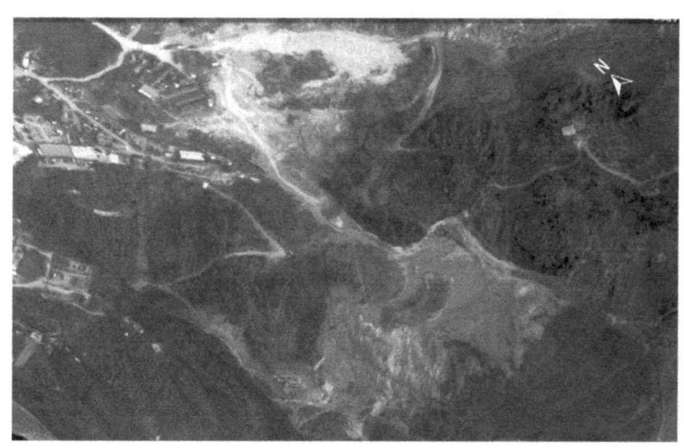

图3　2013年红坳采石场卫星遥感图

图4　事故发生前红坳受纳场各级台阶分布示意图

3. 事故主要责任人

(1) 龙某（益相龙公司实际控制人）、林某（深圳市海信达投资发展有限公司法定代表人，红坳受纳场实际控制人之一）、王某（深圳市华全混凝土有限公司总经理，红坳受纳场实际控制人之一）等34名相关企业和中介机构涉事责任人。

(2) 政府有关部门公职人员76人。

（三）事故发生经过及应急救援情况

1. 事故发生经过

2015年12月20日06时许，红坳受纳场顶部作业平台出现裂缝，宽约40 cm，长几十米，第 3 级台阶与第 4 级台阶之间也出现鼓胀开裂变形，现场作业人员向顶部裂缝中充填干土。

09 时许，裂缝越来越大，遂停止填土。

11 时 20 分许，渣土堆填体第 4 级台阶发生鼓包且鼓包不断移动，现场作业人员撤离受纳场作业平台。

11 时 28 分 29 秒（深圳市公安局提供的德吉程厂路口监控视频显示），渣土开始滑动，自第 3 级台阶和第 4 级台阶之间、"凹坑"北面坝形凸起基岩处（滑出口）滑出后，呈扇形状继续向前滑移，滑移 700 多米后停止并形成堆积。

滑坡体停止滑动的时间约为 11 时 41 分。

滑坡体推倒并掩埋了其途经的红坳村柳溪、德吉程工业园内 33 栋建筑物，造成重大人员伤亡。

2. 事故现场情况

事故直接影响范围约 38 万 m^2，南北长 1100 m，东西最宽处 630 m（前缘），最窄处宽 150 m（中部）（见图 5）。

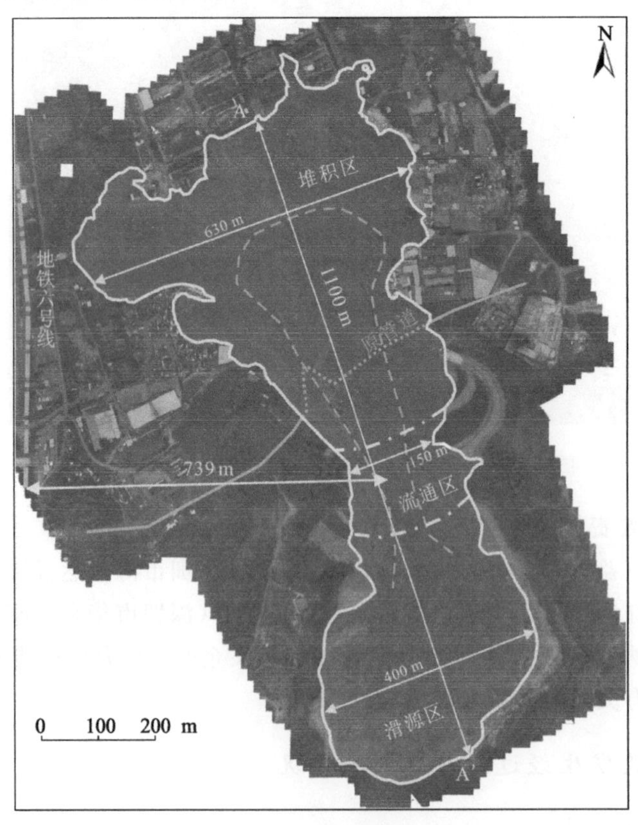

图 5　事故影响范围平面图

事故影响范围自南向北分三个区段：南段为红坳受纳场滑坡物源区，即处于第 3 级与第 4 级台阶之间滑出口以南的渣土堆填段，南北最长 374 m，东西最宽 400 m，面积约 11.6 万 m^2；中段为流通区，介于滑出口与渣土堆填体原第 1 级台阶底部，南北最长 118 m，东西最窄处宽 150 m，面积约 1.8 万 m^2；北段为滑坡堆积区，介于渣土堆填体原第 1 级台阶向北至外侧堆积边界线，南北最长 608 m，东西最宽 630 m，厚度 2～10 m，面积约 24.6 万 m^2。滑坡物源区与滑坡堆积区最大高程差 126 m，最大堆积厚度约为 28 m。

3. 应急救援情况

指挥部第一时间将事故现场分成 35 个网格，打通 6 条救援通道，组织力量 24 小时连续开展现场救援，利用生命探测仪、搜救犬开展 9 次地毯式排查，调集飞艇现场测绘，并结合光学雷达、地质雷达、高密度电法等高科技手段探测，对被埋区域建筑物进行定位开展救援。

截至 2016 年 1 月 14 日 16 时，累计外运土方 278 万 m^3，现场见底验收面积 18.4 万 m^2。高峰时期，参加救援的各方力量达 10681 人，投入大型机械设备达 2628 台。

在组织开展现场搜救工作的同时，指挥部还协调国家和省市岩土、燃气、地质等领域 200 多名专家对现场进行分析，评估再次发生灾害的可能性，对滑坡事故现场山体进行实时监测，严密防范二次滑坡。

（四）事故直接原因

红坳受纳场没有建设有效的导排水系统，受纳场内积水未能导出排泄（见图 6），致使堆填的渣土含水过饱和，形成底部软弱滑动带；严重超量超高堆填加载，下滑推力逐渐增大、稳定性降低，导致渣土失稳滑出，体积庞大的高势能滑坡体形成了巨大的冲击力，加之事发前险情处置错误，造成重大人员伤亡和财产损失。

图 6 受纳前坑内积水情况图

（五）责任追究情况

1. 追究刑事责任

（1）公安机关对龙某（益相龙公司实际控制人）、林某（深圳市海信达投资发展有限公司法定代表人，红坳受纳场实际控制人之一）、王某（深圳市华全混凝土有限公司总经理，红坳受纳场实际控制人之一）等 34 名相关企业和中介机构涉事责任人依法立案侦查并采取刑事强制措施。

（2）检察机关对 19 名涉嫌职务犯罪人员立案侦查并采取刑事强制措施。

2. 党纪政务处分

对 57 名公职人员进行了不同程度的党纪政务处分：

（1）其中 49 名公职人员（厅局级 11 人、县处级 27 人、科级及以下 11 人）给予党纪政纪处分（撤职和撤销党内职务 10 人、降级 13 人、降低岗位等级 2 人、记大过及以下处分 21 人、单独给予党内严重警告 3 人）。

（2）对 2 名公职人员进行通报批评，对其他 6 名公职人员由纪律检查机关进行诫勉谈话。

二、事故教训与预防措施

（一）存在的主要问题及教训

1. 未经正规勘察和设计，违法违规组织红坳受纳场建设施工并违法违规运营

益相龙公司作为红坳受纳场的建设、施工单位，未按工程建设程序委托勘察设计，未委托有资质的单位进行施工图设计；按照无效图纸组织施工，无资质施工。

红坳受纳场在没有正规施工图纸设计和未办理用地（后补办）、建设、环境影响评价、水土保持等审批许可的情况下即违法违规建设运营。

2. 安全投入不到位，埋下隐患

益相龙公司在建设运营过程中，红坳受纳场超出规划区域堆填，没有按照有关规定排出底部原有积水、修建有效的导排水系统并落实堆填碾压和密实度检测。没有有效的导排水系统，致使受纳场内积水未能及时导出排泄，导致堆填的渣土含水过饱和，形成底部软弱滑动带，埋下了安全隐患。现场作业管理混乱，事故隐患长期存在。

3. 安全发展理念不牢固，忽视安全，追求利润

益相龙公司安全生产主体责任不落实，未开展安全生产教育和培训工作，未按规定开展日常检查、事故隐患排查工作。

无视堆填体含水量高对受纳场安全稳定的影响，不顾超量超高堆填作业可能

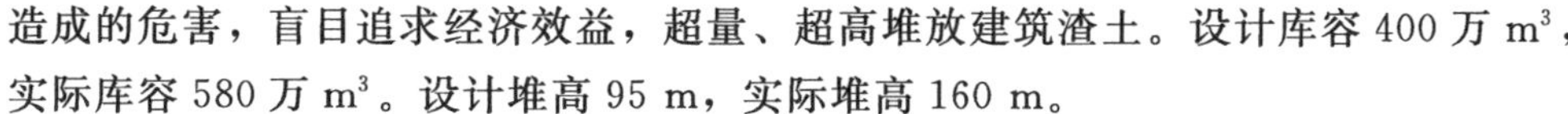

造成的危害，盲目追求经济效益，超量、超高堆放建筑渣土。设计库容 400 万 m^3，实际库容 580 万 m^3。设计堆高 95 m，实际堆高 160 m。

4. 用错误方法处理险情，小隐患变为重大隐患

益相龙公司现场作业人员在事发当天 06 时，发现受纳场堆填体多处出现裂缝、鼓胀开裂变形后，错误采用顶部填土方式进行处理，由于企业在事故发生前对险情处置错误，使已经开始失稳的堆填体后缘增加了下滑推力，事故风险进一步加大。

5. 风险意识极差，贻误疏散时机

益相龙公司未配备应急作业单元，未开展应急演练；未重视并整改事故发生前 1 个多月已经出现的事故征兆。事发当天 06 时，发现受纳场堆填体多处出现裂缝，09 时许，裂缝越来越大，遂停止填土；11 时 20 分许，渣土堆填体第 4 级台阶发生鼓包且鼓包不断移动，现场作业人员撤离受纳场作业平台。但在此过程中，事故企业人员始终没有发出事故警示、未向当地政府和有关部门报告，贻误了下游工业园区和社区人员紧急疏散撤离的时机。

6. 违法转包红坳受纳场建设运营项目

绿威公司作为红坳受纳场建设运营服务的中标公司，在红坳受纳场运营项目中标后，整体转让中标项目，名为分包，实为整体转包，属于违法转包运营服务项目；在将红坳受纳场运营服务项目转包给益相龙公司后，未与其签订专门的安全生产管理协议，没有对其进行安全检查。

7. 政府监管责任不落实，违法违规审批许可

当地政府违法违规推动渣土受纳场建设，对有关部门存在的问题失察失管；深圳市城市管理、建设、环保、水务、规划国土等部门单位违法违规审批许可，未按规定履行日常监管职责，未有效整治和排除群众反映的红坳受纳场存在的安全隐患。

（二）事故警示及预防措施

1. 牢固树立安全发展理念，建立健全安全生产体系

生产经营单位建立健全安全生产责任制和规章制度，明确各级管理人员和员工的安全职责，确保安全生产责任落实到人。

主要负责人应保证本单位安全生产投入的有效实施，确保有足够的资金用于安全生产的各个方面。一旦发生险情，主要负责人要到岗到位，并要科学处置险情。

2. 渣土受纳场要正规建设和施工，严禁超量超高堆填行为

渣土受纳场要按照工程建设程序委托勘察设计，委托有资质的单位进行施工设计，严格按照施工图纸组织施工，严禁无资质施工。

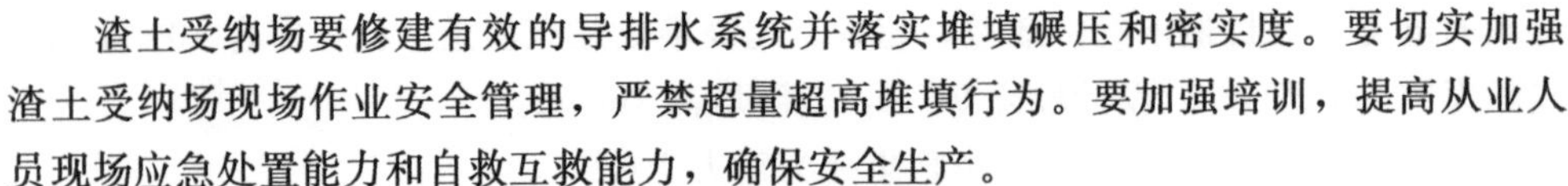

渣土受纳场要修建有效的导排水系统并落实堆填碾压和密实度。要切实加强渣土受纳场现场作业安全管理，严禁超量超高堆填行为。要加强培训，提高从业人员现场应急处置能力和自救互救能力，确保安全生产。

3. 加强风险辨识和评估，建立风险等级防控工作机制

建立健全安全风险辨识、分析和评估机制，要加强对淤泥渣土受纳场等建设项目的安全风险辨识、分析和评估。把好规划、建设、运营等关口。

生产经营单位要完善落实隐患排查治理制度，建立隐患排查治理自查自报自改机制，认真开展渣土受纳场作业场所危险因素分析，加强安全风险等级防控，从源头上消除事故隐患。

落实建设单位、勘察单位、设计单位、施工单位和工程监理单位五方主体的安全责任，加强建设项目安全监管。要建立风险等级防控工作机制，加强事中事后监管，及时发现安全风险和隐患，不断完善风险跟踪、监测、预警、处置工作机制，防止“想不到”的问题引发的安全风险，切实维护人民群众生命和财产安全。

4. 运用现代化应急管理技术，提升应急处置能力

要综合运用现代信息技术，加强对各类垃圾填埋场表面水平位移监测、深层水平位移监测、堆积体沉降监测、堆积体内水位监测等实时监测工作，实现事故风险感知、分析、服务、指挥、监察“五位一体”，做到早发现、早报告、早研判、早处置、早解决。

加强应急管理和救援队伍建设，提高应急处置能力和水平；针对风险评估结果制定科学、合理的风险防控措施和应急预案，定期组织应急演练和培训。

发现事故风险要及时向政府有关部门报告，并形成联动应急处置工作机制，确保在事故发生时能够迅速、有效地开展疏散和救援工作。

5. 严格项目审批，加强安全监管

政府有关部门加强对渣土受纳场等建设项目的审批管理，确保项目符合规划、环保、安全等要求。

建立健全日常监管机制，加强对企业的监督检查和执法力度，及时发现和纠正违法违规行为。

要加强安全、环保等中介机构的监管，对出具虚假报告的要严肃处理。

三、事故解析与风险防控

（一）渣土受纳场及其功能

1. 渣土受纳场

渣土受纳场是指经城市管理、规划等相关部门批准设立，用于收纳和存放建筑垃圾、工程渣土等固体废弃物的特定场地。建筑垃圾包括建设工程废弃物（如

拆除建筑物产生的混凝土块、砖块、瓦片等）、装修垃圾（如废弃的瓷砖、木板、石膏板等），工程渣土主要是在工程建设过程中开挖产生的泥土、沙石等（见图7）。

图7　渣土受纳场

2. 渣土受纳场的功能

（1）集中收纳

其主要功能是将分散在各个建设工程、装修现场的渣土和建筑垃圾进行集中收集，避免这些废弃物随意倾倒而造成环境污染、占用公共空间等问题。例如，在城市大规模建设时期，众多建筑拆除和新建工程会产生大量渣土，渣土受纳场就像一个个“收纳箱”，把这些渣土集中在特定地点存放。

（2）后续处理的中转站

很多渣土受纳场不仅仅是简单的堆放场地，还是对渣土进行初步处理或转运的场所。部分受纳场会对渣土进行分类，将可回收利用的材料（如废旧金属、木材等）分离出来进行回收，将剩余的渣土进行平整、压实等处理后，用于场地填方、土地复垦、绿化用土等用途。例如，一些山区的建设工程产生的渣土在受纳场处理后，运送到附近的矿山采空区进行回填，恢复土地的稳定性。

（二）渣土受纳场的危险性

1. 渣土堆失稳风险

（1）导排水系统失效

若渣土受纳场的导排水系统失效，会导致渣土含水过饱和，形成底部软弱滑动带。这种情况下，渣土堆的稳固性会大幅下降，极易发生滑坡事故。

（2）超容、超高堆填

渣土堆填过程中，若超过设计容量或高度，会增加下滑推力，进一步加剧滑坡风险。

(3) 自然因素

降雨、地震等自然因素也可能导致渣土失稳，从而引发滑坡事故。

2. 车辆伤害风险

渣土受纳场内常有大型载重卡车（如渣土车）进行渣土运输。这些车辆体积庞大，驾驶室高，存在很多视觉盲区，且行驶过程中可能因碰撞、碾轧、刮擦、翻车、坠车等造成人员伤亡或经济损失。

（三）主要法律法规要求

1.《中华人民共和国安全生产法》部分条款

第三条 安全生产工作坚持中国共产党的领导。

安全生产工作应当以人为本，坚持人民至上、生命至上，把保护人民生命安全摆在首位，树牢安全发展理念，坚持安全第一、预防为主、综合治理的方针，从源头上防范化解重大安全风险。

安全生产工作实行管行业必须管安全、管业务必须管安全、管生产经营必须管安全，强化和落实生产经营单位主体责任与政府监管责任，建立生产经营单位负责、职工参与、政府监管、行业自律和社会监督的机制。

第五条 生产经营单位的主要负责人是本单位安全生产第一责任人，对本单位的安全生产工作全面负责。其他负责人对职责范围内的安全生产工作负责。

第二十一条 生产经营单位的主要负责人对本单位安全生产工作负有下列职责：

（一）建立健全并落实本单位全员安全生产责任制，加强安全生产标准化建设；

（二）组织制定并实施本单位安全生产规章制度和操作规程；

（三）组织制定并实施本单位安全生产教育和培训计划；

（四）保证本单位安全生产投入的有效实施；

（五）组织建立并落实安全风险分级管控和隐患排查治理双重预防工作机制，督促、检查本单位的安全生产工作，及时消除生产安全事故隐患；

（六）组织制定并实施本单位的生产安全事故应急救援预案；

（七）及时、如实报告生产安全事故。

第二十二条 生产经营单位的全员安全生产责任制应当明确各岗位的责任人员、责任范围和考核标准等内容。

生产经营单位应当建立相应的机制，加强对全员安全生产责任制落实情况的监督考核，保证全员安全生产责任制的落实。

第二十三条第一款 生产经营单位应当具备的安全生产条件所必需的资金投入，由生产经营单位的决策机构、主要负责人或者个人经营的投资人予以保证，并对由于安全生产所必需的资金投入不足导致的后果承担责任。

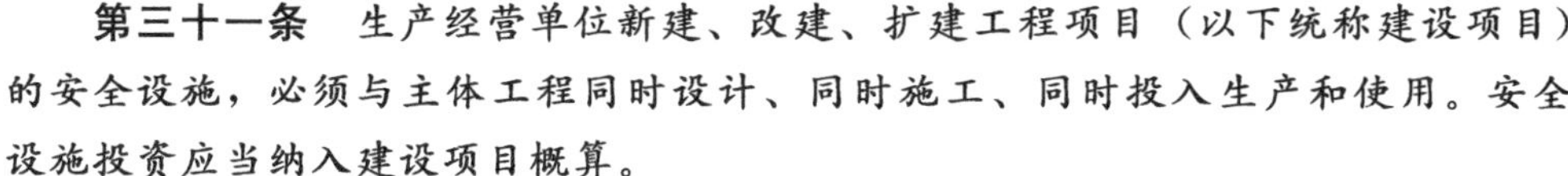

第三十一条　生产经营单位新建、改建、扩建工程项目（以下统称建设项目）的安全设施，必须与主体工程同时设计、同时施工、同时投入生产和使用。安全设施投资应当纳入建设项目概算。

第四十一条第一款　生产经营单位应当建立安全风险分级管控制度，按照安全风险分级采取相应的管控措施。

第四十九条　生产经营单位不得将生产经营项目、场所、设备发包或者出租给不具备安全生产条件或者相应资质的单位或者个人。

2.《中华人民共和国建筑法》部分条款

第三条　建筑活动应当确保建筑工程质量和安全，符合国家的建筑工程安全标准。

第十二条　从事建筑活动的建筑施工企业、勘察单位、设计单位和工程监理单位，应当具备下列条件：

（一）有符合国家规定的注册资本；

（二）有与其从事的建筑活动相适应的具有法定执业资格的专业技术人员；

（三）有从事相关建筑活动所应有的技术装备；

（四）法律、行政法规规定的其他条件。

第十三条　从事建筑活动的建筑施工企业、勘察单位、设计单位和工程监理单位，按照其拥有的注册资本、专业技术人员、技术装备和已完成的建筑工程业绩等资质条件，划分为不同的资质等级，经资质审查合格，取得相应等级的资质证书后，方可在其资质等级许可的范围内从事建筑活动。

第二十六条　承包建筑工程的单位应当持有依法取得的资质证书，并在其资质等级许可的业务范围内承揽工程。

禁止建筑施工企业超越本企业资质等级许可的业务范围或者以任何形式用其他建筑施工企业的名义承揽工程。禁止建筑施工企业以任何形式允许其他单位或者个人使用本企业的资质证书、营业执照，以本企业的名义承揽工程。

第二十八条　禁止承包单位将其承包的全部建筑工程转包给他人，禁止承包单位将其承包的全部建筑工程肢解以后以分包的名义分别转包给他人。

第二十九条　建筑工程总承包单位可以将承包工程中的部分工程发包给具有相应资质条件的分包单位；但是，除总承包合同中约定的分包外，必须经建设单位认可。施工总承包的，建筑工程主体结构的施工必须由总承包单位自行完成。

建筑工程总承包单位按照总承包合同的约定对建设单位负责；分包单位按照分包合同的约定对总承包单位负责。总承包单位和分包单位就分包工程对建设单位承担连带责任。

禁止总承包单位将工程分包给不具备相应资质条件的单位。禁止分包单位将其承包的工程再分包。

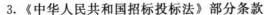

3.《中华人民共和国招标投标法》部分条款

第四条 任何单位和个人不得将依法必须进行招标的项目化整为零或者以其他任何方式规避招标。

第四十八条第一款 中标人应当按照合同约定履行义务，完成中标项目。中标人不得向他人转让中标项目，也不得将中标项目肢解后分别向他人转让。

案例23　电气线路不穿管酿成氨爆大事故

——吉林省长春市宝源丰禽业有限公司“6·3”特别重大火灾爆炸事故暴露出的主要问题与警示

一、事故详情

（一）事故基本情况

2013年6月3日06时10分许，位于吉林省长春市德惠市的吉林宝源丰禽业有限公司（以下简称宝源丰公司）主厂房发生特别重大火灾爆炸事故，共造成121人死亡、76人受伤，17234 m² 主厂房及主厂房内生产设备被损毁，直接经济损失1.82亿元（见图1）。

图1　事故现场照片

（二）涉事单位及相关责任人情况

1. 事故发生单位——宝源丰公司

宝源丰公司为个人独资企业，位于德惠市米沙子镇，成立于2008年5月9日，法定代表人贾某。该公司资产总额6227万元，经营范围为肉鸡屠宰、分割、速冻、加工及销售，事故发生时员工共有430人。

2. 宝源丰公司主厂房建筑情况

(1) 功能分区

主厂房内共有南、中、北三条贯穿东西的主通道，将主厂房划分为四个区域，由北向南依次为冷库、速冻车间、主车间（东侧为一车间、西侧为二车间、中部为预冷池）和附属区（更衣室、卫生间、办公室、配电室、机修车间和化验室等）。

(2) 结构情况

主厂房结构为单层门式轻钢框架，屋顶结构为工字钢梁上铺压型板，内表面喷涂聚氨酯泡沫作为保温材料（依现场取样，材料燃烧性能经鉴定，氧指数为22.9%～23.4%）。屋顶下设吊顶，材质为金属面聚苯乙烯夹芯板（依现场取样，材料燃烧性能经鉴定，氧指数为33%），吊顶至屋顶高度为2至3米不等。

主厂房外墙1 m以下为砖墙，以上南侧为金属面聚苯乙烯夹芯板，其他为金属面岩棉夹芯板。冷库与速冻车间部分采用实体墙分隔，冷库墙体及其屋面内表面喷涂聚氨酯泡沫作为保温材料（依现场取样，材料燃烧性能经鉴定，氧指数为23.8%），附属区为金属面聚苯乙烯夹芯板，其余区域2 m以下为砖墙，以上为金属面岩棉夹芯板。钢柱4 m以下部分采用钢丝网抹水泥层保护。

主厂房屋顶在设计中采用岩棉（不燃材料，A级）作保温材料，但实际使用聚氨酯泡沫（燃烧性能为B3级），不符合《建筑设计防火规范》（GB 50016—2006）不低于B2级的规定；冷库屋顶及墙体使用聚氨酯泡沫作为保温材料（燃烧性能为B3级），不符合《冷库设计规范》（GB 50072—2001）不低于B1级的规定。

(3) 安全出口情况

主厂房主通道东西两侧各设一个安全出口，冷库北侧设置5个安全出口直通室外，附属区南侧外墙设置4个安全出口直通室外，二车间西侧外墙设置一个安全出口直通室外。安全出口设置符合《建筑设计防火规范》的相关规定。事故发生时，南部主通道西侧安全出口和二车间西侧直通室外的安全出口被锁闭，其余安全出口处于正常状态。

(4) 配电情况

冷库、速冻车间的电气线路由主厂房北部主通道东侧上方引入，架空敷设，分别引入冷库配电柜和速冻车间配电柜。

一车间的电气线路由主厂房南部主通道东侧上方引入，电缆设置在电缆槽内，穿过吊顶，引入一车间配电室。

二车间的电气线路由主厂房南部主通道东侧上方引入，在屋顶工字钢梁上吊装明敷（未采取穿管保护），东西走向，穿过吊顶进入二车间配电室。

主厂房电器线路安装敷设不规范，电缆明敷，二车间存在未使用桥架、槽盒、穿管布线的问题。

3. 宝源丰公司氨制冷系统情况

事故企业使用氨制冷系统，系统主要包括主厂房外东北部的制冷机房内的制冷设备、布置在主厂房内的冷却设备、液氨输送和氨气回收管线。

制冷设备包括10台螺杆式制冷压缩机组、3台15.4 m^3 的高压贮氨器、10台7 m^3 的卧式低压循环桶（自北向南分别为1—10号）等。

冷却设备包括冷库、速冻库、预冷池的蒸发排管，螺旋速冻机，风机库和鲜品库的冷风机等。螺旋速冻机和冷风机均有大量铝制部件。

10台卧式低压循环桶通过液氨输送和氨气回收管线，分别向冷库、速冻库、预冷池、螺旋速冻机、风机库和鲜品库供冷，形成相对独立的6个冷却系统。

事故企业共先后购买液氨45 t。事故发生后，共从氨制冷系统中导出液氨30 t，据此估算事故中液氨泄漏的最大可能量为15 t。

4. 涉事其他相关单位情况

经调查，设计、施工、监理单位均为挂靠借用资质违法办理工程建设手续的单位。实际情况是：

（1）设计单位情况

宝源丰公司项目设计方系辽宁大河重钢工程有限公司总经理贾某某安排其公司内部无设计资质人员设计，然后挂靠沈阳纺织工业非织造布技术开发中心履行相关建设手续。挂名的设计单位未派人参加设计验收等工作，也未收取设计费。

（2）施工单位情况

宝源丰公司项目施工方是经贾某某介绍长春建工集团职工刘某同贾某认识，然后由宝源丰公司与长春建工集团签订承包合同，经刘某某同意，借用长春建工集团资质办理相关手续。项目的土建部分由贾某自己组织人员施工，钢构部分由贾某某负责建设。长春建工集团及刘某收取了管理费。

（3）监理单位情况

宝源丰公司项目的监理方系铁岭无业人员张某，他向贾某承揽到宝源丰公司项目监理业务，由瑞诚监理公司和宝源丰公司签订合同，由张某代表瑞诚监理公司开展监理工作。张某不具备监理资质、不懂监理业务，并同时代表贾某对项目进行技术管理，分别从两家公司领取报酬。

5. 事故主要责任人

（1）宝源丰公司：贾某（宝源丰公司董事长）、张某某（宝源丰公司总经理）、姚某（宝源丰公司综合办公室主任）、冷某（宝源丰公司保卫科长）。

（2）辽宁大河重钢工程有限公司：贾某某（辽宁大河重钢工程有限公司董事）。

（3）长春建工集团：刘某（长春建工集团职工）、刘某某（2005年7月任长春建工集团名下某公司经理，2012年3月病休）。

（4）张某，无业。

（三）事故发生经过及应急救援情况

1. 事故发生经过

6月3日05时20分至50分左右，宝源丰公司员工陆续进厂工作（受运输和天气温度的影响，该企业通常于早06时上班），当日计划屠宰加工肉鸡3.79万只，当日在车间现场人数395人（其中一车间113人，二车间192人，挂鸡台20人，冷库70人）。

06时10分左右，部分员工发现一车间女更衣室及附近区域上部有烟、火，主厂房外面也有人发现主厂房南侧中间部位上层窗户最先冒出黑色浓烟。

部分较早发现火情人员进行了初期扑救，但火势未得到有效控制。

火势逐渐在吊顶内由南向北蔓延，同时向下蔓延到整个附属区，并由附属区向北面的主车间、速冻车间和冷库方向蔓延。

燃烧产生的高温导致主厂房西北部的1号冷库和1号螺旋速冻机的液氨输送和氨气回收管线发生物理爆炸，致使该区域上方屋顶卷开，大量氨气泄漏，介入了燃烧，火势蔓延至主厂房的其余区域。

2. 应急救援情况

06时30分57秒，德惠市公安消防大队接到110指挥中心报警后，第一时间调集力量赶赴现场处置。

吉林省及长春市人民政府接到报告后，迅速启动了应急预案，省、市党政主要负责同志和其他负责同志立即赶赴现场，组织调动公安、消防、武警、医疗、供水、供电等有关部门和单位参加事故抢险救援和应急处置，先后调集消防官兵800余名、公安干警300余名、武警官兵800余名、医护人员150余名，出动消防车113辆、医疗救护车54辆，共同参与事故抢险救援和应急处置。

在施救过程中，共组织开展了10次现场搜救，抢救被困人员25人，疏散现场及周边群众近3000人，火灾于当日11时被扑灭。

（四）事故直接原因

宝源丰公司主厂房一车间女更衣室西面和毗连的二车间配电室的上部电气线路短路，引燃周围可燃物。当火势蔓延到氨设备和氨管道区域，燃烧产生的高温导致氨设备和氨管道发生物理爆炸，大量氨气泄漏，介入了燃烧。

造成火势迅速蔓延的主要原因：一是主厂房内大量使用聚氨酯泡沫保温材料和聚苯乙烯夹芯板（聚氨酯泡沫燃点低、燃烧速度极快，聚苯乙烯夹芯板燃烧的滴落物具有引燃性）。二是一车间女更衣室等附属区房间内的衣柜、衣物、办公用具等可燃物较多，且与人员密集的主车间用聚苯乙烯夹芯板分隔。三是吊顶内的空间大部分连通，火灾发生后，火势由南向北迅速蔓延。四是当火势蔓延到氨设备和氨管道区域，燃烧产生的高温导致氨设备和氨管道发生物理爆炸，大量氨气泄漏，介入了燃烧。

造成重大人员伤亡的主要原因：一是起火后，火势从起火部位迅速蔓延，聚氨酯泡沫塑料、聚苯乙烯泡沫塑料等材料大面积燃烧，产生高温有毒烟气，同时伴有泄漏的氨气等毒害物质。二是主厂房内逃生通道复杂，且南部主通道西侧安全出口和二车间西侧直通室外的安全出口被锁闭，火灾发生时人员无法及时逃生。三是主厂房内没有报警装置，部分人员对火灾知情晚，加之最先发现起火的人员没有来得及通知二车间等区域的人员疏散，使一些人丧失了最佳逃生时机。四是宝源丰公司未对员工进行安全培训，未组织应急疏散演练，员工缺乏逃生自救互救知识和能力。

（五）责任追究情况

1. 追究刑事责任

（1）宝源丰公司：贾某（宝源丰公司董事长）、张某某（宝源丰公司总经理）、姚某（宝源丰公司综合办公室主任）、冷某（宝源丰公司保卫科长）。

（2）辽宁大河重钢工程有限公司：贾某某（辽宁大河重钢工程有限公司董事）。

（3）长春建工集团：刘某（长春建工集团职工）、刘某某（2005 年 7 月任长春建工集团名下某公司经理，2012 年 3 月病休）。

（4）张某，无业。

（5）刘某祥（德惠市米沙子镇党委副书记、镇长）、宋某（德惠市米沙子镇建设分局局长）、吕某（长春市消防支队净月消防大队大队长）等 11 名政府有关部门公职人员。

以上 19 名涉事责任人被司法机关采取措施，批准逮捕。

2. 党纪政务处分

对长春市副市长等 21 名政府有关部门公职人员给予党纪政纪处分。另外，2 名中管干部对事故发生负有重要领导责任，给予记大过处分。

二、事故教训与预防措施

（一）存在的主要问题及教训

1. 重利益、轻安全，主体责任不落实

宝源丰公司严重违反党的安全生产方针和安全生产法律法规，没有“以人为本，安全第一”的意识，未落实安全生产和消防安全的主体责任，重生产、重产值、重利益，要钱不要安全，为了企业和自己的利益而无视员工生命。

企业厂房建设过程中，为了达到少花钱的目的，未按照原设计施工，违规将保温材料由不燃的岩棉换成易燃的聚氨酯泡沫，导致起火后火势迅速蔓延，产生大量有毒气体，造成大量人员伤亡。

2. 安全生产责任制未建全、不落实

宝源丰公司虽然制定了一些内部管理制度、安全操作规程，主要是为了应付检查和档案建设需要，没有公布、执行和落实；总经理、厂长、车间班组长不知道有规章制度，更谈不上执行；管理人员招聘后仅在会议上宣布，没有文件任命，日常管理属于随机安排；投产以来没有组织开展过全厂性的安全检查。

未逐级明确安全管理责任，没有逐级签订包括消防在内的安全责任书，企业法定代表人、总经理、综合办公室主任及车间、班组负责人都不知道自己的安全职责和责任。

3. 生命通道不通畅，工作环境不安全

宝源丰公司厂房内逃生通道复杂，混乱环境下很难找到安全出口。并且，违规将南部主通道西侧的安全出口和二车间西侧外墙设置的直通室外的安全出口锁闭，清理事故现场时发现大量遇难人员聚集在安全出口处无法逃出。厂房内没有安装报警装置，火灾发生后部分人员对火灾知情晚，使一些人丧失了最佳逃生时机。

4. 电气线路无套管，小隐患酿成大事故

宝源丰公司违规安装布设电气设备及线路，主厂房内电缆明敷，二车间的电线未使用桥架、槽盒，也未穿安全防护管，埋下重大事故隐患。

火灾最先从女更衣室燃起，导火线就是女更衣室柜子上一根违规安装的、没有安全防护套管的电线，电线短路后引燃周围可燃物引发火灾。

未按照有关规定对重大危险源进行监控，未对存在的重大隐患进行排查整改消除。尤其是 2010 年发生多起火灾事故后，没有认真吸取教训，加强消防安全工作和彻底整改存在的事故隐患。

5. 安全培训教育严重缺失

宝源丰公司从未组织开展过安全宣传教育，从未对员工进行安全知识培训，企业管理人员、从业人员缺乏消防安全常识和扑救初期火灾的能力；虽然制定了事故应急预案，但从未组织开展过应急演练。

6. 特种设备管理混乱

宝源丰公司非法取得了《特种设备使用登记证》，未按规定建立特种设备安全技术档案，未按要求每月定期自查并记录，未在安全检验合格有效期届满前 1 个月向特种设备检验检测机构提出定期检验要求，未开展特种设备安全教育和培训。

7. 政府有关部门项目审批“无把关”

当地政府重经济增速、重财政收入、重招商引资，对宝源丰公司建设片面强调“特事特办、多开绿灯”，只要“政绩”而忽视安全生产。作为“防火墙”的公

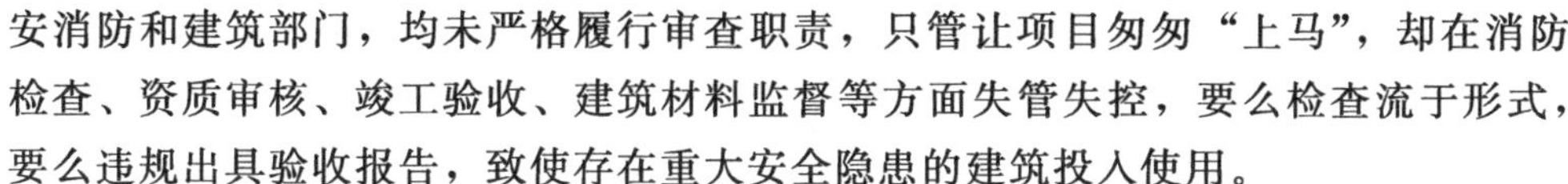

安消防和建筑部门，均未严格履行审查职责，只管让项目匆匆“上马”，却在消防检查、资质审核、竣工验收、建筑材料监督等方面失管失控，要么检查流于形式，要么违规出具验收报告，致使存在重大安全隐患的建筑投入使用。

（二）事故警示及预防措施

1. 企业第一责任人必须树立“红线意识”，将生命安全放在首位

生产经营单位必须牢固树立“以人为本、安全第一”的理念，将安全生产放在企业发展的首要位置。

真正落实企业安全生产法定代表人负责制和安全生产主体责任，坚决克服重生产、重扩张、重速度、重效益、轻质量、轻安全的思想，切实摆正安全与生产、安全与效益、安全与发展的位置，坚持牢固树立和落实科学发展观，坚持安全发展原则和“安全第一、预防为主、综合治理”的方针，坚持不以牺牲人的生命为代价去换取企业的产量增长和经济效益。

2. 建立健全全员安全生产责任体系，落实企业安全生产主体责任

生产经营单位要建立健全安全生产责任制，明确各级管理人员和员工的安全职责，将安全生产责任层层分解，落实到每个岗位和个人；要配足配齐电工、制冷工等特种作业人员并加强培训和管理。

必须严格按照国家相关标准和规范进行项目建设和施工，不得擅自更改设计、更换建筑材料和安全标准。

3. 保证安全投入，严禁违规使用聚苯乙烯等易燃材料

生产经营单位应根据自身生产规模、行业特点、安全风险等因素，依据相关规定，科学确定安全投入的比例，要保证足够的安全投入；厂房设计和建设过程中必须充分考虑消防安全要求，严禁使用聚苯乙烯等易燃材料，确保厂房结构的耐火等级符合规范要求。

4. 电气线路必须按规范施工，使用穿管、桥架、槽盒等

生产经营单位要严格按照国家规范标准安装、维护和管理电气线路及设施，严禁电缆明敷等行为，确保电气安全；定期对电气线路进行检修和维护，及时发现并消除电气安全隐患。

5. 加强应急演练，并保证安全出口畅通无阻

生产经营单位要确保逃生通道畅通无阻，严禁锁闭安全出口；设置有效的报警装置和应急疏散指示标志，确保员工在火灾初期能够迅速得到警示和疏散信息；定期组织应急疏散演练，确保员工在火灾发生时能够迅速、有序地撤离。

6. 加强安全培训教育，增强自救意识

生产经营单位要定期对员工进行安全教育培训，提高员工的安全意识和自救互救能力；建立健全应急响应机制，制定详细的应急预案和应急演练计划，在事

故发生时能够迅速启动应急预案，组织人员疏散和救援工作。

7. 坚守发展决不能以牺牲人的生命为代价这一不可逾越的红线

政府有关部门要牢固树立和切实落实科学发展观、正确的政绩观及业绩观，坚决防止和纠正一些地方、部门和单位重速度、重增长、重效益、轻质量、轻安全甚至以牺牲安全为代价换取一时一地经济增长的倾向。

把安全生产纳入地区经济社会发展的总体布局中去谋划、去推进、去落实，采取更加坚决、更加有力、更加有效的措施。

8. 切实强化消防安全工作，层层落实特别是基层的消防安全责任制

政府有关部门要研究改善劳动密集型企业的消防安全条件，在建筑设计施工时应充分考虑消防安全需求，努力提高设防等级。

要严格限制劳动密集型企业的生产加工车间中易燃、可燃保温材料的使用，保证建筑材料的防火性能；要合理设置疏散通道和安全出口，完善应急标志标识和报警系统，为作业人员提供充足的安全保障。

9. 切实强化使用氨制冷系统企业的安全监督管理

政府有关部门要采取有力措施，加强宣传教育和业务培训，促进使用氨制冷系统的企业和用氨单位全体员工了解掌握氨的理化特性，并针对其危害性制定相应的安全操作规程，切实认真加以落实；要加强企业现场的监测监控，切实做好防泄漏等工作；要在劳动人员密集的地点设置氨气浓度报警装置及通风系统。

10. 切实强化工程项目建设的安全质量监管工作

政府有关部门要严格遵守建设管理流程，严格履行项目立项、设计、施工许可、组织施工、竣工验收等手续，严禁盲目赶工期、催进度和放松对质量和安全的监管，切实保障工程合理投入尤其是安全投入和合理工期，精心组织、规范施工，确保建设工程质量和安全。

11. 坚持“谁审批，谁负责”，要严格行政许可制度和审批责任制

政府有关部门要坚持“谁主管、谁负责”，“谁许可、谁负责”，“谁发证、谁负责”的原则，审批前要严格审查、审批中要严格把关、审批后要强化监管，杜绝违规出具验收报告行为。

各级行业主管部门要坚持管行业必须管安全、管业务必须管安全、管生产建设经营必须管安全的原则。

三、事故解析与风险防控

（一）“电气线路不穿管”及其风险

1. “电气线路不穿管”

“电气线路不穿管”指的是在电气设备的施工或安装过程中，电气线路（如电

线、电缆等）没有按照规范或标准穿过保护管道（如 PVC 管、金属导管或电缆槽盒等）进行敷设，而是直接暴露在外或裸露安装（见图 2）。

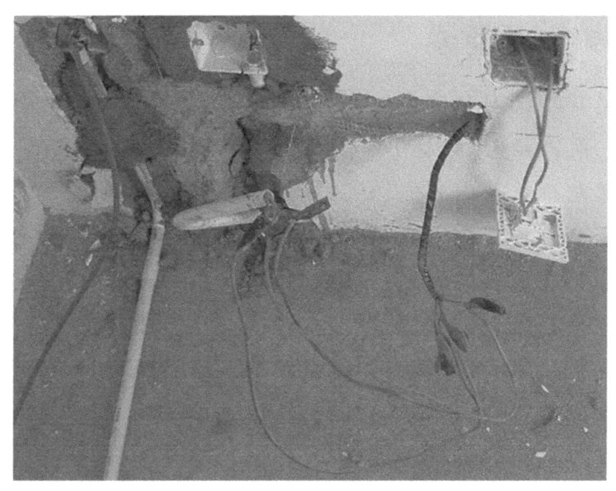

图 2　“电气线路不穿管”示意图

具体来说，“电气线路不穿管”可能涉及以下两种情况：

（1）直接暴露

电气线路没有受到任何保护，直接暴露在空气中，容易受到物理损伤、电磁干扰和潮湿等不利因素的影响。

（2）裸露安装

电气线路虽然被安装，但并未按照要求进行穿管保护，而是简单地固定在墙体、吊顶或其他结构上，同样存在安全隐患。

2.“电气线路不穿管”的风险

（1）火灾风险

电气线路不穿管，其绝缘层会加速老化。长期暴露在空气中，绝缘材料会受到氧气、紫外线、温度变化等因素的影响，逐渐失去绝缘性能。

如果两根或多根电线的绝缘层破损后相互接触，或者电线与金属物体接触，就会形成短路。短路会瞬间产生极大的电流，并且会产生大量的热量。

当电线不穿管时，这些热量没有有效的散热途径，会使电线周围的温度迅速升高。如果周围有易燃物质，如纸张、木材、塑料等，就很容易被点燃，从而引发火灾。在一些老旧建筑或者违规搭建的场所，电气线路不穿管是导致火灾事故的一个重要原因。

（2）漏电隐患

当电线绝缘层损坏后，电流可能会通过非预期的路径泄漏到周围的物体或地面上，这就是漏电现象。漏电不仅会造成电力浪费，还可能使接触到漏电区域的人员触电。特别是在有人员活动的场所，如家庭、学校、医院等，漏电可能会对人体造成严重的伤害，甚至危及生命。

（二）主要法律法规要求

1.《中华人民共和国安全生产法》部分条款

第二十二条 生产经营单位的全员安全生产责任制应当明确各岗位的责任人员、责任范围和考核标准等内容。

生产经营单位应当建立相应的机制，加强对全员安全生产责任制落实情况的监督考核，保证全员安全生产责任制的落实。

第二十三条 生产经营单位应当具备的安全生产条件所必需的资金投入，由生产经营单位的决策机构、主要负责人或者个人经营的投资人予以保证，并对由于安全生产所必需的资金投入不足导致的后果承担责任。

有关生产经营单位应当按照规定提取和使用安全生产费用，专门用于改善安全生产条件。安全生产费用在成本中据实列支。安全生产费用提取、使用和监督管理的具体办法由国务院财政部门会同国务院应急管理部门征求国务院有关部门意见后制定。

第二十五条 生产经营单位的安全生产管理机构以及安全生产管理人员履行下列职责：

（一）组织或者参与拟订本单位安全生产规章制度、操作规程和生产安全事故应急救援预案；

（二）组织或者参与本单位安全生产教育和培训，如实记录安全生产教育和培训情况；

（三）组织开展危险源辨识和评估，督促落实本单位重大危险源的安全管理措施；

（四）组织或者参与本单位应急救援演练；

（五）检查本单位的安全生产状况，及时排查生产安全事故隐患，提出改进安全生产管理的建议；

（六）制止和纠正违章指挥、强令冒险作业、违反操作规程的行为；

（七）督促落实本单位安全生产整改措施。

生产经营单位可以设置专职安全生产分管负责人，协助本单位主要负责人履行安全生产管理职责。

第二十八条第一款 生产经营单位应当对从业人员进行安全生产教育和培训，保证从业人员具备必要的安全生产知识，熟悉有关的安全生产规章制度和安全操作规程，掌握本岗位的安全操作技能，了解事故应急处理措施，知悉自身在安全生产方面的权利和义务。未经安全生产教育和培训合格的从业人员，不得上岗作业。

第三十条　生产经营单位的特种作业人员必须按照国家有关规定经专门的安全作业培训，取得相应资格，方可上岗作业。

特种作业人员的范围由国务院应急管理部门会同国务院有关部门确定。

第四十一条　生产经营单位应当建立安全风险分级管控制度，按照安全风险分级采取相应的管控措施。

生产经营单位应当建立健全并落实生产安全事故隐患排查治理制度，采取技术、管理措施，及时发现并消除事故隐患。事故隐患排查治理情况应当如实记录，并通过职工大会或者职工代表大会、信息公示栏等方式向从业人员通报。其中，重大事故隐患排查治理情况应当及时向负有安全生产监督管理职责的部门和职工大会或者职工代表大会报告。

县级以上地方各级人民政府负有安全生产监督管理职责的部门应当将重大事故隐患纳入相关信息系统，建立健全重大事故隐患治理督办制度，督促生产经营单位消除重大事故隐患。

第四十六条　生产经营单位的安全生产管理人员应当根据本单位的生产经营特点，对安全生产状况进行经常性检查；对检查中发现的安全问题，应当立即处理；不能处理的，应当及时报告本单位有关负责人，有关负责人应当及时处理。检查及处理情况应当如实记录在案。

生产经营单位的安全生产管理人员在检查中发现重大事故隐患，依照前款规定向本单位有关负责人报告，有关负责人不及时处理的，安全生产管理人员可以向主管的负有安全生产监督管理职责的部门报告，接到报告的部门应当依法及时处理。

2.《中华人民共和国消防法》部分条款

第九条　建设工程的消防设计、施工必须符合国家工程建设消防技术标准。建设、设计、施工、工程监理等单位依法对建设工程的消防设计、施工质量负责。

第十六条　机关、团体、企业、事业等单位应当履行下列消防安全职责：

（一）落实消防安全责任制，制定本单位的消防安全制度、消防安全操作规程，制定灭火和应急疏散预案；

（二）按照国家标准、行业标准配置消防设施、器材，设置消防安全标志，并定期组织检验、维修，确保完好有效；

（三）对建筑消防设施每年至少进行一次全面检测，确保完好有效，检测记录应当完整准确，存档备查；

（四）保障疏散通道、安全出口、消防车通道畅通，保证防火防烟分区、防火间距符合消防技术标准；

（五）组织防火检查，及时消除火灾隐患；

（六）组织进行有针对性的消防演练；

（七）法律、法规规定的其他消防安全职责。

单位的主要负责人是本单位的消防安全责任人。

第十九条 生产、储存、经营易燃易爆危险品的场所不得与居住场所设置在同一建筑物内，并应当与居住场所保持安全距离。

生产、储存、经营其他物品的场所与居住场所设置在同一建筑物内的，应当符合国家工程建设消防技术标准。

第二十二条 生产、储存、装卸易燃易爆危险品的工厂、仓库和专用车站、码头的设置，应当符合消防技术标准。易燃易爆气体和液体的充装站、供应站、调压站，应当设置在符合消防安全要求的位置，并符合防火防爆要求。

已经设置的生产、储存、装卸易燃易爆危险品的工厂、仓库和专用车站、码头，易燃易爆气体和液体的充装站、供应站、调压站，不再符合前款规定的，地方人民政府应当组织、协调有关部门、单位限期解决，消除安全隐患。

第二十三条 生产、储存、运输、销售、使用、销毁易燃易爆危险品，必须执行消防技术标准和管理规定。

进入生产、储存易燃易爆危险品的场所，必须执行消防安全规定。禁止非法携带易燃易爆危险品进入公共场所或者乘坐公共交通工具。

储存可燃物资仓库的管理，必须执行消防技术标准和管理规定。

第二十六条 建筑构件、建筑材料和室内装修、装饰材料的防火性能必须符合国家标准；没有国家标准的，必须符合行业标准。

人员密集场所室内装修、装饰，应当按照消防技术标准的要求，使用不燃、难燃材料。

第二十八条 任何单位、个人不得损坏、挪用或者擅自拆除、停用消防设施、器材，不得埋压、圈占、遮挡消火栓或者占用防火间距，不得占用、堵塞、封闭疏散通道、安全出口、消防车通道。人员密集场所的门窗不得设置影响逃生和灭火救援的障碍物。

3.《中华人民共和国特种设备安全法》部分条款

第十三条 特种设备生产、经营、使用单位及其主要负责人对其生产、经营、使用的特种设备安全负责。

特种设备生产、经营、使用单位应当按照国家有关规定配备特种设备安全管理人员、检测人员和作业人员，并对其进行必要的安全教育和技能培训。

第十四条 特种设备安全管理人员、检测人员和作业人员应当按照国家有关规定取得相应资格，方可从事相关工作。特种设备安全管理人员、检测人员和作业人员应当严格执行安全技术规范和管理制度，保证特种设备安全。

第十五条 特种设备生产、经营、使用单位对其生产、经营、使用的特种设备应当进行自行检测和维护保养，对国家规定实行检验的特种设备应当及时申报并接受检验。

第十八条　国家按照分类监督管理的原则对特种设备生产实行许可制度。特种设备生产单位应当具备下列条件，并经负责特种设备安全监督管理的部门许可，方可从事生产活动：

（一）有与生产相适应的专业技术人员；

（二）有与生产相适应的设备、设施和工作场所；

（三）有健全的质量保证、安全管理和岗位责任等制度。

第十九条　特种设备生产单位应当保证特种设备生产符合安全技术规范及相关标准的要求，对其生产的特种设备的安全性能负责。不得生产不符合安全性能要求和能效指标以及国家明令淘汰的特种设备。

第三十二条　特种设备使用单位应当使用取得许可生产并经检验合格的特种设备。

禁止使用国家明令淘汰和已经报废的特种设备。

第三十四条　特种设备使用单位应当建立岗位责任、隐患治理、应急救援等安全管理制度，制定操作规程，保证特种设备安全运行。

第三十五条　特种设备使用单位应当建立特种设备安全技术档案。安全技术档案应当包括以下内容：

（一）特种设备的设计文件、产品质量合格证明、安装及使用维护保养说明、监督检验证明等相关技术资料和文件；

（二）特种设备的定期检验和定期自行检查记录；

（三）特种设备的日常使用状况记录；

（四）特种设备及其附属仪器仪表的维护保养记录；

（五）特种设备的运行故障和事故记录。

第三十九条　特种设备使用单位应当对其使用的特种设备进行经常性维护保养和定期自行检查，并作出记录。

特种设备使用单位应当对其使用的特种设备的安全附件、安全保护装置进行定期校验、检修，并作出记录。

4.《工贸企业重大事故隐患判定标准》部分条款

第三条　工贸企业有下列情形之一的，应当判定为重大事故隐患：

（一）未对承包单位、承租单位的安全生产工作统一协调、管理，或者未定期进行安全检查的；

（二）特种作业人员未按照规定经专门的安全作业培训并取得相应资格，上岗作业的；

（三）金属冶炼企业主要负责人、安全生产管理人员未按照规定经考核合格的。

第八条 轻工企业有下列情形之一的，应当判定为重大事故隐患：

（一）食品制造企业烘制、油炸设备未设置防过热自动切断装置的；

（二）白酒勾兑、灌装场所和酒库未设置固定式乙醇蒸气浓度监测报警装置，或者监测报警装置未与通风设施联锁的；

（三）纸浆制造、造纸企业使用蒸气、明火直接加热钢瓶汽化液氯的；

（四）日用玻璃、陶瓷制造企业采用预混燃烧方式的燃气窑炉（热发生炉煤气窑炉除外）的燃气总管未设置管道压力监测报警装置，或者监测报警装置未与紧急自动切断装置联锁的；

（五）日用玻璃制造企业玻璃窑炉的冷却保护系统未设置监测报警装置的；

（六）使用非水性漆的调漆间、喷漆室未设置固定式可燃气体浓度监测报警装置或者通风设施的；

（七）锂离子电池储存仓库未对故障电池采取有效物理隔离措施的。

第十二条 使用液氨制冷的工贸企业有下列情形之一的，应当判定为重大事故隐患：

（一）包装、分割、产品整理场所的空调系统采用氨直接蒸发制冷的；

（二）快速冻结装置未设置在单独的作业间内，或者快速冻结装置作业间内作业人员数量超过 9 人的。

案例 24　油管受腐成隐患 错误处置引爆炸

——山东省青岛市“11·22”中石化东黄输油管道泄漏爆炸事故暴露出的主要问题与警示

一、事故详情

（一）事故基本情况

2013 年 11 月 22 日 10 时 25 分，位于山东省青岛经济技术开发区的中国石油化工股份有限公司管道储运分公司东黄输油管道泄漏原油进入市政排水暗渠，在形成密闭空间的暗渠内油气积聚遇火花发生爆炸，造成 62 人死亡、136 人受伤，直接经济损失 75172 万元（见图 1）。

图 1　事故现场照片

经调查认定，山东省青岛市“11·22”中石化东黄输油管道泄漏爆炸特别重大事故是一起生产安全责任事故。

（二）涉事单位及相关责任人情况

1. 事故发生单位——中石化股份公司管道储运分公司（以下简称中石化管道分公司）

（1）中石化管道分公司

中石化管道分公司是中石化股份公司下属的从事原油储运的专业化公司，位于江苏省徐州市，下设 13 个输油生产单位，管辖途经 14 个省（区、市）的 37 条、6505 km 输油管道和 101 个输油站（库）。

（2）中石化管道分公司下属单位

①中石化管道分公司潍坊输油处（以下简称潍坊输油处），是中石化管道分公司下属的输油生产单位，位于山东省潍坊市，负责管理东黄输油管道等 5 条、872 km 输油管道。

②中石化管道分公司黄岛油库（以下简称黄岛油库），是中石化管道分公司下属的输油生产单位，位于山东省青岛经济技术开发区（以下简称开发区），负责港口原油接收及转输业务。黄岛油库油罐总容量 210 万 m^3（其中，5 万 m^3 油罐 34 座，10 万 m^3 油罐4 座）。

③潍坊输油处青岛输油站（以下简称青岛站），是潍坊输油处下属的管道运行维护单位，位于山东省青岛市胶州市，负责管理东黄输油管道胶州、高密界至黄岛油库的 94 km 输油管道。

2. 事故相关单位情况

（1）中国石油化工集团公司（以下简称中石化集团公司），是经国务院批准于 1998 年 7 月在原中国石油化工总公司基础上重组成立的特大型石油石化企业集团，是国家独资设立的国有公司，注册资本 2316 亿元。

（2）中国石油化工股份有限公司（以下简称中石化股份公司），是中石化集团公司以独家发起方式于 2000 年 2 月设立的股份制企业，主要从事油气勘探与生产、油品炼制与销售、化工生产与销售等业务。

3. 东黄输油管道相关情况

东黄输油管道于 1985 年建设，1986 年 7 月投入运行，起自山东省东营市东营首站，止于开发区黄岛油库。设计输油能力 2000 万 t/a，设计压力 6.27 MPa。管道全长 248.5 km，管径 711 mm，材料为 API5LX-60 直缝焊接钢管。管道外壁采用石油沥青布防腐，外加电流阴极保护。1998 年 10 月改由黄岛油库至东营首站反向输送，输油能力 1000 万 t/a。

事故发生段管道沿开发区秦皇岛路东西走向，采用地埋方式敷设。北侧为青岛丽东化工有限公司厂区，南侧有青岛益和电器集团公司、青岛信泰物流有限公司等企业。

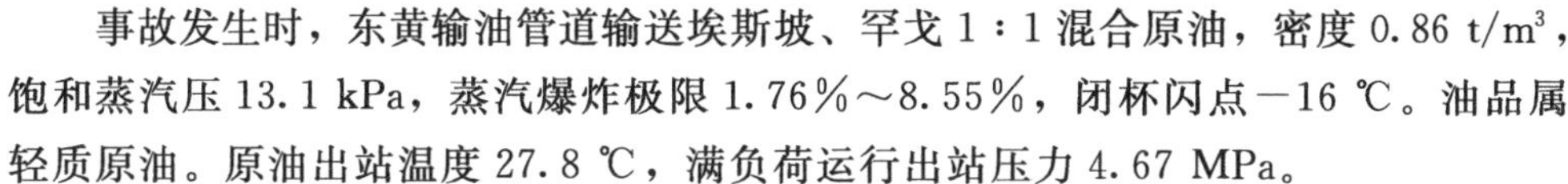

事故发生时，东黄输油管道输送埃斯坡、罕戈 1∶1 混合原油，密度 0.86 t/m³，饱和蒸汽压 13.1 kPa，蒸汽爆炸极限 1.76%～8.55%，闭杯闪点 −16 ℃。油品属轻质原油。原油出站温度 27.8 ℃，满负荷运行出站压力 4.67 MPa。

4. 排水暗渠相关情况

事故主要涉及刘公岛路（秦皇岛路以南并与秦皇岛路平行）至入海口的排水暗渠，全长约 1945 m，南北走向，通过桥涵穿过秦皇岛路。秦皇岛路以南排水暗渠（上游）沿斋堂岛街西侧修建，最南端位于斋堂岛街与刘公岛路交会的十字路口西北侧，长度约为 557 m；秦皇岛路以北排水暗渠（下游）穿过青岛丽东化工有限公司厂区，并向北延伸至入海口，长度约为 1388 m。斋堂岛街东侧建有青岛益和电器设备有限公司、开发区第二中学等单位；斋堂岛街西侧建有青岛信泰物流有限公司、华欧北海花园、华欧水湾花园等企业及居民小区。

排水暗渠分段、分期建设。1995 年、1997 年先后建成秦皇岛路桥涵南、北半幅（南半幅长 30 m、宽 18 m、高 3.29 m，北半幅长 25 m、宽 18 m、高 2.87 m）。秦皇岛路桥涵以南沿斋堂岛街的排水明渠于 1996 年建设完成；1998 年、2002 年、2008 年经过 3 次加设盖板改造，成为排水暗渠（暗渠宽 8 m、高 2.5 m）。秦皇岛路桥涵以北的排水暗渠于 2004 年、2009 年分两期建设完成（暗渠宽 13 m、高 2.0～2.5 m）。排水暗渠底板为钢筋混凝土，墙体为浆砌石，顶部为预制钢筋混凝土盖板。

5. 东黄输油管道与排水暗渠交叉情况

输油管道在秦皇岛路桥涵南半幅顶板下架空穿过，与排水暗渠交叉。桥涵内设 3 座支墩，管道通过支墩洞孔穿越暗渠，顶部距桥涵顶板 110 cm，底部距渠底 148 cm，管道穿过桥涵两侧壁部位采用细石混凝土进行封堵。

管道泄漏点位于秦皇岛路桥涵东侧墙体外 15 cm，处于管道正下部位置。

6. 事故主要责任人

裘某（中石化管道分公司运销处处长）、廖某（中石化管道分公司安全环保监察处处长）、尚某（中石化管道分公司运销处副处长）、靳某（潍坊输油处处长兼副书记）、邢某（潍坊输油处副处长）、黄某（潍坊输油处保卫科科长）、王某（潍坊输油处安全环保监察科副科长）、刘某（潍坊输油处青岛站副站长）、苏某（潍坊输油处青岛站安全助理工程师），共 9 名中石化管道分公司及其下属单位的相关责任人员。

（三）事故发生经过及应急救援情况

1. 事故发生经过

11 月 22 日 02 时 12 分，潍坊输油处调度中心通过数据采集与监视控制系统发现东黄输油管道黄岛油库出站压力从 4.56 MPa 降至 4.52 MPa，两次电话确认黄岛油库无操作因素后，判断管道泄漏。

02 时 25 分，东黄输油管道紧急停泵停输。

02 时 35 分，潍坊输油处调度中心通知青岛站关闭洋河阀室截断阀（洋河阀室距黄岛油库 24.5 km，为下游距泄漏点最近的阀室）。

02 时 50 分，潍坊输油处调度中心向处运销科报告东黄输油管道发生泄漏。

02 时 57 分，通知处抢维修中心安排人员赴现场抢修。

03 时 20 分左右，截断阀关闭。

03 时 40 分左右，青岛站人员到达泄漏事故现场，确认管道泄漏位置距黄岛油库出站口约 1.5 km，位于秦皇岛路与斋堂岛街交叉口处。组织人员清理路面泄漏原油，并请求潍坊输油处调用抢险救灾物资。

04 时左右，青岛站组织开挖泄漏点、抢修管道，安排人员拉运物资清理海上溢油。

07 时左右，潍坊输油处组织泄漏现场抢修，使用挖掘机实施开挖作业。

07 时 40 分，在管道泄漏处路面挖出 2 m×2 m×1.5 m 作业坑，管道露出。

08 时 20 分左右，找到管道泄漏点。随后进行现场抢修作业。

10 时 25 分，现场作业时发生爆炸，排水暗渠和海上泄漏原油燃烧，现场人员向中石化管道分公司报告事故现场发生爆炸燃烧。

2. 应急救援情况

爆炸发生后，现场指挥部组织 2000 余名武警及消防官兵、专业救援人员，调集 100 余台（套）大型设备和生命探测仪及搜救犬，紧急开展人员搜救等工作。

截至 12 月 2 日，62 名遇难人员身份全部确认并向社会公布，136 名受伤人员得到妥善救治。

3. 爆炸情况

为处理泄漏的管道，现场决定打开暗渠盖板。现场动用挖掘机，采用液压破碎锤进行打孔破碎作业，作业期间发生爆炸。爆炸时间为 2013 年 11 月 22 日 10 时 25 分。

爆炸造成秦皇岛路桥涵以北至入海口、以南沿斋堂岛街至刘公岛路排水暗渠的预制混凝土盖板大部分被炸开，与刘公岛路排水暗渠西南端相连接的长兴岛街、唐岛路、舟山岛街排水暗渠的现浇混凝土盖板拱起、开裂和局部炸开，全长波及 5000 余米。爆炸产生的冲击波及飞溅物造成现场抢修人员、过往行人、周边单位和社区人员，以及青岛丽东化工有限公司厂区内排水暗渠上方临时工棚及附近作业人员，共 62 人死亡、136 人受伤。爆炸还造成周边多处建筑物不同程度损坏，多台车辆及设备损毁，供水、供电、供暖、供气多条管线受损。泄漏原油通过排水暗渠进入附近海域，造成胶州湾局部污染。

（四）事故直接原因

输油管道与排水暗渠交汇处管道腐蚀减薄、管道破裂、原油泄漏，流入排水暗渠及反冲到路面。原油泄漏后，现场处置人员采用液压破碎锤在暗渠盖板上打孔破碎，产生撞击火花，引发暗渠内油气爆炸。

原因分析：

通过现场勘验、物证检测、调查询问、查阅资料，并经综合分析认定：由于与排水暗渠交叉段的输油管道所处区域土壤盐碱和地下水氯化物含量高，同时排水暗渠内随着潮汐变化海水倒灌，输油管道长期处于干湿交替的海水及盐雾腐蚀环境，加之管道受到道路承重和振动等因素影响，导致管道加速腐蚀减薄、破裂，造成原油泄漏。泄漏点位于秦皇岛路桥涵东侧墙体外 15 cm，处于管道正下部位置。经计算、认定，原油泄漏量约 2000 t。

泄漏原油部分反冲出路面，大部分从穿越处直接进入排水暗渠。泄漏原油挥发的油气与排水暗渠空间内的空气形成易燃易爆的混合气体，并在相对密闭的排水暗渠内积聚。由于原油泄漏到发生爆炸达 8 个多小时，受海水倒灌影响，泄漏原油及其混合气体在排水暗渠内蔓延、扩散、积聚，最终造成大范围连续爆炸。

（五）责任追究情况

1. 追究刑事责任

（1）裘某（中石化管道分公司运销处处长）、廖某（中石化管道分公司安全环保监察处处长）、尚某（中石化管道分公司运销处副处长）等 9 名中石化管道分公司及其下属单位的相关责任人员因重大责任事故罪进行判决，分别被判处有期徒刑三年至五年不等的刑罚。

（2）当地政府相关职能部门的负责人员 6 人因玩忽职守罪分别判处有期徒刑三年至三年六个月不等的刑罚。

2. 党纪政务处分

政府公职人员 24 人（省部级 1 人，厅局级 7 人，县处级 13 人，科级 3 人）和企业人员 24 人（涉及中国石油化工集团公司的高级管理人员，如董事长、总经理、副总经理等）给予党纪政纪处分。

二、事故教训与预防措施

（一）存在的主要问题及教训

1. 安全生产责任体系不健全、落实不到位

中石化集团公司和中石化股份公司安全生产责任落实不到位，安全生产责任

体系不健全，相关部门的管道保护和安全生产职责划分不清、责任不明。

中石化集团公司和中石化股份公司对下属企业隐患排查治理工作督促指导不力，对管道安全运行跟踪分析不到位；安全生产大检查存在死角、盲区，特别是在全国集中开展的安全生产大检查中，隐患排查工作不深入、不细致，未发现事故段管道安全隐患，也未对事故段管道采取任何保护措施。

中石化管道分公司对潍坊输油处、青岛站安全生产工作疏于管理。组织东黄输油管道隐患排查治理不到位，未对事故段管道防腐层大修等问题及时跟进，也未采取其他措施及时消除安全隐患。

2. 对输油管道与排水暗渠交叉重叠的风险重视不够，管道保护不力

青岛站对管道疏于管理，管道保护工作不力。管道巡护制度不健全，巡线人员专业知识不够；没有对开发区在事故段管道先后进行排水明渠和桥涵、明渠加盖板、道路拓宽和翻修等建设工程提出管道保护的要求，没有根据管道所处环境变化提出保护措施。

3. 隐患排查治理工作不到位，对管道隐患排查整治不彻底

潍坊输油处对管道隐患排查整治不彻底，未能及时消除重大安全隐患。2009年、2011年、2013年先后3次对东黄输油管道外防腐层及局部管体进行检测，均未能发现事故段管道严重腐蚀等重大隐患，导致隐患得不到及时、彻底整改；从2011年起安排实施东黄输油管道外防腐层大修，截至2013年10月仍未对包括事故泄漏点所在的15 km管道进行大修。

4. 对员工的应急教育不足，应急演练开展不到位

中石化管道分公司对一线员工安全和应急教育不够，培训针对性不强；应急救援处置工作重视不够，未督促指导潍坊输油处、青岛站按照预案要求开展应急处置工作。

潍坊输油处对管道泄漏突发事件的应急预案缺乏演练，应急救援人员对自己的职责和应对措施不熟悉。

5. 对原油泄漏的风险研判错误，现场处置违规使用非防爆设备

青岛站、潍坊输油处、中石化管道分公司对泄漏原油数量未按应急预案要求进行研判，对事故风险评估出现严重错误，没有及时下达启动应急预案的指令；未按要求及时全面报告泄漏量、泄漏油品等信息，存在漏报问题；现场处置人员没有对泄漏区域实施有效警戒和围挡。

抢修现场未进行可燃气体检测，盲目动用非防爆设备进行作业，严重违规违章。

6. 政府有关部门贯彻落实国家安全生产法律法规不到位

事故发生地段规划建设非常混乱，事故发生区域危险化学品企业、油气管道与居民区、学校等近距离或交叉布置，爆炸发生后造成了巨大人员伤亡和经济损

失，设计部门、市政及其有关部门对此负有不可推卸的责任，充分暴露出当地政府没有统筹好安全与发展，存在重经济利益而忽视安全的问题。

（二）事故警示及预防措施

1. 建立健全各层级及各部门的安全生产责任体系

政府部门要严格落实安全生产主体责任，建立健全安全生产责任制体系，落实全员安全生产责任，明确各相关部门的管道保护和安全生产职责；强化企业安全生产意识，确保各项安全生产措施得到有效执行。

2. 深化隐患排查治理

油气管道企业要定期开展油气管道安全隐患排查工作，对发现的问题及时整改；加强与市政管网的协调沟通，确保管道与市政设施的安全距离和防护措施。

3. 提升应急处置能力

油气管道企业要制定完善的应急预案，并定期组织应急演练；加强应急队伍建设，提高应急响应速度和处置能力，杜绝违规使用非防爆设备；在发现泄漏等紧急情况时，立即采取有效措施控制事态发展，防止事故扩大。

4. 推进技术创新和智能化管理

引入先进的监测技术和设备，对油气管道进行实时监测和预警；推进油气管道智能化管理系统的建设，提高管道运行的安全性和可靠性。

5. 政府加强监管

政府部门应加强对油气管道企业的监管力度，确保其遵守安全生产法律法规；建立健全油气管道安全监管体系，对存在安全隐患的企业进行严厉查处，并督促其整改到位。

三、事故解析与风险防控

（一）输油管道及其危险性

1. 输油管道

输油管道（也称管线、管路）是由油管及其附件所组成，并按照工艺流程的需要，配备相应的油泵机组，设计安装成一个完整的管道系统，用于完成油料接卸及输转任务（见图 2）。

输油管道系统，即用于运送石油及石油产品的管道系统，主要由输油管道、输油站及其他辅助相关设备组成，是石油储运行业的主要设备之一，也是原油和石油产品最主要的输送设备，与同属于陆上运输方式的铁路和公路输油相比，管道输油具有运量大、密闭性好、成本低和安全系数高等特点。

输油管道的管材一般为钢管，使用焊接和法兰等连接装置连接成长距离管道，

图 2　输油管道

并使用阀门进行开闭控制和流量调节。输油管道主要有等温输送、加热输送和顺序输送等输送工艺。管道的腐蚀和如何防腐是管道养护的重要环节之一。输油管道已经成为石油的主要输送工具之一，且在未来依旧具有相当的发展潜力。

2. 输油管道的危险性

（1）泄漏危险

输油管道长期埋地或暴露在自然环境中，容易受到土壤、水、大气等介质的腐蚀。例如，土壤中的微生物、盐分和水分会与管道金属发生化学反应，导致管壁逐渐变薄，最终形成穿孔，导致石油泄漏。

随着使用年限的增加，输油管道的材料性能会下降，可能出现裂缝、焊接处失效等缺陷。这些缺陷在管道内部压力的作用下，容易导致石油泄漏。而且一些早期建设的管道可能由于当时的技术和材料限制，本身就存在一定的安全隐患。

（2）火灾和爆炸危险

石油及其产品具有易燃、易爆的特性。一旦泄漏的石油遇到明火、静电火花、高温表面等点火源，就可能发生燃烧甚至爆炸。

当石油泄漏后，如果没有及时得到控制，会在地面或水域中积聚。这些积聚的石油形成的油池或油膜，会不断挥发产生油蒸气，油蒸气在一定范围内扩散，增加了与点火源接触的可能性。而且，在封闭或半封闭的空间内，如管沟、油罐区等，油蒸气积聚更容易达到爆炸极限，引发爆炸事故。

（3）环境污染危险

石油泄漏后会渗入土壤，其中的有害物质，如多环芳烃、重金属等，会改变

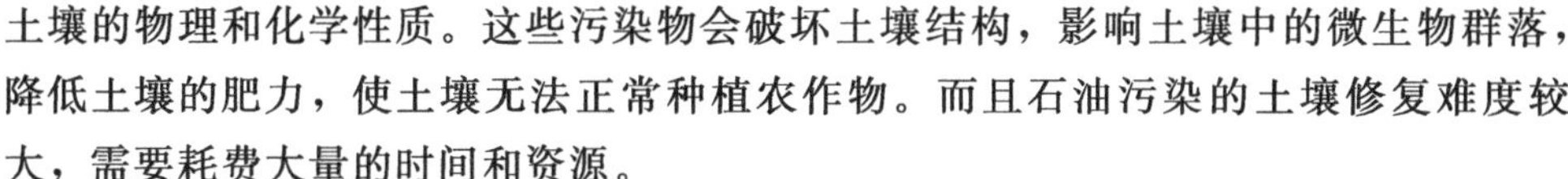

土壤的物理和化学性质。这些污染物会破坏土壤结构，影响土壤中的微生物群落，降低土壤的肥力，使土壤无法正常种植农作物。而且石油污染的土壤修复难度较大，需要耗费大量的时间和资源。

如果输油管道靠近河流、湖泊、海洋等水体，泄漏的石油可能会流入水体。在水面上形成的油膜会阻碍氧气进入水体，导致水中生物窒息死亡。同时，石油中的有毒有害物质会溶解在水中，对水生生物造成毒害，影响水生生态系统的平衡。

（二）主要法律法规要求

1.《中华人民共和国安全生产法》部分条款

第二十一条　生产经营单位的主要负责人对本单位安全生产工作负有下列职责：

（一）建立健全并落实本单位全员安全生产责任制，加强安全生产标准化建设；

（二）组织制定并实施本单位安全生产规章制度和操作规程；

（三）组织制定并实施本单位安全生产教育和培训计划；

（四）保证本单位安全生产投入的有效实施；

（五）组织建立并落实安全风险分级管控和隐患排查治理双重预防工作机制，督促、检查本单位的安全生产工作，及时消除生产安全事故隐患；

（六）组织制定并实施本单位的生产安全事故应急救援预案；

（七）及时、如实报告生产安全事故。

第二十二条　生产经营单位的全员安全生产责任制应当明确各岗位的责任人员、责任范围和考核标准等内容。

生产经营单位应当建立相应的机制，加强对全员安全生产责任制落实情况的监督考核，保证全员安全生产责任制的落实。

第二十七条第一款　生产经营单位的主要负责人和安全生产管理人员必须具备与本单位所从事的生产经营活动相应的安全生产知识和管理能力。

第二十八条第一款　生产经营单位应当对从业人员进行安全生产教育和培训，保证从业人员具备必要的安全生产知识，熟悉有关的安全生产规章制度和安全操作规程，掌握本岗位的安全操作技能，了解事故应急处理措施，知悉自身在安全生产方面的权利和义务。未经安全生产教育和培训合格的从业人员，不得上岗作业。

第三十条第一款　生产经营单位的特种作业人员必须按照国家有关规定经专门的安全作业培训，取得相应资格，方可上岗作业。

第三十七条　生产经营单位使用的危险物品的容器、运输工具，以及涉及人身安全、危险性较大的海洋石油开采特种设备和矿山井下特种设备，必须按照国

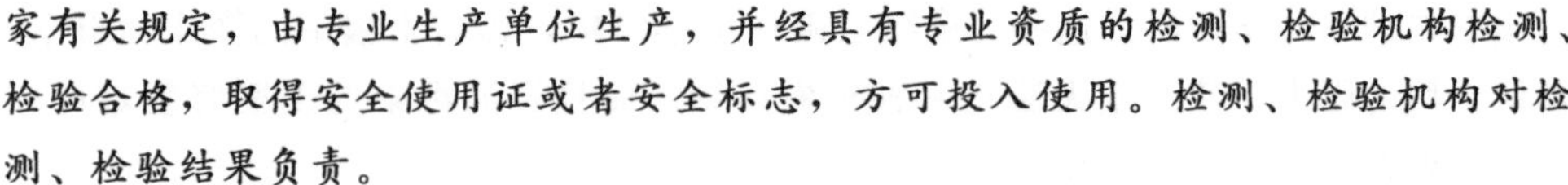

家有关规定，由专业生产单位生产，并经具有专业资质的检测、检验机构检测、检验合格，取得安全使用证或者安全标志，方可投入使用。检测、检验机构对检测、检验结果负责。

第三十九条 生产、经营、运输、储存、使用危险物品或者处置废弃危险物品的，由有关主管部门依照有关法律、法规的规定和国家标准或者行业标准审批并实施监督管理。

生产经营单位生产、经营、运输、储存、使用危险物品或者处置废弃危险物品，必须执行有关法律、法规和国家标准或者行业标准，建立专门的安全管理制度，采取可靠的安全措施，接受有关主管部门依法实施的监督管理。

第四十条 生产经营单位对重大危险源应当登记建档，进行定期检测、评估、监控，并制定应急预案，告知从业人员和相关人员在紧急情况下应当采取的应急措施。

生产经营单位应当按照国家有关规定将本单位重大危险源及有关安全措施、应急措施报有关地方人民政府应急管理部门和有关部门备案。有关地方人民政府应急管理部门和有关部门应当通过相关信息系统实现信息共享。

第四十六条 生产经营单位的安全生产管理人员应当根据本单位的生产经营特点，对安全生产状况进行经常性检查；对检查中发现的安全问题，应当立即处理；不能处理的，应当及时报告本单位有关负责人，有关负责人应当及时处理。检查及处理情况应当如实记录在案。

生产经营单位的安全生产管理人员在检查中发现重大事故隐患，依照前款规定向本单位有关负责人报告，有关负责人不及时处理的，安全生产管理人员可以向主管的负有安全生产监督管理职责的部门报告，接到报告的部门应当依法及时处理。

2.《中华人民共和国石油天然气管道保护法》部分条款

第七条 管道企业应当遵守本法和有关规划、建设、安全生产、质量监督、环境保护等法律、行政法规，执行国家技术规范的强制性要求，建立、健全本企业有关管道保护的规章制度和操作规程并组织实施，宣传管道安全与保护知识，履行管道保护义务，接受人民政府及其有关部门依法实施的监督，保障管道安全运行。

第十三条第一款 管道建设的选线应当避开地震活动断层和容易发生洪灾、地质灾害的区域，与建筑物、构筑物、铁路、公路、航道、港口、市政设施、军事设施、电缆、光缆等保持本法和有关法律、行政法规以及国家技术规范的强制性要求规定的保护距离。

第十六条 管道建设应当遵守法律、行政法规有关建设工程质量管理的规定。

管道企业应当依照有关法律、行政法规的规定，选择具备相应资质的勘察、设计、施工、工程监理单位进行管道建设。

管道的安全保护设施应当与管道主体工程同时设计、同时施工、同时投入使用。

管道建设使用的管道产品及其附件的质量，应当符合国家技术规范的强制性要求。

第二十二条　管道企业应当建立、健全管道巡护制度，配备专门人员对管道线路进行日常巡护。管道巡护人员发现危害管道安全的情形或者隐患，应当按照规定及时处理和报告。

第二十三条　管道企业应当定期对管道进行检测、维修，确保其处于良好状态；对管道安全风险较大的区段和场所应当进行重点监测，采取有效措施防止管道事故的发生。

对不符合安全使用条件的管道，管道企业应当及时更新、改造或者停止使用。

第二十五条　管道企业发现管道存在安全隐患，应当及时排除。对管道存在的外部安全隐患，管道企业自身排除确有困难的，应当向县级以上地方人民政府主管管道保护工作的部门报告。接到报告的主管管道保护工作的部门应当及时协调排除或者报请人民政府及时组织排除安全隐患。

第二十八条　禁止下列危害管道安全的行为：

（一）擅自开启、关闭管道阀门；

（二）采用移动、切割、打孔、砸撬、拆卸等手段损坏管道；

（三）移动、毁损、涂改管道标志；

（四）在埋地管道上方巡查便道上行驶重型车辆；

（五）在地面管道线路、架空管道线路和管桥上行走或者放置重物。

3.《化工和危险化学品生产经营单位重大生产安全事故隐患判定标准（试行）》

依据有关法律法规、部门规章和国家标准，以下情形应当判定为重大事故隐患：

（一）危险化学品生产、经营单位主要负责人和安全生产管理人员未依法经考核合格。

（二）特种作业人员未持证上岗。

（三）涉及“两重点一重大”的生产装置、储存设施外部安全防护距离不符合国家标准要求。

（四）涉及重点监管危险化工工艺的装置未实现自动化控制，系统未实现紧急停车功能，装备的自动化控制系统、紧急停车系统未投入使用。

（五）构成一级、二级重大危险源的危险化学品罐区未实现紧急切断功能；涉及毒性气体、液化气体、剧毒液体的一级、二级重大危险源的危险化学品罐区未配备独立的安全仪表系统。

（六）全压力式液化烃储罐未按国家标准设置注水措施。

（七）液化烃、液氨、液氯等易燃易爆、有毒有害液化气体的充装未使用万向管道充装系统。

（八）光气、氯气等剧毒气体及硫化氢气体管道穿越除厂区（包括化工园区、工业园区）外的公共区域。

（九）地区架空电力线路穿越生产区且不符合国家标准要求。

（十）在役化工装置未经正规设计且未进行安全设计诊断。

（十一）使用淘汰落后安全技术工艺、设备目录列出的工艺、设备。

（十二）涉及可燃和有毒有害气体泄漏的场所未按国家标准设置检测报警装置，爆炸危险场所未按国家标准安装使用防爆电气设备。

（十三）控制室或机柜间面向具有火灾、爆炸危险性装置一侧不满足国家标准关于防火防爆的要求。

（十四）化工生产装置未按国家标准要求设置双重电源供电，自动化控制系统未设置不间断电源。

（十五）安全阀、爆破片等安全附件未正常投用。

（十六）未建立与岗位相匹配的全员安全生产责任制或者未制定实施生产安全事故隐患排查治理制度。

（十七）未制定操作规程和工艺控制指标。

（十八）未按照国家标准制定动火、进入受限空间等特殊作业管理制度，或者制度未有效执行。

（十九）新开发的危险化学品生产工艺未经小试、中试、工业化试验直接进行工业化生产；国内首次使用的化工工艺未经过省级人民政府有关部门组织的安全可靠性论证；新建装置未制定试生产方案投料开车；精细化工企业未按规范性文件要求开展反应安全风险评估。

（二十）未按国家标准分区分类储存危险化学品，超量、超品种储存危险化学品，相互禁配物质混放混存。

4.《特种设备重大事故隐患判定准则》部分条款

4.1 特种设备有下列情形之一仍继续使用的，应判定为重大事故隐患。

a）特种设备未取得许可生产、因安全问题国家明令淘汰、已经报废或者达到报废条件。

b）特种设备发生过事故，未对其进行全面检查、消除事故隐患。

c）未按规定进行监督检验或者监督检验不合格。

d）有4.2～4.10中规定的超过规定参数、使用范围的情形。

4.4 压力管道有下列情形之一仍继续使用的，应判定为重大事故隐患。

a）定期检验的检验结论为"不符合要求"或"不允许使用"。

b）安全阀、爆破片装置、紧急切断装置缺失或失效。

案例 25　小小电动自行车　大大危险藏

——江苏省南京市明尚西苑居民住宅楼“2·23”重大火灾事故暴露出的主要问题与警示

一、事故详情

（一）事故基本情况

2024 年 2 月 23 日凌晨 04 时 35 分许，江苏南京市雨花台区西柿路 9 号明尚西苑小区居民住宅 6 号楼发生重大火灾事故，造成 15 人死亡、2 人重伤、42 人轻伤或轻微伤，直接经济损失 3300 余万元（见图 1）。

经调查认定，这是一起违规改装的电动自行车超标大容量锂离子电池热失控起火引起的重大火灾责任事故。

图 1　事故现场照片

（二）应急救援情况

2024 年 2 月 23 日 04 时 39 分，南京市消防救援支队指挥中心接到报警，南京市消防救援支队迅速调集特勤一站、铁心桥站、双闸站等 8 个消防救援站、25 辆消防车、130 名指战员到场处置，省消防总队、市消防支队当日值班领导带领全勤指挥部立即赶赴现场指挥救援。

市公安、120 急救中心、供电公司等单位同步开展应急处置。

消防救援力量按照“救人第一、科学施救”的原则，边搜救、边灭火。

一方面，成立 20 个内攻搜救小组，将起火建筑分成上中下三个作战区域，通过敲门、破拆防盗门等途径，逐个楼层挨家挨户搜救转移遇险被困人员，累计搜救起火建筑 5 轮次。

另一方面，成立12个灭火小组，依托楼宇内的室内消火栓和消防车辆先后出18支水枪近距离打击着火点，堵截火势蔓延。

06时01分，明火被扑灭，14时许现场全部搜救工作结束（见图2）。

图2　现场救援情况

（三）事故直接原因

调查组查明，火灾原因为小区某住户停放在6号楼2单元东侧架空层的电动自行车锂离子电池热失控起火，引燃周边电动自行车和住户天井内违章搭建并堆放的可燃物，在烟囱效应作用下，燃烧产生的火焰和高温有毒有害烟气快速突破天井内部分住户外窗至室内，多种因素叠加导致火势扩大蔓延，造成人员伤亡。

（四）责任追究情况

1. 追究刑事责任

涉事电动自行车车主、非法生产销售锂离子电池个体经营者、南京某物业管理公司项目部负责人等10人因涉嫌犯罪，被公安机关依法采取刑事强制措施。

2. 党纪政务处分

对事故中存在失职失责问题的地方党委政府及有关部门的公职人员进行严肃问责。

3. 给予行政处罚的单位

涉事电动自行车生产销售、物业服务等7家企业，由政府相关部门依法依规进行处理。

二、事故教训与预防措施

（一）存在的主要问题及教训

（1）物业服务企业“望车兴叹，叹而不破”，对多次新闻报道和居民反映的重大事故隐患未采取有效措施。

2020 年 8 月 22 日，南京媒体《现代快报》曾以《电动车侵占居民楼门厅隐患大，物业“望车兴叹”如何破?》为题，以文图、视频等方式报道了“雨花台区明尚西苑小区内电动自行车乱停乱放，不仅有碍秩序，还容易引发火灾”（见图 3）。

图 3 明尚西苑小区 2 栋门厅内停放电动自行车照片

2022 年 4 月 14 日，南京广播电视台教科频道《法制现场》栏目，以《架空层挤满电动车 消防设施需跟上》为题进行了报道。据居民反映，小区 2 栋架空层 2019 年曾发生过电动自行车起火事件，而架空层停放大量电动自行车是违规的，并且架空层消防设施不够，有火灾隐患问题，他们也曾多次向物业反映过。

物业服务企业在多次新闻报道和居民反映的情况下，对电动自行车乱停乱放问题仍然未采取有效措施，隐患排查治理工作流于形式，最终酿成大祸。

（2）涉事电动自行车的生产、销售企业违规出售不符合国家标准要求的电动自行车。

（3）涉事车主违规改装电动自行车、网络购买使用个体经营者非法生产销售的超标大容量锂离子电池。

（4）起火建筑物部分住户在天井内违章搭建并堆放可燃物。

（5）建筑物内部的常闭式防火门未能有效阻隔烟气蔓延，使火和烟气通过架空层门厅直接进入楼梯间，造成伤亡扩大。

(6) 物业服务企业对消防设施维护保养不到位，在火灾发生时未及时发现火情、疏散人员。

(7) 消防控制室值班人员未按规定程序进行应急处置。

(8) 当地党委政府、有关部门对电动自行车引发的叠加聚合性安全风险认知能力不足，对高层住宅小区群众的消防宣传培训不到位、隐患整治合力不足。

(二) 事故警示及预防措施

1. 严格落实物业服务企业的主体责任

物业服务企业要制定详细的消防安全管理制度，明确各部门、各岗位人员的消防安全职责，确保消防安全工作有章可循、责任到人。

建立健全消防设施维护保养制度，定期对消防设施进行全面检查、维护和保养，确保消防设施完好有效。

规划专门的电动自行车停放区域，并配备相应的充电设施，引导居民将电动自行车停放在指定位置，严禁在楼道、架空层等区域随意停放和充电。

结合小区实际情况，制定完善的消防应急预案并定期组织演练，针对消防控制室值班人员、保安人员等重点岗位人员，加强应急处置技能培训，确保在火灾发生时能够迅速、准确地采取应对措施。

2. 严禁购买不合格电动自行车及配件

不合格、非标或超标的电动自行车、电池、电线、充电器，会增加火灾风险。

3. 严禁擅自改装

擅自改装电池，加装音响、照明等，容易造成线路超负荷引发火灾，擅自解除电动自行车限速会导致交通事故风险增加。

4. 严禁不按规定停放

严禁在未落实防火分隔、监护等防范措施的住房、地下车库和地下室、半地下室内停放电动自行车。

5. 严禁在非规定区域充电

严禁在人员密集场所和住宅建筑物的公共门厅、疏散通道、楼梯间、架空层、安全出口等公共区域充电，不能将电池带回家充电。

6. 严禁“飞线充电”

严禁采用私拉电线、乱装插座等不符合消防技术标准和管理规定的方式为电动自行车充电。

7. 严禁在易燃品附近充电

电动自行车充电要远离易燃可燃材料搭建的电动自行车停放场所和易燃易爆物品。

8. 严禁长时间充电

车辆应避免充电时间过长，整夜充电且无人看管，一旦电池、电线等出现问题，极易引发火灾。

三、事故解析与风险防控

（一）锂离子电池及其危险性

1. 锂离子电池

市面上电动自行车电池（蓄电池）主要为铅酸电池、锂离子电池、石墨烯电池、镍氢电池等。

锂离子电池是一种二次电池（充电电池），它主要依靠锂离子在正极和负极之间移动来工作。在充放电过程中，Li^+ 在两个电极之间往返嵌入和脱嵌：充电时，Li^+ 从正极脱嵌，经过电解质嵌入负极，负极处于富锂状态；放电时则相反（见图 4）。

图 4 锂离子电池

2. 锂离子电池的危险性

（1）热失控风险

①短路导致热失控

锂离子电池内部结构复杂，正负极之间仅靠隔膜隔开。电池在遭受挤压、碰撞、针刺等机械外力作用时，会导致电芯发生形变，破坏隔膜和电极结构，使正负极直接接触短路，产生大量热量。

过度充电会导致电池正极的锂离子过度脱出，使正极材料的结构发生不可逆的变化，例如晶格塌陷。同时，过多的锂离子会在负极表面形成锂枝晶。锂枝晶是一种树枝状的金属锂沉积物，它会刺穿隔膜，引发电池内部短路。

短路会使电池内部电流瞬间增大，产生大量的焦耳热。由于锂离子电池的能量密度较高，这些热量会使电池温度急剧上升。

温度升高又会加速电池内部的化学反应。例如，在高温环境下，正极材料可能会发生分解反应，释放出氧气。同时，负极的锂金属会与电解液发生剧烈反应，这种反应是一个自放热过程，会进一步提高电池的温度。当温度达到一定程度后，这些反应会像链式反应一样，无法控制，最终导致热失控。在热失控状态下，电池温度可能会迅速超过 1000 ℃，引发电池燃烧甚至爆炸。

②充电器不匹配导致热失控

使用与电池规格不匹配的充电器，如充电器输出电压过高、电流过大，会使电池在充电过程中承受超出其承受范围的能量输入，从而引发电池发热，增加热失控的风险。

③过放电导致热失控

过度放电会使电极材料发生不可逆的损坏，降低电池的性能和安全性，增加热失控的风险。

（2）燃烧和爆炸风险

锂离子电池的电解液通常是由有机溶剂（如碳酸乙烯酯、碳酸二甲酯等）和锂盐组成。这些有机溶剂具有易燃的特性，一旦电池发生热失控，温度升高到电解液的闪点以上，电解液就会被点燃，引发燃烧。燃烧产生的火焰和热量会进一步损坏电池，使内部的电池材料暴露在高温环境中，加剧燃烧反应。

在电池发生故障时，内部的化学反应会产生大量的气体，如二氧化碳、一氧化碳、氢气等。这些气体在电池内部积聚，会导致电池内部压力升高。如果电池外壳无法承受这种压力，就会发生破裂。破裂后的电池，内部的高温物质和易燃电解液会与外界空气充分接触，使燃烧更加剧烈，甚至可能引发爆炸，对周围环境和人员造成严重的伤害。

（3）有毒气体释放

热失控过程中，电解液分解、电极材料反应等会产生大量有毒有害气体，如一氧化碳、氟化氢等，对人体呼吸系统和神经系统造成损害，污染环境。

（二）主要法律法规要求

1.《中华人民共和国安全生产法》部分条款

第二十二条 生产经营单位的全员安全生产责任制应当明确各岗位的责任人员、责任范围和考核标准等内容。

生产经营单位应当建立相应的机制，加强对全员安全生产责任制落实情况的监督考核，保证全员安全生产责任制的落实。

第四十一条 生产经营单位应当建立安全风险分级管控制度，按照安全风险分级采取相应的管控措施。

生产经营单位应当建立健全并落实生产安全事故隐患排查治理制度，采取技术、管理措施，及时发现并消除事故隐患。事故隐患排查治理情况应当如实记录，并通过职工大会或者职工代表大会、信息公示栏等方式向从业人员通报。其中，重大事故隐患排查治理情况应当及时向负有安全生产监督管理职责的部门和职工大会或者职工代表大会报告。

县级以上地方各级人民政府负有安全生产监督管理职责的部门应当将重大事故隐患纳入相关信息系统，建立健全重大事故隐患治理督办制度，督促生产经营单位消除重大事故隐患。

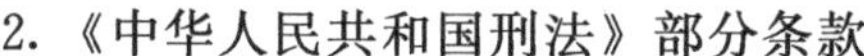

2.《中华人民共和国刑法》部分条款

第一百一十五条　放火、决水、爆炸以及投放毒害性、放射性、传染病病原体等物质或者以其他危险方法致人重伤、死亡或者使公私财产遭受重大损失的，处十年以上有期徒刑、无期徒刑或者死刑。

过失犯前款罪的，处三年以上七年以下有期徒刑；情节较轻的，处三年以下有期徒刑或者拘役。

3.《中华人民共和国民法典》部分条款

第一千一百六十五条　行为人因过错侵害他人民事权益造成损害的，应当承担侵权责任。

依照法律规定推定行为人有过错，其不能证明自己没有过错的，应当承担侵权责任。

第一千一百七十二条　二人以上分别实施侵权行为造成同一损害，能够确定责任大小的，各自承担相应的责任；难以确定责任大小的，平均承担责任。

第一千二百零二条　因产品存在缺陷造成他人损害的，生产者应当承担侵权责任。

4.《中华人民共和国消防法》部分条款

第六十四条　违反本法规定，有下列行为之一，尚不构成犯罪的，处十日以上十五日以下拘留，可以并处五百元以下罚款；情节较轻的，处警告或者五百元以下罚款：

（一）指使或者强令他人违反消防安全规定，冒险作业的；

（二）过失引起火灾的；

（三）在火灾发生后阻拦报警，或者负有报告职责的人员不及时报警的；

（四）扰乱火灾现场秩序，或者拒不执行火灾现场指挥员指挥，影响灭火救援的；

（五）故意破坏或者伪造火灾现场的；

（六）擅自拆封或者使用被消防救援机构查封的场所、部位的。

5.《中华人民共和国产品质量法》部分条款

第四十一条　因产品存在缺陷造成人身、缺陷产品以外的其他财产（以下简称他人财产）损害的，生产者应当承担赔偿责任。

生产者能够证明有下列情形之一的，不承担赔偿责任：

（一）未将产品投入流通的；

（二）产品投入流通时，引起损害的缺陷尚不存在的；

（三）将产品投入流通时的科学技术水平尚不能发现缺陷的存在的。

第四十二条　由于销售者的过错使产品存在缺陷，造成人身、他人财产损害的，销售者应当承担赔偿责任。

销售者不能指明缺陷产品的生产者也不能指明缺陷产品的供货者的，销售者应当承担赔偿责任。

6.《高层民用建筑消防安全管理规定》部分条款

第三十七条 禁止在高层民用建筑公共门厅、疏散走道、楼梯间、安全出口停放电动自行车或者为电动自行车充电。

鼓励在高层住宅小区内设置电动自行车集中存放和充电的场所。电动自行车存放、充电场所应当独立设置，并与高层民用建筑保持安全距离；确需设置在高层民用建筑内的，应当与该建筑的其他部分进行防火分隔。

电动自行车存放、充电场所应当配备必要的消防器材，充电设施应当具备充满自动断电功能。

第四十七条 违反本规定，有下列行为之一的，由消防救援机构责令改正，对经营性单位和个人处2000元以上10000元以下罚款，对非经营性单位和个人处500元以上1000元以下罚款：

（一）在高层民用建筑内进行电焊、气焊等明火作业，未履行动火审批手续、进行公告，或者未落实消防现场监护措施的；

（二）高层民用建筑设置的户外广告牌、外装饰妨碍防烟排烟、逃生和灭火救援，或者改变、破坏建筑立面防火结构的；

（三）未设置外墙外保温材料提示性和警示性标识，或者未及时修复破损、开裂和脱落的外墙外保温系统的；

（四）未按照规定落实消防控制室值班制度，或者安排不具备相应条件的人员值班的；

（五）未按照规定建立专职消防队、志愿消防队等消防组织的；

（六）因维修等需要停用建筑消防设施未进行公告、未制定应急预案或者未落实防范措施的；

（七）在高层民用建筑的公共门厅、疏散走道、楼梯间、安全出口停放电动自行车或者为电动自行车充电，拒不改正的。

案例26　危化物品风险大
违规动火造成祸

——山东济南齐鲁天和惠世制药有限公司“4·15”重大着火中毒事故暴露出的主要问题与警示

一、事故详情

（一）事故基本情况

2019年4月15日15时10分左右，位于山东省济南市历城区董家镇的齐鲁天和惠世制药有限公司四车间地下室，在冷媒系统管道改造过程中，发生重大着火中毒事故，造成10人死亡、12人受伤、直接经济损失1867万元（见图1）。

图1　事故现场照片

（二）涉事单位及相关责任人情况

1. 事故发生单位——齐鲁天和惠世制药有限公司（以下简称天和公司）

天和公司成立于2006年，法定代表人李某勇，公司地址：济南市历城区董家镇849号。事发时，员工共有2360人，公司内设4个化学合成车间、1个回收车间和6个冻干车间，以及6个生产辅助部门。

2. 事故车间——四车间

四车间为冻干无菌车间，事故发生在四车间地下室，正在进行－15 ℃冷媒系统管道改造；事故发生时，四车间正常生产。

四车间地下室为负一层，主要分走廊、外室、内室三个区域，总面积约1370 m^2，内室约886 m^2。从车间外南侧地坪沿楼梯向下进入地下室，通过宽2.4 m、长15 m的南北向走廊进入外室，布置有循环水泵、制冷机、冷媒罐、冷媒泵、真空泵等设备；再向东通过一道内门进入内室，布置有冷媒槽、清水槽、循环水槽、低浓水槽、冷媒泵等，设备及管道较多。

3. 管道改造情况

管道改造位于四车间地下室，施工单位为信邦建设集团有限公司，项目负责人为孔某强。

为解决四车间地下室两台冷媒槽（1号、2号，－15 ℃冷媒）长时间运行后出现的渗漏问题，天和公司拟对－15 ℃冷媒系统进行管道改造，把2号清水槽与1号、2号冷媒槽互换使用功能。

为补充缓蚀剂等添加剂，天和公司购入朝阳光达化工有限公司生产的208袋LMZ冷媒增效剂，其中48袋由四车间领用后放置在四车间南侧与六车间之间的过道内。

2019年春节前，四车间副主任组织员工将48袋冷媒增效剂搬运到地下室内室，放置在1号、2号冷媒槽附近的塑料托盘上（见图2）。

图2　LMZ冷媒增效剂堆放位置示意图

事故发生时的作业区域为地下室的内室。

4. 涉事相关单位情况

（1）信邦建设集团有限公司（以下简称信邦公司）

信邦公司为管道改造的施工单位。

信邦公司成立于1993年3月16日，法定代表人苗某明，公司地址：山东省泰安市肥城市仪阳街道办事处仪兴街6号。

（2）朝阳光达化工有限公司（以下简称光达公司）

LMZ冷媒增效剂供应商为光达公司。

光达公司成立于2007年8月24日，法定代表人白某泉，登记住所：辽宁省朝阳市龙城区文化路五段97号（生产场所：柳城镇拉拉屯村）。

5. 事故主要责任人

（1）天和公司：李某勇（天和公司法定代表人、董事长兼总经理）、陈某（天和公司EHS总监兼总经理助理）、赵某明（天和公司EHS办公室安全员）、杲某（天和公司四车间主任）、王某重（天和公司四车间副主任）、徐某坤（天和公司四车间安全员）、孙某利（天和公司事故车间作业监护人，在事故中死亡）。

（2）信邦公司：苗某明（信邦公司总经理）、肖某超（信邦公司副总经理）、孔某强（信邦公司项目负责人，自2018年9月起以公司名义进入天和公司承包商名录，为该事故管道改造项目负责人）、姬某忠（信邦公司项目现场负责人）。

（3）光达公司：白某泉（光达公司法定代表人、总经理）、赵某阁（光达公司副总经理）、齐某光（光达公司安全部部长）、宋某（光达公司研发中心冷媒组负责人）。

（三）事故发生经过及应急救援情况

1. 事故发生经过

2019年4月15日，天和公司安排对四车间地下室−15 ℃冷媒管道系统进行改造。

08时30分左右，公司技改处安排信邦公司施工负责人姬某忠带领施工人员到达四车间地下室。携带工器具主要有临时用电配电箱一个、便携式小型电焊机两台、手持式电动切割机两台、冲击电钻一台，以及扳手、钳子、锤头等。

08时50分左右，四车间副主任王某重、自动化控制工程师刘某鹏到现场，向姬某忠等施工人员口头交代具体改造工作，之后，王某重、刘某鹏、姬某忠陆续离开现场。

09时左右，四车间工段长李某全填写二级动火证和临时用电许可证，二级动火证经四车间主持工作的副主任杲某签署批准后，四车间安全员徐某坤通知公司EHS办公室主管人员赵某明一同进行现场审核确认。

李某全找四车间电工王某田办理临时用电许可证，王某田于09时10分左右确认现场条件后签字；李某全找王某重签字批准后，把一式三联临时用电许可证交给四车间安排的施工作业监护人孙某利。

09 时 30 分左右，赵某明来到现场查看，签署动火票后，将一式三联动火票交与四车间安全员徐某坤后离开，之后，徐某坤将动火票交给监护人孙某利。

赵某明走后，王某田为施工队办理临时用电接线取电，施工人员开始进行拆卸法兰、切割管道等作业。

11 时 30 分左右，施工人员离开施工现场去吃饭。

13 时 20 分左右，施工人员返回施工现场。

13 时 30 分左右，刘某鹏和车间工段长王某朋到现场再次口头交代施工方案，稍后分别离开。

15 时左右，刘某鹏来到地下室了解改造施工情况，7 名施工人员在内室作业，四车间监护人孙某利在场，四车间维修班高某坤、王某田 2 人在内室循环水箱南侧进行引风机风道维护作业，四车间操作工赵某盛在内室门口附近清理地面积水（见图 3)。

图 3　管道施工现场模拟图

随后，姬某忠也来到作业现场。

15 时 10 分左右，刘某鹏和姬某忠在转身离开地下室内室时，听见作业区域有异常声音，刘某鹏和赵某盛看到堆放冷媒增效剂的位置上方冒出火光，随即产生爆燃，黄色烟雾迅速弥漫。

刘某鹏、赵某盛、姬某忠三人因现场烟雾大、气味呛，跑出地下室。

刘某鹏跑出地下室后，立即打电话向四车间副主任王某重报告，企业立即组织应急救援。

2. 前期处置情况

王某重接报后，立即报告四车间主持工作的副主任杲某，杲某立即报告公司 EHS 办公室副主任郑某，并安排人员到其他车间调用正压式空气呼吸器和拨打 120 急救电话，开始实施救援。

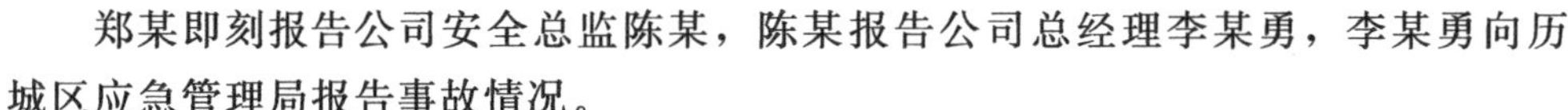

郑某即刻报告公司安全总监陈某，陈某报告公司总经理李某勇，李某勇向历城区应急管理局报告事故情况。

王某重安排人员启动另两台地下室抽风机（施工作业时启动了一台）。

郑某和生产部副总监曲某静以及公司领导褚某、赵某东、陈某等陆续赶到现场，公司消防队也带着正压式空气呼吸器赶到现场。

王某重、王某朋、郑某等人佩戴正压式空气呼吸器、身绑绳索进入作业区域救援。

进入作业区域只见浓烟未见明火，现场烟雾浓重，能见度差，救援人员边搜救人员边喷水降温、稀释烟气。

15 时 40 分左右救出第一个人，15 时 50 分左右第一批 120 救护车赶到。

救援后期，随着地下室烟雾变小，因部分正压式空气呼吸器现场使用后气压不足，部分救援接应人员佩戴普通防护面具进入地下室参与救援。

16 时 30 分左右，第十人被搜救出来。

16 时 40 分左右，事故现场基本处置完毕，现场存放的 48 袋 LMZ 冷媒增效剂及其底部塑料托盘全部烧毁，燃烧过程中引燃或烤焦了部分室内电缆、管道及设备保温层。

3. 应急救援情况

此次事故应急救援，共投入公安干警、医护人员等 340 余人，调动车辆 60 余台，出动救护车 10 车次，消防车 3 辆（见图 4）。

图 4　现场救援情况

被陆续搜救出来的 10 人中，8 人当场死亡，2 人送医院抢救无效死亡。

12 名搜救人员因烟雾熏呛受伤送医院治疗，截至 4 月 22 日全部康复出院。

经环保部门连续 7 天监测，事故对周边环境未造成影响，4 月 22 日后停止监测。

（四）事故直接原因

天和公司四车间地下室管道改造作业过程中，违规进行动火作业，电焊或切割产生的焊渣或火花引燃现场堆放的冷媒增效剂（主要成分为氧化剂亚硝酸钠、有机物苯并三氮唑、苯甲酸钠），瞬间产生爆燃，放出大量氮氧化物等有毒气体，造成现场施工和监护人员中毒窒息死亡。

经现场勘察、模拟验证和论证分析，事故发生前，地下室管道改造作业采取了焊接、切割等方式，电焊或切割产生的焊渣或火花是造成本次事故的点火源。当焊渣或火花跌落或喷溅到现场堆放的冷媒增效剂上时，首先引发了冷媒增效剂中氧化剂亚硝酸钠和具有还原性的苯并三氮唑、苯甲酸钠之间的氧化还原反应，释放出大量热能和氮氧化物、一氧化碳等有毒有害气体；继而引发苯并三氮唑和苯甲酸钠在空气存在下的燃烧、亚硝酸钠的热分解等一系列反应，也释放出大量热能和氮氧化物、一氧化碳等有毒有害气体；剧烈反应产生的热量来不及释放，导致冷媒增效剂物料温度迅速升高并熔融、反应急剧加速产生爆燃。伴随氮氧化物、一氧化碳等有毒有害气体大量生成并在有限空间内快速聚集，有限空间内的氧气参与燃烧反应而迅速减少，造成现场作业人员中毒窒息死亡。

经检测检验，LMZ冷媒增效剂成分为亚硝酸钠（89.1%）、苯甲酸钠（2.5%）、苯并三氮唑（6.3%）、水分（1.7%），为危险化学品。经测算，事故现场存放48袋冷媒增效剂，25 kg/袋，共计1200 kg，仅计算亚硝酸钠反应和分解，可放出氮氧化物713 kg（折合二氧化氮），地下室内二氧化氮平均浓度可达371 mg/m^3，远高于其直接致害浓度96 mg/m^3、短时间接触容许浓度10 mg/m^3，这是导致10名现场施工及监护人员死亡、12名参与救援人员中毒呛伤的原因。

（五）责任追究情况

1. 追究刑事责任

（1）天和公司法定代表人李某勇、天和公司四车间主任杲某等6名天和公司涉事责任人被检察机关批准逮捕。

（2）信邦公司总经理苗某明、信邦公司项目负责人孔某强等4名信邦公司涉事责任人被检察机关批准逮捕。

（3）光达公司研发中心冷媒组负责人宋某被检察机关批准逮捕。

（4）天和公司事故车间作业监护人孙某利因在事故中死亡，免予追究责任。

2. 党纪政务处分

给予董家街道党工委、办事处等2名相关责任人，历城区党委、政府及区应急局、工信局等8名相关责任人，肥城市住建局4名相关责任人，济南市应急局1名相关责任人，泰安市住建局1名相关责任人党纪政务处分和组织处理。

二、事故教训与预防措施

（一）存在的主要问题及教训

1. 天和公司未落实安全生产和消防安全的主体责任，未深刻吸取以前事故教训，管理极其混乱

（1）风险辨识及管控不到位，隐患排查治理不落实

未开展安全生产风险分级管控和隐患排查治理，特别是对动火作业没有按标准判定风险等级，四车间动火作业风险分级管控JHA（工作危害分析）记录表中，将动火风险全部判定为低风险。

未对采购的LMZ冷媒增效剂，进一步跟踪索要相关资料、了解新材料的组分及其危险性。

未对施工作业现场存放的48袋LMZ冷媒增效剂进行风险辨识，未督促现场作业人员及时移除或采取隔离措施。

受限空间管理未结合现场情况的变化重新进行辨识，未将作业条件发生变化的地下室纳入受限空间管理。

（2）动火作业审批把关不严，未严格遵循动火作业审批相关安全规定

在未采取LMZ冷媒增效剂移除或隔离防护措施前（仅在动火作业票证中划掉电焊机作业，实际上切割也属于动火作业），违规将动火作业票证交给现场监护人、作业人，形成事实上的审批。

（3）违规交叉作业

在管道改造作业的同时，四车间维修班高某坤、王某田2人在四车间地下室循环水箱南侧进行引风机风道维护作业，未明确相关要求、制定相关安全防护措施，违规交叉作业。

（4）以包代管，一包了之

没有制定规范的施工方案和安全作业方案，以任务派工单代替施工方案，该次施工既未履行变更管理手续，又无书面材料和正规设计图纸。

对外来承包施工队伍安全生产条件和资质审查把关不严，日常管理不到位。施工前培训考核缺少动火、临时用电、受限空间作业等重要内容，本次事故遇难人员中有1名外来施工人员未接受安全教育培训，现场监护人员没有发现并阻止其进入施工现场。

施工队伍进入作业现场前，未对施工作业人员进行作业前的安全技术交底和安全培训教育。

（5）员工应急处置能力不足，自我保护意识较差

未编制本次管道改造作业的应急救援处置方案。

企业部分救援人员自我保护意识不强，进入事故现场时佩戴空气呼吸器不规范，在不了解事故现场毒性的情况下，转移遇难人员时曾摘下呼吸器请求增加人手。救援后期，因部分正压式空气呼吸器现场使用后气压不足，部分救援接应人员佩戴普通防护面具进入地下室参与救援，最终导致12名救援人员中毒呛伤。

(6) 未深刻汲取以往事故教训，事故防范和整改措施落实不到位

天和公司2015年至2016年连续发生了3起火灾爆炸事故，2015年"4·30"环合反应釜爆燃事故暴露出企业对设备构造和风险分析不到位、出现危险因素盲点等问题；2016年"8·16"五车间火灾事故暴露出动火作业许可证审批不符合规范要求、车间作业票证和现场管理不严格、外来施工人员携带非防爆工具进行切割作业、没有尽到对外来施工队伍管理的职责等问题；2016年"10·10"废水回收车间爆炸事故暴露企业存在风险辨识不到位、建设项目管理混乱、变更管理不严格、操作规程不完善、异常工况处置能力差等问题。本次事故发生原因依然涉及上述问题，暴露出企业安全意识淡薄、整改落实不彻底，制度执行不到位，导致同类事故重复发生。

2. 信邦公司全员安全生产责任制不落实，现场管理失控

(1) 施工现场安全防护措施不落实，违规动火作业

施工人员未落实现场作业安全条件，在未对可燃易燃物采取移除或隔离防护措施的情况下，违章动火作业；未制定安全作业方案和应急预案，施工现场未按规定配备应急防护器材；擅自增加现场作业人员数量，导致事故伤亡人员增加。

(2) 安全教育不到位，未实现培训全覆盖

未对项目负责人、项目经理和施工人员实行全员培训，未建立安全生产教育和培训档案，未如实记录安全生产教育和培训的时间、内容、参加人员以及考核结果等情况；以取得相关资格证书代替对公司安全员培训，以建设单位进行进场安全培训代替公司的安全培训；对项目部聘用人员以考代培，未开展公司级安全教育。

(3) 全员安全生产责任制不落实，对外派项目部管理严重缺失

安全生产责任制没有实现全覆盖，除公司经理、安全生产副经理、总工程师、项目负责人、安全处长、安全员外，其他岗位和人员均未明确安全职责。

对项目负责人孔某强疏于管理，孔某强自2018年9月起以公司名义进入天和公司承包商名录后，对其项目施工管理失察。

3. 光达公司非法生产、销售危险化学品

(1) 未办许可手续非法生产危险化学品，危险化学品管理混乱

光达公司LMZ冷媒增效剂的主要成分亚硝酸钠属于危险化学品，且含量不小于70%，没有办理危险化学品安全生产许可手续，在未取得LMZ冷媒增效剂安全生产许可手续情况下进行非法生产；未将LMZ冷媒增效剂纳入危险化学品管理。

(2) 未按法规要求提供LMZ冷媒增效剂的"一书一签"

光达公司按合同规定送货到天和公司时，未提供LMZ冷媒增效剂的安全技术说明书，也未在外包装件上粘贴或者拴挂化学品安全标签。

4. 政府有关部门未依法认真履行安全生产属地监管职责

政府有关部门贯彻落实国家安全生产法律法规和"党政同责、一岗双责、齐抓共管"不到位，指导督促天和公司加强安全生产工作不力。

(二) 事故警示及预防措施

1. 提高风险辨识和管控能力

生产经营单位应针对制药行业的生产流程、设备设施、物料存储与运输、人员操作等各个环节，编制详细的风险识别清单。清单内容包括可能存在的火灾、爆炸、中毒、泄漏等各类风险，明确风险源（如危险化学品的储存罐、反应釜、输送管道等)、风险可能引发的事故类型、风险等级评估等信息。

建立健全安全管理制度，明确各部门和人员在风险管控中的职责；对于高风险区域和风险源，优先采取工程技术措施进行风险管控；根据不同的工作环境和风险类型，为员工配备合适的个人防护装备，定期对员工进行个人防护装备使用培训，确保员工能够正确佩戴和使用。

2. 严格外包单位和外来施工人员安全管理

把外包单位和外来施工人员纳入本单位安全管理，建立健全外包单位安全管理制度，签订安全协议，严格外来施工单位资质审核；对外来施工人员进行严格的入厂安全教育培训，培训不合格不得进厂作业。

外来施工人员作业前，要严格审外包单位施工方案，向外包单位作业人员进行现场安全交底，详细告知作业环境存在的安全风险、防控办法、应急措施等，强化施工现场可燃物清理和过程监督，安排具备监护能力的人员负责作业全过程的现场监护。

3. 强化动火、受限空间等特殊作业安全监管

建立健全并严格执行各项安全管理制度，特别是动火作业、受限空间作业等特殊作业的审批和监管制度。

明确作业流程和安全要求，加强对作业现场的监督检查，确保各项安全措施落实到位，严禁违规操作行为。

4. 严格落实"三项岗位人员"准入门槛

制药企业主要负责人必须具备相应的安全生产知识和管理能力，依法参加安全生产知识和管理能力考核，取得合格证书。考核内容应涵盖安全生产法律法规、企业安全管理体系、危险化学品安全管理、事故应急救援等多个方面，确保主要负责人对企业安全生产工作有全面且深入的理解。

安全管理人员必须具备相应的专业背景和资质，如安全工程、化工等相关专业学历或注册安全工程师资格。

对于制药企业内的特种作业人员（如电工、焊工、起重机操作工、危险化学品作业人员等），必须按照国家规定经专门的安全作业培训，取得相应资格后，方可上岗作业。企业要严格审查特种作业人员的资格证书，确保证书真实有效，并在有效期内。

5. 认真落实化学品“一书一签”要求

危险化学品生产企业应按照有关法律法规规定，严格化学品包装要求，提供与其生产的危险化学品相符的、符合国家标准要求的“一书一签”，确保向下游用户提供合乎包装要求和准确的化学品安全信息。

6. 政府有关部门深入开展专项整治行动，加强安全监管执法力度

持续组织开展动火作业、受限空间作业等特殊作业的安全专项整治行动，对企业存在的共性问题和突出隐患进行集中治理。

加大对企业的安全生产监管执法力度，特别是对危险化学品生产、储存、使用等重点企业和关键环节的检查频次和深度。

严厉打击各类安全生产违法违规行为，对发现的问题和隐患要依法依规严肃处理，督促企业切实落实安全生产主体责任。

三、事故解析与风险防控

（一）LMZ 冷媒增效剂及其作用

1. LMZ 冷媒增效剂

LMZ 冷媒增效剂是一种用于制冷系统的添加剂。它主要是与乙二醇、丙二醇等冷媒配合使用，通过改变冷媒的物理和化学性质，来提升制冷系统的性能。

冷媒，也称为制冷剂，是在制冷循环系统中用于传递热量的工作介质。其主要功能是通过在不同的压力和温度条件下发生相变（如从液态变为气态，再从气态变为液态）来吸收和释放热量，从而实现制冷的目的（见图 5）。

图 5　冷媒外观图

2. LMZ 冷媒增效剂的作用

(1) 抑制挥发

LMZ 冷媒增效剂能够显著降低乙二醇、丙二醇等冷却介质的挥发速度，从而提高其使用效率。

(2) 提高载热、载冷能力

加入 LMZ 冷媒增效剂后，冷却介质的载热、载冷能力得到显著提升，有助于提升冷却系统的整体性能。

(3) 防止介质酸化锈蚀设备

LMZ 冷媒增效剂具有出色的防锈性能，能够有效防止乙二醇、丙二醇等冷却介质酸化导致的设备锈蚀问题。

（二）LMZ 冷媒增效剂的危险性

LMZ 冷媒增效剂的主要成分是亚硝酸钠，且含量不小于 70%。亚硝酸钠是一种危险化学品，具有特定的危险特性。

1. 火灾爆炸危险

LMZ 冷媒增效剂的主要成分亚硝酸钠属于强氧化剂，它与有机物、还原剂等接触时，在一定条件下可能会发生剧烈的氧化还原反应，释放出大量的热。例如，当亚硝酸钠与易燃物质如木屑、纸张等混合时，如果遇到火源或摩擦、撞击等引发能量，就可能会引发火灾甚至爆炸。

2. 毒性

亚硝酸钠在加热到一定温度时会发生分解反应，产生有毒的氮氧化物气体，人体一旦吸入，就会产生中毒反应。严重时，中毒症状可能包括呼吸困难、昏迷甚至死亡。

摄入或吸入过量的亚硝酸钠会导致急性中毒，表现为头晕、乏力、恶心、呕吐等症状。

3. 环境污染

亚硝酸钠进入水体后，会改变水体的化学性质。它会消耗水中的溶解氧，导致水中的水生生物因缺氧而死亡。

当亚硝酸钠进入土壤后，会影响土壤的酸碱度和微生物群落。它可能会使土壤酸化，改变土壤中养分的有效性，抑制一些有益微生物的生长，从而影响植物根系的生长和发育。

（三）主要法律法规要求

1.《中华人民共和国安全生产法》部分条款

第二十一条　生产经营单位的主要负责人对本单位安全生产工作负有下列

职责：

（一）建立健全并落实本单位全员安全生产责任制，加强安全生产标准化建设；

（二）组织制定并实施本单位安全生产规章制度和操作规程；

（三）组织制定并实施本单位安全生产教育和培训计划；

（四）保证本单位安全生产投入的有效实施；

（五）组织建立并落实安全风险分级管控和隐患排查治理双重预防工作机制，督促、检查本单位的安全生产工作，及时消除生产安全事故隐患；

（六）组织制定并实施本单位的生产安全事故应急救援预案；

（七）及时、如实报告生产安全事故。

第二十二条 生产经营单位的全员安全生产责任制应当明确各岗位的责任人员、责任范围和考核标准等内容。

生产经营单位应当建立相应的机制，加强对全员安全生产责任制落实情况的监督考核，保证全员安全生产责任制的落实。

第二十五条 生产经营单位的安全生产管理机构以及安全生产管理人员履行下列职责：

（一）组织或者参与拟订本单位安全生产规章制度、操作规程和生产安全事故应急救援预案；

（二）组织或者参与本单位安全生产教育和培训，如实记录安全生产教育和培训情况；

（三）组织开展危险源辨识和评估，督促落实本单位重大危险源的安全管理措施；

（四）组织或者参与本单位应急救援演练；

（五）检查本单位的安全生产状况，及时排查生产安全事故隐患，提出改进安全生产管理的建议；

（六）制止和纠正违章指挥、强令冒险作业、违反操作规程的行为；

（七）督促落实本单位安全生产整改措施。

生产经营单位可以设置专职安全生产分管负责人，协助本单位主要负责人履行安全生产管理职责。

第二十七条第一款 生产经营单位的主要负责人和安全生产管理人员必须具备与本单位所从事的生产经营活动相应的安全生产知识和管理能力。

第二十八条第一款 生产经营单位应当对从业人员进行安全生产教育和培训，保证从业人员具备必要的安全生产知识，熟悉有关的安全生产规章制度和安全操作规程，掌握本岗位的安全操作技能，了解事故应急处理措施，知悉自身在安全生产方面的权利和义务。未经安全生产教育和培训合格的从业人员，不得上岗作业。

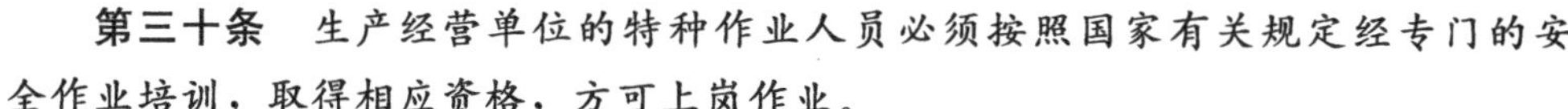

第三十条　生产经营单位的特种作业人员必须按照国家有关规定经专门的安全作业培训，取得相应资格，方可上岗作业。

特种作业人员的范围由国务院应急管理部门会同国务院有关部门确定。

第四十条　生产经营单位对重大危险源应当登记建档，进行定期检测、评估、监控，并制定应急预案，告知从业人员和相关人员在紧急情况下应当采取的应急措施。

生产经营单位应当按照国家有关规定将本单位重大危险源及有关安全措施、应急措施报有关地方人民政府应急管理部门和有关部门备案。有关地方人民政府应急管理部门和有关部门应当通过相关信息系统实现信息共享。

第四十一条第一款　生产经营单位应当建立安全风险分级管控制度，按照安全风险分级采取相应的管控措施。

第四十三条　生产经营单位进行爆破、吊装、动火、临时用电以及国务院应急管理部门会同国务院有关部门规定的其他危险作业，应当安排专门人员进行现场安全管理，确保操作规程的遵守和安全措施的落实。

2.《中华人民共和国刑法》部分条款

第一百三十四条　在生产、作业中违反有关安全管理的规定，因而发生重大伤亡事故或者造成其他严重后果的，处三年以下有期徒刑或者拘役；情节特别恶劣的，处三年以上七年以下有期徒刑。

强令他人违章冒险作业，或者明知存在重大事故隐患而不排除，仍冒险组织作业，因而发生重大伤亡事故或者造成其他严重后果的，处五年以下有期徒刑或者拘役；情节特别恶劣的，处五年以上有期徒刑。

3.《危险化学品安全管理条例》部分条款

第十五条　危险化学品生产企业应当提供与其生产的危险化学品相符的化学品安全技术说明书，并在危险化学品包装（包括外包装件）上粘贴或者拴挂与包装内危险化学品相符的化学品安全标签。化学品安全技术说明书和化学品安全标签所载明的内容应当符合国家标准的要求。

危险化学品生产企业发现其生产的危险化学品有新的危险特性的，应当立即公告，并及时修订其化学品安全技术说明书和化学品安全标签。

第二十八条　使用危险化学品的单位，其使用条件（包括工艺）应当符合法律、行政法规的规定和国家标准、行业标准的要求，并根据所使用的危险化学品的种类、危险特性以及使用量和使用方式，建立、健全使用危险化学品的安全管理规章制度和安全操作规程，保证危险化学品的安全使用。

4.《化工和危险化学品生产经营单位重大生产安全事故隐患判定标准（试行）》部分条款

依据有关法律法规、部门规章和国家标准，以下情形应当判定为重大事故隐患：

（一）危险化学品生产、经营单位主要负责人和安全生产管理人员未依法经考核合格。

（二）特种作业人员未持证上岗。

（十）在役化工装置未经正规设计且未进行安全设计诊断。

（十一）使用淘汰落后安全技术工艺、设备目录列出的工艺、设备。

（十六）未建立与岗位相匹配的全员安全生产责任制或者未制定实施生产安全事故隐患排查治理制度。

（十七）未制定操作规程和工艺控制指标。

（十八）未按照国家标准制定动火、进入受限空间等特殊作业管理制度，或者制度未有效执行。

（十九）新开发的危险化学品生产工艺未经小试、中试、工业化试验直接进行工业化生产；国内首次使用的化工工艺未经过省级人民政府有关部门组织的安全可靠性论证；新建装置未制定试生产方案投料开车；精细化工企业未按规范性文件要求开展反应安全风险评估。

（二十）未按国家标准分区分类储存危险化学品，超量、超品种储存危险化学品，相互禁配物质混放混存。

案例27　粉尘细微易忽视 爆炸威力骇人闻

——江苏省苏州昆山市中荣金属制品有限公司“8·2”特别重大爆炸事故暴露出的主要问题与警示

一、事故详情

（一）事故基本情况

2014年8月2日07时34分，位于江苏省苏州市昆山市昆山经济技术开发区（以下简称昆山开发区）的昆山中荣金属制品有限公司（台商独资企业，以下简称中荣公司）抛光二车间（即4号厂房，以下简称事故车间）发生特别重大铝粉尘爆炸事故，当天造成75人死亡、185人受伤。

截至2014年12月31日，事故已造成146人死亡，114人受伤，直接经济损失3.51亿元（见图1）。

图1　事故现场照片

(二) 涉事单位及相关责任人情况

1. 事故发生单位——中荣公司

中荣公司成立于1998年8月，是由台湾中允工业股份有限公司通过子公司英属维京银鹰国际有限公司在昆山开发区投资设立的台商独资企业，位于昆山开发区南河路189号，法人代表吴某滔、总经理林某昌，总用地面积34974.8 m^2，员工总数527人。

该企业主要从事汽车零配件等五金件金属表面处理加工，主要生产工序是轮毂打磨、抛光、电镀等。

2. 事故车间情况

(1) 建筑情况

事故车间位于整个厂区的西南角，建筑面积2145 m^2，厂房南北长44.24 m、东西宽24.24 m，两层钢筋混凝土框架结构，层高4.5 m，每层分3跨，每跨8 m。屋顶为钢梁和彩钢板，四周墙体为砖墙。

厂房南北两端各设置一部载重2 t的货梯和连接二层的敞开式楼梯，每层北端设有男女卫生间，其余为生产区。

一层设有通向室外的钢板推拉门（4 m×4 m）2个，地面为水泥地面，二层楼面为钢筋混凝土。

(2) 工艺布局

事故车间为铝合金汽车轮毂打磨车间，共设计32条生产线，一、二层各16条，每条生产线设有12个工位，沿车间横向布置，总工位数384个。

事故发生时，一层实际有生产线13条，二层16条，实际总工位数348个。

该车间生产工艺设计、布局与设备选型均由林某昌（中荣公司总经理）自己完成。

打磨抛光均为人工作业，工具为手持式电动磨枪。

(3) 除尘系统

2006年3月，该车间一、二层共建设安装8套除尘系统。每个工位设置有吸尘罩，每4条生产线48个工位合用1套除尘系统，除尘器为机械振打袋式除尘器。2012年改造后，8套除尘系统的室外排放管全部连通，由一个主排放管排出。事故车间除尘设备与收尘管道、手动工具插座及其配电箱均未按规定采取接地措施。

(4) 事故发生时现场人员情况

截至2014年7月31日，事故车间在册员工250人。

现场共有员工265人，其中：车间打卡上班员工261人（含新入职人员12人）、本车间经理1人、临时到该车间工作人员3人。

3. 涉事相关单位情况

除尘系统由昆山菱正机电环保设备有限公司总承包，负责除尘系统设计、设

备制造、施工安装及后续改造。

4. 事故主要责任人

（1）吴某滔，中荣公司董事长。

（2）林某昌，中荣公司总经理。

（3）吴某宪，中荣公司经理。

（三）事故发生经过及应急救援情况

1. 事故发生经过

2014 年 8 月 2 日 07 时，事故车间员工上班。

07 时 10 分，除尘风机开启，员工开始作业。

07 时 34 分，1 号除尘器发生爆炸。

爆炸冲击波沿除尘管道向车间传播，扬起的除尘系统内和车间集聚的铝粉尘发生系列爆炸。

当场造成 47 人死亡、当天经送医院抢救无效死亡 28 人，185 人受伤，事故车间和车间内的生产设备被损毁。

2. 应急救援情况

8 月 2 日 07 时 35 分，昆山市公安消防部门接到报警，立即启动应急预案，第一辆消防车于 8 分钟内抵达，先后调集 7 个中队、21 辆车辆、111 人，组织了 25 个小组赴现场救援。

08 时 03 分，现场明火被扑灭，共救出被困人员 130 人。

交通运输部门调度 8 辆公交车、3 辆卡车运送伤员至昆山各医院救治（见图 2）。

图 2　现场救援情况

（四）事故直接原因

事故车间除尘系统较长时间未按规定清理，铝粉尘集聚。除尘系统风机开启后，打磨过程产生的高温颗粒在集尘桶上方形成粉尘云。1号除尘器集尘桶锈蚀破损，桶内铝粉受潮，发生氧化放热反应，达到粉尘云的引燃温度，引发除尘系统及车间的系列爆炸。

因没有泄爆装置，爆炸产生的高温气体和燃烧物瞬间经除尘管道从各吸尘口喷出，导致全车间所有工位操作人员直接受到爆炸冲击，造成群死群伤。

原因分析：

由于一系列违法违规行为，整个环境具备了粉尘爆炸的五要素，引发爆炸。粉尘爆炸的五要素包括可燃粉尘、粉尘云、引火源、助燃物、空间受限。

1. 可燃粉尘

事故车间抛光轮毂产生的抛光铝粉，主要成分为88.3%的铝和10.2%的硅，抛光铝粉的粒径中位值为19 μm，经实验测试，该粉尘为爆炸性粉尘，粉尘云引燃温度为500 ℃。事故车间、除尘系统未按规定清理，铝粉尘沉积。

2. 粉尘云

除尘系统风机启动后，每套除尘系统负责的4条生产线共48个工位抛光粉尘通过一条管道进入除尘器内，由滤袋捕集落入到集尘桶内，在除尘器灰斗和集尘桶上部空间形成爆炸性粉尘云。

3. 引火源

集尘桶内超细的抛光铝粉，在抛光过程中具有一定的初始温度，比表面积大，吸湿受潮，与水及铁锈发生放热反应。除尘风机开启后，在集尘桶上方形成一定的负压，加速了桶内铝粉的放热反应，温度升高达到粉尘云引燃温度。

（1）铝粉沉积：1号除尘器集尘桶未及时清理，估算沉积铝粉约20 kg。

（2）吸湿受潮：事发前两天当地连续降雨；平均气温31 ℃，最高气温34 ℃，空气相对湿度最高达到97%；1号除尘器集尘桶底部锈蚀破损，桶内铝粉吸湿受潮。

（3）反应放热：根据现场条件，采用化学反应热力学理论，模拟计算集尘桶内抛光铝粉与水发生的放热反应，在抛光铝粉呈絮状堆积、散热条件差的条件下，可使集尘桶内的铝粉表层温度达到粉尘云引燃温度500 ℃。

桶底锈蚀产生的氧化铁和铝粉在前期放热反应触发下，可发生“铝热反应”，释放大量热量，使体系的温度进一步增加。

4. 助燃物

在除尘器风机作用下，大量新鲜空气进入除尘器内，支持了爆炸发生。

5. 空间受限

除尘器本体为倒锥体钢壳结构，内部是有限空间，容积约8 m^3。

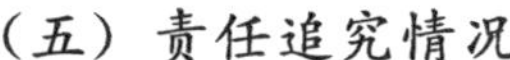

（五）责任追究情况

1. 追究刑事责任

（1）中荣公司董事长吴某滔、中荣公司总经理林某昌、中荣公司经理吴某宪因涉嫌重大劳动安全事故罪，被司法机关批准逮捕。

（2）昆山开发区管委会副主任陈某、昆山市安全监管局副局长陆某等 14 名政府有关部门公职人员因涉嫌玩忽职守罪，被司法机关批准逮捕。

2. 党纪政务处分

苏州市市长周某、苏州市副市长盛某、昆山市市委书记管某、昆山市市长路某等 34 名政府有关部门公职人员受到不同程度的党纪政务处分。

另外，1 名中管干部对事故发生负有重要领导责任，给予记过处分。

二、事故教训与预防措施

（一）存在的主要问题及教训

1. 中荣公司未落实企业安全生产主体责任，无视国家法律，违法违规组织项目建设和生产

（1）厂房设计与生产工艺布局违法违规

事故车间厂房原设计建设为戊类，而实际使用却为乙类，导致一层原设计泄爆面积不足，疏散楼梯未采用封闭楼梯间，贯通上下两层。

事故车间生产工艺布局未按规定规范设计，是由林某昌根据自己经验非规范设计的。

生产线布置过密，作业工位排列拥挤，在每层 1072.5 m^2 车间内设置了 16 条生产线，在 13 m 长的生产线上布置有 12 个工位，人员密集，有的生产线之间员工背靠背间距不到 1 m，且通道中放置了轮毂，造成疏散通道不畅通，加重了人员伤害。

（2）违规委托无资质方施工

事故车间除尘系统改造委托无设计安装资质的昆山菱正机电环保设备公司设计、制造、施工安装。

（3）车间铝粉尘集聚严重

企业未按规定及时清理粉尘，造成除尘管道内和作业现场残留铝粉尘多，加大了爆炸威力。

（4）安全防护措施不落实

事故车间电气设施设备均不防爆，电缆、电线敷设方式违规，电气设备的金属外壳未作可靠接地。

现场作业人员密集，岗位粉尘防护措施不完善，未按规定配备防静电工装等劳动保护用品，进一步加重了人员伤害。

（5）安全生产规章制度不健全、不落实

中荣公司安全生产规章制度不健全、不规范，盲目组织生产，未建立岗位安全操作规程，已有的规章制度未落实到车间、班组。

（6）隐患排查整治工作缺失

未建立隐患排查治理制度，无隐患排查治理台账。

（7）风险辨识不全面

对铝粉尘爆炸危险未进行辨识，缺乏预防措施。

（8）安全教育缺失

未开展粉尘爆炸专项教育培训和新员工三级安全培训，安全生产教育培训责任不落实，造成员工对铝粉尘存在爆炸危险没有认知。

2. 昆山菱正机电环保设备公司无资质施工，违规进行除尘系统设计、制造、安装、改造，导致除尘系统不符合标准

事故现场吸尘罩大小为 500 mm×200 mm，轮毂中心距离吸尘罩 500 mm，每个吸尘罩的风量为 600 m^3/h，每套除尘系统总风量为 28800 m^3/h，支管内平均风速为 20.8 m/s。按照《铝镁粉加工粉尘防爆安全规程》（GB 17269—2003）规定的 23 m/s 支管平均风速计算，该总风量应达到 31850 m^3/h，原始设计差额为 9.6%。因此，现场除尘系统吸风量不足，不能满足工位粉尘捕集要求，不能有效抽出除尘管道内粉尘。

除尘器本体及管道未设置导除静电的接地装置、未按要求设置泄爆装置，集尘器未设置防水防潮设施，集尘桶底部破损后未及时修复，外部潮湿空气渗入集尘桶内，造成铝粉受潮，产生氧化放热反应。

3. 政府有关部门安全生产红线意识不强，对安全生产工作重视不够

政府有关部门落实铝镁制品机加工企业安全生产专项治理工作不认真、不彻底，对中荣公司无视员工安全与健康、违反国家安全生产法律法规的行为打击治理严重不力。

（二）事故警示及预防措施

1. 牢固树立安全生产红线意识

各类粉尘爆炸危险企业不分内外资、不分所有制、不分中央地方、不分规模大小，必须遵守国家法律法规，把保护职工的生命安全与健康放在首位，坚决不能以牺牲职工的生命和健康为代价换取经济效益。

2. 合理规划厂房设计与工艺布局

对于有粉尘爆炸危险的厂房，必须严格按照防爆技术等级进行设计和建设，

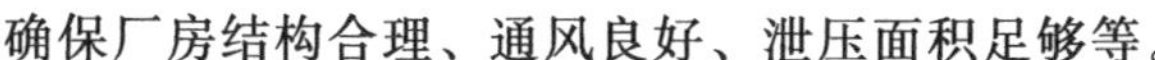

确保厂房结构合理、通风良好、泄压面积足够等。

合理安排生产工艺和设备布局，避免工艺路线过紧过密，防止粉尘在局部区域积聚形成爆炸性混合物。

3. 严禁无资质施工

建设单位在选择施工单位时，要建立严格的资质审查机制。

要求施工单位提供完整的资质证明文件，包括营业执照、资质证书、安全生产许可证等，并通过官方渠道进行核实。

对于涉及特殊工艺或高风险设备安装的施工单位，还要审查其相关专业技术人员的资质证书，如注册建造师、注册安全工程师等的资格证书。

4. 定期清理粉尘，防止粉尘聚集

制定严格的清洁制度，及时人工清扫车间地面和设备表面的积尘，防止粉尘飞扬和聚集。

5. 严格落实安全防护措施

在粉尘爆炸危险区域内，严格按照防爆要求设计、安装和使用电气设备，防止电气火花引发粉尘爆炸。

严禁在车间内吸烟和使用明火，采取措施防止静电产生和积聚，如使用防静电工具、设备接地等。

6. 加强风险辨识和管控

建立健全安全生产责任制度、安全检查制度、隐患排查治理制度、设备维护保养制度等一系列安全生产管理制度，并确保制度的有效执行。

定期开展粉尘爆炸风险评估，识别和分析潜在的安全风险，采取相应的风险管控措施，将事故隐患消灭在萌芽状态。

7. 加强员工安全教育

加强对企业管理人员和员工的安全生产意识教育，提高他们对粉尘爆炸等安全风险的认识和重视程度。

对涉及粉尘作业的员工进行专门的安全技术和操作技能培训，使其熟悉操作规程和安全注意事项，提高员工的安全操作水平和应急处置能力。

8. 强化粉尘防爆专项整治

政府有关部门要认真开展粉尘防爆专项整治工作，对辖区内存在粉尘爆炸危险的企业进行全面排查，摸清企业基本情况，建立基础台账。

重点查厂房、防尘、防火、防水、管理制度和泄爆装置、防静电措施等内容，及时消除安全隐患，确保专项治理取得实效。

三、事故解析与风险防控

（一）粉尘及其危险性

1. 粉尘

粉尘，是指悬浮在空气中的固体微粒。习惯上对粉尘有许多名称，如灰尘、尘埃、烟尘、矿尘、沙尘、粉末等，这些名词没有明显的界限。国际标准化组织规定，粒径小于 75 μm 的固体悬浮物定义为粉尘（见图 3）。

2. 粉尘的危险性

（1）粉尘爆炸危险

粉尘爆炸，指可燃粉尘在受限空间内与空气混合形成的粉尘云，在点火源作用下，形成的粉尘空气混合物快速燃烧，并引起温度压力急骤升高的化学反应（见图 4）。

图 3　粉尘

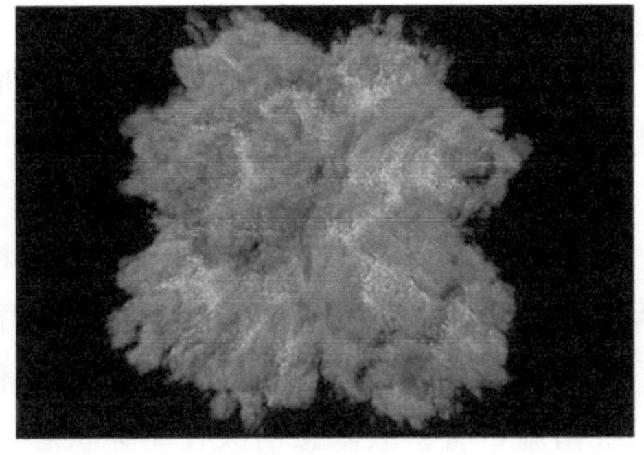

图 4　粉尘爆炸

粉尘爆炸具有极强的破坏性，一旦发生粉尘爆炸，不仅会对企业的财产造成毁灭性的打击，还会对员工的生命安全构成严重威胁。

粉尘爆炸多发生在伴有铝粉、锌粉、铝材加工研磨粉、各种塑料粉末、有机合成药品的中间体、小麦粉、糖、木屑、染料、胶木灰、奶粉、茶叶粉末、烟草粉末、煤尘、植物纤维尘等产生的生产加工场所。

粉尘爆炸条件一般有五个：

①粉尘本身具有可燃性或者爆炸性；

②粉尘必须悬浮在空气中并与空气或氧气混合达到爆炸极限；

③有足以引起粉尘爆炸的热能源，即点火源；

④粉尘具有一定扩散性；

⑤粉尘在密封空间会产生爆炸，如制粒烘箱、沸腾干燥机都会发生乙醇、水

粉尘爆炸。

(2) 健康危害

粉尘进入呼吸道后，会刺激鼻腔、咽喉和气管等部位，引起咳嗽、打喷嚏、流涕等症状，长期吸入会损伤呼吸道黏膜。

细菌可能通过损伤的黏膜侵入呼吸道组织中造成感染，从而引起卡他性炎症，如鼻炎、咽炎、喉炎、气管炎、肺炎、尘肺病等。

(3) 造成环境污染

工业粉尘、扬尘等排放到大气中，会增加空气中的颗粒物浓度，降低空气质量。某些粉尘，如黑炭粉尘，能够吸收太阳辐射，导致大气温度升高，对气候变化产生影响。同时，大量的粉尘排放还可能改变大气的光学性质，影响能见度。

粉尘沉降到地面后，会对土壤造成污染。如果粉尘中含有重金属（如铅、镉、汞等）或其他有害物质，这些物质会在土壤中积累，影响土壤的肥力和生态功能，进而影响植物的生长。同样地，粉尘沉降到河流湖泊等水体中，会使水质恶化，影响水生生物。

（二）主要法律法规要求

1.《中华人民共和国安全生产法》部分条款

第二十二条　生产经营单位的全员安全生产责任制应当明确各岗位的责任人员、责任范围和考核标准等内容。

生产经营单位应当建立相应的机制，加强对全员安全生产责任制落实情况的监督考核，保证全员安全生产责任制的落实。

第二十五条　生产经营单位的安全生产管理机构以及安全生产管理人员履行下列职责：

（一）组织或者参与拟订本单位安全生产规章制度、操作规程和生产安全事故应急救援预案；

（二）组织或者参与本单位安全生产教育和培训，如实记录安全生产教育和培训情况；

（三）组织开展危险源辨识和评估，督促落实本单位重大危险源的安全管理措施；

（四）组织或者参与本单位应急救援演练；

（五）检查本单位的安全生产状况，及时排查生产安全事故隐患，提出改进安全生产管理的建议；

（六）制止和纠正违章指挥、强令冒险作业、违反操作规程的行为；

（七）督促落实本单位安全生产整改措施。

生产经营单位可以设置专职安全生产分管负责人，协助本单位主要负责人履行安全生产管理职责。

第三十条 生产经营单位的特种作业人员必须按照国家有关规定经专门的安全作业培训，取得相应资格，方可上岗作业。

特种作业人员的范围由国务院应急管理部门会同国务院有关部门确定。

第三十五条 生产经营单位应当在有较大危险因素的生产经营场所和有关设施、设备上，设置明显的安全警示标志。

第三十六条 安全设备的设计、制造、安装、使用、检测、维修、改造和报废，应当符合国家标准或者行业标准。

生产经营单位必须对安全设备进行经常性维护、保养，并定期检测，保证正常运转。维护、保养、检测应当作好记录，并由有关人员签字。

生产经营单位不得关闭、破坏直接关系生产安全的监控、报警、防护、救生设备、设施，或者篡改、隐瞒、销毁其相关数据、信息。

餐饮等行业的生产经营单位使用燃气的，应当安装可燃气体报警装置，并保障其正常使用。

第四十一条第一款 生产经营单位应当建立安全风险分级管控制度，按照安全风险分级采取相应的管控措施。

第四十三条 生产经营单位进行爆破、吊装、动火、临时用电以及国务院应急管理部门会同国务院有关部门规定的其他危险作业，应当安排专门人员进行现场安全管理，确保操作规程的遵守和安全措施的落实。

第四十六条 生产经营单位的安全生产管理人员应当根据本单位的生产经营特点，对安全生产状况进行经常性检查；对检查中发现的安全问题，应当立即处理；不能处理的，应当及时报告本单位有关负责人，有关负责人应当及时处理。检查及处理情况应当如实记录在案。

生产经营单位的安全生产管理人员在检查中发现重大事故隐患，依照前款规定向本单位有关负责人报告，有关负责人不及时处理的，安全生产管理人员可以向主管的负有安全生产监督管理职责的部门报告，接到报告的部门应当依法及时处理。

第四十九条第一款 生产经营单位不得将生产经营项目、场所、设备发包或者出租给不具备安全生产条件或者相应资质的单位或者个人。

2.《中华人民共和国刑法》部分条款

第一百三十五条 安全生产设施或者安全生产条件不符合国家规定，因而发生重大伤亡事故或者造成其他严重后果的，对直接负责的主管人员和其他直接责任人员，处三年以下有期徒刑或者拘役；情节特别恶劣的，处三年以上七年以下有期徒刑。

第三百九十七条 国家机关工作人员滥用职权或者玩忽职守致使公共财产、国家和人民利益遭受重大损失的，处三年以下有期徒刑或者拘役；情节特别严重的，处三年以上七年以下有期徒刑。本法另有规定的，依照规定。

国家机关工作人员徇私舞弊，犯前款罪的，处五年以下有期徒刑或者拘役；情节特别严重的，处五年以上十年以下有期徒刑。本法另有规定的，依照规定。

3.《中华人民共和国消防法》部分条款

第十六条　机关、团体、企业、事业等单位应当履行下列消防安全职责：

（一）落实消防安全责任制，制定本单位的消防安全制度、消防安全操作规程，制定灭火和应急疏散预案；

（二）按照国家标准、行业标准配置消防设施、器材，设置消防安全标志，并定期组织检验、维修，确保完好有效；

（三）对建筑消防设施每年至少进行一次全面检测，确保完好有效，检测记录应当完整准确，存档备查；

（四）保障疏散通道、安全出口、消防车通道畅通，保证防火防烟分区、防火间距符合消防技术标准；

（五）组织防火检查，及时消除火灾隐患；

（六）组织进行有针对性的消防演练；

（七）法律、法规规定的其他消防安全职责。

单位的主要负责人是本单位的消防安全责任人。

第二十一条　禁止在具有火灾、爆炸危险的场所吸烟、使用明火。因施工等特殊情况需要使用明火作业的，应当按照规定事先办理审批手续，采取相应的消防安全措施；作业人员应当遵守消防安全规定。

进行电焊、气焊等具有火灾危险作业的人员和自动消防系统的操作人员，必须持证上岗，并遵守消防安全操作规程。

第二十二条　生产、储存、装卸易燃易爆危险品的工厂、仓库和专用车站、码头的设置，应当符合消防技术标准。易燃易爆气体和液体的充装站、供应站、调压站，应当设置在符合消防安全要求的位置，并符合防火防爆要求。

已经设置的生产、储存、装卸易燃易爆危险品的工厂、仓库和专用车站、码头，易燃易爆气体和液体的充装站、供应站、调压站，不再符合前款规定的，地方人民政府应当组织、协调有关部门、单位限期解决，消除安全隐患。

4.《工贸企业重大事故隐患判定标准》部分条款

第三条　工贸企业有下列情形之一的，应当判定为重大事故隐患：

（一）未对承包单位、承租单位的安全生产工作统一协调、管理，或者未定期进行安全检查的；

（二）特种作业人员未按照规定经专门的安全作业培训并取得相应资格，上岗作业的；

（三）金属冶炼企业主要负责人、安全生产管理人员未按照规定经考核合格的。

第十一条 存在粉尘爆炸危险的工贸企业有下列情形之一的，应当判定为重大事故隐患：

（一）粉尘爆炸危险场所设置在非框架结构的多层建（构）筑物内，或者粉尘爆炸危险场所内设有员工宿舍、会议室、办公室、休息室等人员聚集场所的；

（二）不同类别的可燃性粉尘、可燃性粉尘与可燃气体等易加剧爆炸危险的介质共用一套除尘系统，或者不同建（构）筑物、不同防火分区共用一套除尘系统、除尘系统互联互通的；

（三）干式除尘系统未采取泄爆、惰化、抑爆等任一种爆炸防控措施的；

（四）铝镁等金属粉尘除尘系统采用正压除尘方式，或者其他可燃性粉尘除尘系统采用正压吹送粉尘时，未采取火花探测消除等防范点燃源措施的；

（五）除尘系统采用重力沉降室除尘，或者采用干式巷道式构筑物作为除尘风道的；

（六）铝镁等金属粉尘、木质粉尘的干式除尘系统未设置锁气卸灰装置的；

（七）除尘器、收尘仓等划分为20区的粉尘爆炸危险场所电气设备不符合防爆要求的；

（八）粉碎、研磨、造粒等易产生机械点燃源的工艺设备前，未设置铁、石等杂物去除装置，或者木制品加工企业与砂光机连接的风管未设置火花探测消除装置的；

（九）遇湿自燃金属粉尘收集、堆放、储存场所未采取通风等防止氢气积聚措施，或者干式收集、堆放、储存场所未采取防水、防潮措施的；

（十）未落实粉尘清理制度，造成作业现场积尘严重的。

案例28　停用尾库违规重启
坝体滑溃灾厄骤至

——山西省襄汾县新塔矿业公司“9·8”特别重大尾矿库溃坝事故暴露出的主要问题与警示

一、事故详情

（一）事故基本情况

2008年9月8日07时58分，山西省临汾市襄汾县新塔矿业有限公司（以下简称新塔公司）980沟尾矿库发生溃坝事故，造成277人死亡、4人失踪、33人受伤，直接经济损失9619.2万元（见图1）。

图1　事故现场照片

（二）涉事单位及相关责任人情况

1. 事故发生单位——新塔公司

2007年5月15日，吉某兵、李某军、王某、姚某在临汾市工商行政管理局登记注册成立新塔公司，注册地为山西省临汾市襄汾县陶寺乡云合村，公司类型为有限责任公司，经营范围是经销铁矿石，法定代表人为吉某兵（4 名股东出资比例分别为 55%、15%、15%、15%）。2007 年 5 月 23 日，公司法定代表人变更为李某军。

2. 采矿作业情况

2005 年 10 月 29 日，吉某兵以个人身份在山西省产权交易市场以 6500 万元竞拍成交取得太钢集团临汾钢铁有限公司（以下简称临钢公司）塔儿山铁矿固定资产及采矿经营权。

新塔公司生产矿区原属临钢公司塔儿山铁矿，吉某兵竞拍取得塔儿山铁矿固定资产和采矿经营权后，山西省国土资源厅将临钢公司塔儿山铁矿《采矿许可证》变更为新塔公司的《采矿许可证》，有效期自 2007 年 6 月 4 日至 8 月 4 日，批准生产规模为年产铁矿石 25 万 t。该公司未办理《安全生产许可证》。

自 2007 年 3 月起，新塔公司将矿山开采作业承包给十余个工程队，实行统一计价收购。从 2007 年 3 月至事故发生前，新塔公司共采出矿石约 77.8 万 t。

3. 选矿情况

新塔公司选矿采用临钢公司原选矿厂，选矿工艺为破碎—球磨—磁选，处理能力为 35 万 t/a，于 2007 年 9 月 16 日正式开始生产。根据调查和测算，至事故发生前，该选矿厂共产出铁精粉约 10 万 t。

4. 980 沟尾矿库情况

980 沟尾矿库是 1977 年临钢公司为与年处理 5 万 t 铁矿的简易小选厂相配套而建设，位于山西省临汾市襄汾县陶寺乡云合村 980 沟。

1982 年 7 月 30 日，尾矿库曾被洪水冲垮，临钢公司在原初期坝下游约 150 m 处重建浆砌石初期坝。

1988 年，临钢公司决定停用 980 沟尾矿库，并进行了简单闭库处理，此时总坝高约 36.4 m。

2000 年，临钢公司拟重新启用 980 沟尾矿库，新建约 7 m 高的黄土子坝，但基本未排放尾矿。

2006 年 10 月 16 日，980 沟尾矿库土地使用权移交给襄汾县人民政府。

2007 年 9 月，新塔公司擅自在停用的 980 沟尾矿库上筑坝放矿，尾矿堆坝的下游坡比为 1∶1.3 至 1∶1.4（见图 2）。

自 2008 年初以来，尾矿坝子坝脚多次出现渗水现象，新塔公司采取在子坝外坡用黄土贴坡的方法防止渗水并加大坝坡宽度，并用塑料膜铺于沉积滩面上，阻止尾矿水外渗，使库内水边线直逼坝前，无法形成干滩。

事故发生前，尾矿坝总坝高约 50.7 m，总库容约 36.8 万 m^3，储存尾砂约 29.4 万 m^3（见图 3）。

图 2 尾矿堆坝下游坡比示意图

图 3 尾矿坝总库容示意图

5. 事故主要责任人

(1) 新塔公司：法定代表人李某军、董事长张某亮、选矿厂厂长侯某林、选矿厂副厂长赵某善、选矿厂尾矿库护坝工王某俊等 16 名新塔公司涉事责任人。

(2) 陈某荣（襄汾县新城镇陈郭村人）和肖某红（灵石县南关镇南村人），2008 年 4 月在新塔公司车库院内非法制造爆炸物。

(3) 潘某学（中陶铁矿工头），2008 年 7 月将本矿雷管卖给新塔公司。

（三）事故发生经过及应急救援情况

1. 事故发生经过

2008 年 9 月 8 日 07 时 58 分，980 沟尾矿库左岸的坝顶下方约 10 m 处，坝坡出现向外拱动现象，伴随几声连续的巨大响声，数十秒内坝体绝大部分溃塌，库内约 19 万 m^3 的尾砂浆体倾盆而泻，吞没了下游的宿舍区、集贸市场和办公楼等设施，波及范围约 35 hm^2（525 亩），最远影响距离约 2.5 km（见图 4）。

图 4 事故波及范围示意图

2. 事故报告情况

9月8日上午08时许，襄汾县陶寺乡党委书记接到云合村委会的事故报告后，立即上报了襄汾县人民政府。

09时许，襄汾县人民政府县长李某俊到达事故现场后，在没有降暴雨、事故原因尚不清楚的情况下，指示县政府工作人员向临汾市委、市政府作出“暴雨引起山体滑坡、导致尾矿库溃坝”的报告。

临汾市委书记夏某贵、市长刘某杰到达事故现场后，只是简单听取了县里有关负责人员的情况汇报，在没有广泛开展深入调查了解、研究分析事故可能造成的伤亡、组织有效的排查抢险工作情况下，就回到市里继续开会。

当日下午4时许，临汾市抢险指挥部要求上报死亡人数，在明知已发现33具尸体的情况下，襄汾县委书记亢某银决定按“死亡26人、受伤22人”上报，县长李某俊、副县长韩某全表示同意。临汾市及山西省政府按襄汾县政府所报告情况逐级上报，并通过新闻媒体对事故原因和人员伤亡情况进行了失实报道，在社会上造成了恶劣影响。

3. 应急救援情况

事故发生后，山西省委、省政府组织民兵预备役、公安干警、武警消防官兵，集结大型装载机、救护车开展抢险救援（见图5）。

图5 现场救援情况

在抢险救援过程中，参加现场抢险人员共25530人次，出动大型抢险搜救机械1445台次，开挖泥土160余万立方米，找到遇难者遗体277具，抢救受伤人员33人。

此外，群众报告并经襄汾县人民政府核实，有4人在事故中失踪。

截至2009年2月10日，277名遇难者遗体中，266具已安葬并完成赔偿工作，还有11位遇难者遗体（尸块）没人认领。整个善后工作平稳有序，社会秩序稳定。

（四）事故直接原因

新塔公司非法违规建设、生产，致使尾矿堆积坝坡过陡。同时，采用库内铺设塑料防水膜防止尾矿水下渗和黄土贴坡阻挡坝内水外渗等错误做法，导致坝体发生局部渗透破坏，引起处于极限状态的坝体失去平衡、整体滑动，造成溃坝。

（五）责任追究情况

1. 追究刑事责任

（1）董事长张某亮、选矿厂厂长侯某林、选矿厂副厂长赵某善、选矿厂尾矿库护坝工王某俊等15名新塔公司涉事责任人被依法逮捕。

（2）陈某荣（襄汾县新城镇陈郭村人）和肖某红（灵石县南关镇南村人），因涉嫌非法制造爆炸物品罪被依法逮捕。

（3）潘某学（中陶铁矿工头）因涉嫌非法买卖爆炸物品罪被刑事拘留。

（4）新塔公司法定代表人李某军因在事故中死亡，不再追究刑事责任。

（5）陶寺乡企业办主任刘某光、襄汾县安全监管局局长张某如、襄汾县国土资源局局长张某民、襄汾县县长李某俊、襄汾县县委书记亢某银、襄汾县副县长韩某全、临汾市安全监管局局长王某顺、山西省安全监管局副局长苏某生、山西省国土资源厅执法监察局副局长桑某明等33名政府有关部门公职人员因涉嫌玩忽职守罪被依法逮捕。

2. 党纪政务处分

给予襄汾县水利局局长王某纲、襄汾县国土资源局副局长吴某刚、襄汾县环境保护局局长高某奎、临汾市环境保护局局长许某子、临汾市水利局局长贾某胜、山西省安全监管局安全监管处副处长王某平、山西省国土资源厅矿产开发管理处处长李某、山西省安全监管局局长张某虎、山西省政协经济和人口资源委员会主任巩某库、山西省国土资源厅厅长杜某业、山西省国土资源厅副厅长康某全等62名政府有关部门公职人员不同程度的党纪政务处分。

其中，临汾市副市长周某、临汾市市长刘某杰、临汾市委书记夏某贵在事故发生后被免职。

3. 予以行政处罚的单位和人员

（1）依法没收新塔公司在未取得《安全生产许可证》等相关证照期间的违法所得，并处以550万元罚款。

（2）对新塔公司主要负责人张某亮、侯某林处以其2007年年收入80%的罚款。

（3）对涉案拟追究刑事责任的张某亮、侯某林，自刑罚执行完毕之日起5年内不得担任任何生产经营单位的主要负责人。

二、事故教训与预防措施

（一）存在的主要问题及教训

1. 新塔公司无视国家法律法规，违法违规建设尾矿库并长期非法生产，安全生产管理混乱

（1）违法违规建设尾矿库，非法排放尾矿。

新塔公司在未经尾矿库重新启用设计论证、有关部门审批，也未办理用地手续、未由有资质单位施工等情况下，擅自在已闭库的尾矿库上再筑坝建设并排放尾矿；未取得尾矿库《安全生产许可证》、未进行环境影响评价，就大量进行排放生产。

（2）长期非法购买、使用民用爆炸物品，非法采矿、选矿。

新塔公司一直在相关证照不全的情况下非法开采铁矿石，非法购买、使用民爆物品。

2007 年 9 月以来，新塔公司在未取得相关证照、未办理相关手续情况下，非法进行选矿生产。

（3）长期超范围经营，违法生产销售。

新塔公司注册的经营范围为经销铁矿石，但实际从事铁矿石开采、选矿作业、矿产品销售。

（4）企业内部安全生产管理混乱，风险管控缺失。

新塔公司安全管理规章制度严重缺失，日常安全管理流于形式，安全生产隐患排查工作不落实，采矿作业基本处于无制度、无管理的失控状态，重大事故隐患长期存在。尾矿库毫无任何监测、监控措施，也不进行安全检查和评价，冒险蛮干贴坡，尾矿库在事故发生前已为危库。

（5）无视和对抗政府有关部门的监管，对政府有关部门的指令拒不执行。

2007 年 7 月至事故发生前，当地政府及有关部门多次向新塔公司下达执法文书，要求停止一切非法生产活动。但直至事故发生，该公司未停止非法生产，并在公安部门查获其非法使用民爆物品后，围攻、打伤民警，堵住派出所大门，切断水电气，砸坏办公设施。

2. 政府有关部门对新塔公司长期非法采矿、非法建设尾矿库和非法生产运营等问题监管不力，少数工作人员失职渎职、玩忽职守

（1）山西省、临汾市、襄汾县安全监管部门对新塔公司尾矿库未取得《安全生产许可证》长期非法运行行为未采取有效措施予以打击；省、市、县安全监管部门开展的安全生产隐患排查和安全生产百日督查工作流于形式，没有对该尾矿库采取取缔关闭措施。

(2) 山西省、临汾市、襄汾县国土资源部门对新塔公司未取得《土地使用证》、未办理用地手续就占用国有土地问题，未依法进行监管检查；市、县国土资源部门对该公司占用国有土地非法建设尾矿库行为监管不力；县国土资源部门多次检查发现新塔公司非法采矿行为，未采取有力措施予以打击；市国土资源部门擅自放宽《采矿许可证》到期办理延续的条件；市、县国土资源部门在新塔公司《采矿许可证》逾期9个月后，仍违规为其办理《采矿许可证》延续手续，县国土资源部门还为该公司出具虚假证明。

(3) 临汾市、襄汾县环保部门对新塔公司未进行环境影响评价非法建设运行尾矿库行为执法不严，未督促予以整改。

(4) 临汾市、襄汾县公安机关对新塔公司长期非法购买、运输、储存和使用民爆物品的行为打击不力；对新塔公司民爆物品日常监管乏力，2008年1月至8月期间襄汾县公安机关对该公司民爆物品监管工作基本处于失控状态。

(5) 临汾市、襄汾县工商行政管理部门对新塔公司长期超范围经营问题失察，日常检查和定期检查流于形式，2007年5月至2008年7月未对该公司进行年检和巡查。

(6) 部分公职人员谎报事故原因，瞒报事故死亡人数，贯彻落实国家法律法规不到位，玩忽职守。

(二) 事故警示及预防措施

1. 矿山企业必须严格遵守国家法律法规，依法依规办矿

矿山企业在项目建设初期，必须严格按照国家规定的程序申请采矿许可证、安全生产许可证等一系列必备证照。

企业获得的许可证都有明确的许可范围，包括开采矿种、开采区域、开采深度等。矿山企业必须严格在许可范围内进行生产活动，不能擅自变更开采矿种或超区域开采。

2. 严格遵循尾矿库建设规范标准

尾矿库的设计和建设必须严格按照国家相关法律法规、设计规范和安全标准进行，确保尾矿库的选址、坝体设计、排洪系统设计等各个环节科学合理，具备足够的稳定性和安全性，严禁随意更改设计方案或违规施工建设的行为。

3. 建立健全尾矿库安全管理制度

生产经营单位应建立完善的尾矿库安全管理制度，包括安全检查制度、隐患排查治理制度、监测监控制度、设备维护保养制度、员工培训教育制度等，明确各岗位的安全职责，将安全责任落实到每一个环节和每一个人。

4. 加强尾矿库的日常监测与维护

运用先进的监测技术和设备，对尾矿库的坝体位移、浸润线、库水位等关键

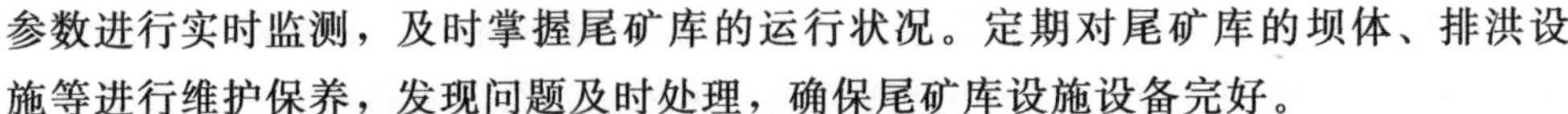

参数进行实时监测，及时掌握尾矿库的运行状况。定期对尾矿库的坝体、排洪设施等进行维护保养，发现问题及时处理，确保尾矿库设施设备完好。

5. 加大对矿山企业非法建设、生产、经营行为的打击力度

加大联合执法力度，严厉打击矿山企业非法建设、生产、经营活动，尤其要严厉打击非法采矿和非法违规建设运行尾矿库行为。

对于无《采矿许可证》从事采矿活动的，国土资源管理部门应从严查处，坚决予以取缔关闭；对于没有《安全生产许可证》的矿山或尾矿库，安全监管部门要责令停止生产；公安部门要严厉打击非法购买、使用民爆器材的行为；劳动部门要严格用工管理，形成综合治理的良好局面。

三、事故解析与风险防控

（一）尾矿库及其作用

1. 尾矿库

尾矿库是指筑坝拦截谷口或围地构成的，用以堆存金属或非金属矿山进行矿石选别后排出尾矿或其他工业废渣的场所（见图 6）。

图 6　尾矿库

尾矿库一般由尾矿堆存系统、尾矿库排洪系统、尾矿库回水系统等部分组成。

（1）堆存系统

该系统一般包括坝上放矿管道、尾矿初期坝、尾矿后期坝、浸润线观测、位移观测以及排渗设施等。

（2）排洪系统

该系统一般包括截洪沟、溢洪道、排水井、排水管、排水隧洞等构筑物。

（3）回水系统

该系统大多利用库内排洪井、管将澄清水引入下游回水泵站，再扬至高位水池。也有在库内水面边缘设置活动泵站直接抽取澄清水，扬至高位水池。

2. 尾矿库的作用

（1）保护环境

选矿厂产生的尾矿不仅数量大，颗粒细，且尾矿水中往往含有多种药剂，如不加处理，则必造成选厂周围环境严重污染。将尾矿妥善贮存在尾矿库内，尾矿水在库内澄清后回收循环利用，可有效地保护环境。

（2）利用水资源

选矿厂生产是用水大户，通常每处理一吨原矿需用水 4～6 t；有些重力选矿甚至高达 10～20 t。这些水随尾矿排入尾矿库内，经过澄清和自然净化后，大部分的水可供选矿生产重复利用，起到平衡枯水季节水源不足的供水补给作用。一般回水利用率达 70％～90％。

（3）保护矿产

有些尾矿还含有大量有用矿物成分，甚至是稀有和贵重金属成分，由于种种原因，一时无法全部选净，将其暂贮存于尾矿库中，可待将来再进行回收利用。

（二）尾矿库的危险性

1. 溃坝危险

尾矿库是一个具有高势能的人造泥石流危险源，存在溃坝危险。一旦尾矿库发生溃坝，尾砂将形成泥石流，对其下游居民和设施安全造成严重威胁，可能导致重大人员伤亡和财产损失。

历史上，国内外都曾发生过特别重大的尾矿库溃坝事故，如 2008 年我国山西省临汾市襄汾县新塔矿业有限公司尾矿库溃坝事故，造成 277 人死亡、4 人失踪；2019 年巴西淡水河谷公司尾矿库溃坝事故，也造成了大量的人员伤亡和失踪。

2. 环境污染

尾矿库中通常含有大量有害物质，如果管理不善或发生泄漏，将对周边环境造成严重污染。尾矿水如果未经处理直接排放，将污染河流、湖泊等水体，对水生生物和人体健康构成威胁。

此外，尾矿中的重金属等有害物质还可能通过土壤渗透和地下水迁移，对土壤和地下水造成长期污染。

3. 尾矿库运营过程中的事故风险

尾矿库在长达十多年甚至数十年的运营期间，会受到各种自然和人为因素的威胁。自然因素包括雨水、地震、鼠洞等，这些因素可能导致尾矿库坝体稳定性下降或发生溃坝。人为因素则包括管理不善、工农关系不协调等，这些因素可能加剧尾矿库的安全风险。

（三）主要法律法规要求

1.《中华人民共和国安全生产法》部分条款

第二十一条 生产经营单位的主要负责人对本单位安全生产工作负有下列职责：

（一）建立健全并落实本单位全员安全生产责任制，加强安全生产标准化建设；

（二）组织制定并实施本单位安全生产规章制度和操作规程；

（三）组织制定并实施本单位安全生产教育和培训计划；

（四）保证本单位安全生产投入的有效实施；

（五）组织建立并落实安全风险分级管控和隐患排查治理双重预防工作机制，督促、检查本单位的安全生产工作，及时消除生产安全事故隐患；

（六）组织制定并实施本单位的生产安全事故应急救援预案；

（七）及时、如实报告生产安全事故。

第二十二条 生产经营单位的全员安全生产责任制应当明确各岗位的责任人员、责任范围和考核标准等内容。

生产经营单位应当建立相应的机制，加强对全员安全生产责任制落实情况的监督考核，保证全员安全生产责任制的落实。

第二十三条 生产经营单位应当具备的安全生产条件所必需的资金投入，由生产经营单位的决策机构、主要负责人或者个人经营的投资人予以保证，并对由于安全生产所必需的资金投入不足导致的后果承担责任。

有关生产经营单位应当按照规定提取和使用安全生产费用，专门用于改善安全生产条件。安全生产费用在成本中据实列支。安全生产费用提取、使用和监督管理的具体办法由国务院财政部门会同国务院应急管理部门征求国务院有关部门意见后制定。

第二十四条 矿山、金属冶炼、建筑施工、运输单位和危险物品的生产、经营、储存、装卸单位，应当设置安全生产管理机构或者配备专职安全生产管理人员。

前款规定以外的其他生产经营单位，从业人员超过一百人的，应当设置安全生产管理机构或者配备专职安全生产管理人员；从业人员在一百人以下的，应当配备专职或者兼职的安全生产管理人员。

第二十五条 生产经营单位的安全生产管理机构以及安全生产管理人员履行下列职责：

（一）组织或者参与拟订本单位安全生产规章制度、操作规程和生产安全事故应急救援预案；

（二）组织或者参与本单位安全生产教育和培训，如实记录安全生产教育和培训情况；

（三）组织开展危险源辨识和评估，督促落实本单位重大危险源的安全管理措施；

（四）组织或者参与本单位应急救援演练；

（五）检查本单位的安全生产状况，及时排查生产安全事故隐患，提出改进安全生产管理的建议；

（六）制止和纠正违章指挥、强令冒险作业、违反操作规程的行为；

（七）督促落实本单位安全生产整改措施。

生产经营单位可以设置专职安全生产分管负责人，协助本单位主要负责人履行安全生产管理职责。

第三十二条　矿山、金属冶炼建设项目和用于生产、储存、装卸危险物品的建设项目，应当按照国家有关规定进行安全评价。

第三十三条　建设项目安全设施的设计人、设计单位应当对安全设施设计负责。

矿山、金属冶炼建设项目和用于生产、储存、装卸危险物品的建设项目的安全设施设计应当按照国家有关规定报经有关部门审查，审查部门及其负责审查的人员对审查结果负责。

第三十四条　矿山、金属冶炼建设项目和用于生产、储存、装卸危险物品的建设项目的施工单位必须按照批准的安全设施设计施工，并对安全设施的工程质量负责。

矿山、金属冶炼建设项目和用于生产、储存、装卸危险物品的建设项目竣工投入生产或者使用前，应当由建设单位负责组织对安全设施进行验收；验收合格后，方可投入生产和使用。负有安全生产监督管理职责的部门应当加强对建设单位验收活动和验收结果的监督核查。

第四十条　生产经营单位对重大危险源应当登记建档，进行定期检测、评估、监控，并制定应急预案，告知从业人员和相关人员在紧急情况下应当采取的应急措施。

生产经营单位应当按照国家有关规定将本单位重大危险源及有关安全措施、应急措施报有关地方人民政府应急管理部门和有关部门备案。有关地方人民政府应急管理部门和有关部门应当通过相关信息系统实现信息共享。

第四十一条第一款　生产经营单位应当建立安全风险分级管控制度，按照安全风险分级采取相应的管控措施。

第四十六条第一款　生产经营单位的安全生产管理人员应当根据本单位的生产经营特点，对安全生产状况进行经常性检查；对检查中发现的安全问题，应当立即处理；不能处理的，应当及时报告本单位有关负责人，有关负责人应当及时处理。检查及处理情况应当如实记录在案。

2.《中华人民共和国矿山安全法》部分条款

第七条 矿山建设工程的安全设施必须和主体工程同时设计、同时施工、同时投入生产和使用。

第八条 矿山建设工程的设计文件，必须符合矿山安全规程和行业技术规范，并按照国家规定经管理矿山企业的主管部门批准；不符合矿山安全规程和行业技术规范的，不得批准。

矿山建设工程安全设施的设计必须有劳动行政主管部门参加审查。

矿山安全规程和行业技术规范，由国务院管理矿山企业的主管部门制定。

第九条 矿山设计下列项目必须符合矿山安全规程和行业技术规范：

（一）矿井的通风系统和供风量、风质、风速；

（二）露天矿的边坡角和台阶的宽度、高度；

（三）供电系统；

（四）提升、运输系统；

（五）防水、排水系统和防火、灭火系统；

（六）防瓦斯系统和防尘系统；

（七）有关矿山安全的其他项目。

第十三条 矿山开采必须具备保障安全生产的条件，执行开采不同矿种的矿山安全规程和行业技术规范。

第二十条 矿山企业必须建立、健全安全生产责任制。

矿长对本企业的安全生产工作负责。

第二十二条 矿山企业职工必须遵守有关矿山安全的法律、法规和企业规章制度。

矿山企业职工有权对危害安全的行为，提出批评、检举和控告。

第二十六条 矿山企业必须对职工进行安全教育、培训；未经安全教育、培训的，不得上岗作业。

矿山企业安全生产的特种作业人员必须接受专门培训，经考核合格取得操作资格证书的，方可上岗作业。

3.《金属非金属矿山重大事故隐患判定标准》部分条款

尾矿库重大事故隐患

（一）库区或者尾矿坝上存在未按设计进行开采、挖掘、爆破等危及尾矿库安全的活动。

（二）坝体存在下列情形之一的：

1. 坝体出现严重的管涌、流土变形等现象；

2. 坝体出现贯穿性裂缝、坍塌、滑动迹象；

3. 坝体出现大面积纵向裂缝，且出现较大范围渗透水高位出逸或者大面积沼泽化。

（三）坝体的平均外坡比或者堆积子坝的外坡比陡于设计坡比。

（四）坝体高度超过设计总坝高，或者尾矿库超过设计库容贮存尾矿。

（五）尾矿堆积坝上升速率大于设计堆积上升速率。

（六）采用尾矿堆坝的尾矿库，未按《尾矿库安全规程》（GB 39496—2020）第6.1.9条规定对尾矿坝做全面的安全性复核。

（七）浸润线埋深小于控制浸润线埋深。

（八）汛前未按国家有关规定对尾矿库进行调洪演算，或者湿式尾矿库防洪高度和干滩长度小于设计值，或者干式尾矿库防洪高度和防洪宽度小于设计值。

（九）排洪系统存在下列情形之一的：

1. 排水井、排水斜槽、排水管、排水隧洞、拱板、盖板等排洪建（构）筑物混凝土厚度、强度或者型式不满足设计要求；

2. 排洪设施部分堵塞或者坍塌、排水井有所倾斜，排水能力有所降低，达不到设计要求；

3. 排洪构筑物终止使用时，封堵措施不满足设计要求。

（十）设计以外的尾矿、废料或者废水进库。

（十一）多种矿石性质不同的尾砂混合排放时，未按设计进行排放。

（十二）冬季未按设计要求的冰下放矿方式进行放矿作业。

（十三）安全监测系统存在下列情形之一的：

1. 未按设计设置安全监测系统；

2. 安全监测系统运行不正常未及时修复；

3. 关闭、破坏安全监测系统，或者篡改、隐瞒、销毁其相关数据、信息。

（十四）干式尾矿库存在下列情形之一的：

1. 入库尾矿的含水率大于设计值，无法进行正常碾压且未设置可靠的防范措施；

2. 堆存推进方向与设计不一致；

3. 分层厚度或者台阶高度大于设计值；

4. 未按设计要求进行碾压。

（十五）经验算，坝体抗滑稳定最小安全系数小于国家标准规定值的0.98倍。

（十六）三等及以上尾矿库及“头顶库”未按设计设置通往坝顶、排洪系统附近的应急道路，或者应急道路无法满足应急抢险时通行和运送应急物资的需求。

（十七）尾矿库回采存在下列情形之一的：

1. 未经批准擅自回采；

2. 回采方式、顺序、单层开采高度、台阶坡面角不符合设计要求；

3. 同时进行回采和排放。

（十八）用以贮存独立选矿厂进行矿石选别后排出尾矿的场所，未按尾矿库实施安全管理的。

（十九）未按国家规定配备专职安全生产管理人员、专业技术人员和特种作业人员。

案例 29　煤矿堵塞成隐患违规处置酿悲剧

——山西吕梁中阳桃园鑫隆煤业有限公司“3·11”较大煤仓溃仓事故暴露出的主要问题与警示

一、事故详情

（一）事故基本情况

2024 年 3 月 11 日 21 时 58 分，山西省吕梁市中阳县山西吕梁中阳桃园鑫隆煤业有限公司（以下简称鑫隆煤业）$10^{\#}$ 煤北胶带大巷 $4^{\#}-10^{\#}$ 煤层煤仓（以下简称事故煤仓）发生一起较大煤仓溃仓事故，造成 7 人遇难、2 人受伤，直接经济损失 1646 万元（见图 1）。

图 1　事故现场照片

经调查认定，鑫隆煤业“3·11”较大煤仓溃仓事故是一起煤仓堵塞后，违章采用水冲方式处理堵塞且超定员作业，造成煤仓溃仓的生产安全责任事故。

（二）涉事单位及相关责任人情况

1. 事故发生单位——鑫隆煤业

鑫隆煤业位于山西省吕梁市中阳县城北 3 km 处的宁乡镇乔家沟，矿井井田面积 13.4026 km^2，剩余可采储量 3117 万 t，核定生产能力 150 万 t/a，剩余服务年限 14.84 年，开采方式为井工开采，批准开采 4# －10# 煤层，$5_{上}$# 、6# 煤层交替开采，与 10# 煤层配采。事故发生前矿井处于正常生产状态，正在开采 $5_{上}$# 、10# 煤层。

截至 2024 年 2 月底，矿井在册职工 1039 人，其中安全生产管理人员 56 人，特种作业人员 297 人。

2. 矿井开采条件

矿井水文地质类型中等，属低瓦斯矿井，无冲击地压危险性，$5_{上}$# 、6# 、10# 煤层自燃倾向性等级均为自燃煤层，煤尘均具有爆炸危险性。

3. 开拓部署及生产系统现状

矿井采用斜井开拓方式，共有主斜井、副斜井和回风立井 3 个井筒，单水平开拓，水平标高＋855.0 m。井田内共划分六个采区，四采区已回采结束，当前生产采区为一采区、五采区，接续采区为二采区、三采区、六采区。

井下采掘布置现状为“一采一撤一备四掘进一开拓”，$5_{上}$# 煤布置 1 个 5104 回撤工作面、1 个 5201 备用工作面，2 个掘进工作面分别为 5202 运输顺槽系统巷、5202 回风顺槽系统巷；10# 煤布置 1 个 10504 综放工作面，2 个掘进工作面分别为 10505 运输顺槽、10505 切眼，1 个开拓工作面 10# 煤层六采区水仓。回采工作面均采用走向长壁采煤法，$5_{上}$# 煤层采用综采一次采全高工艺，10# 煤层采用综采放顶煤工艺，掘进方式为综合机械化掘进。

矿井采用中央并列式通风，通风方法为抽出式；采用地面固定式注氮系统和工作面喷洒阻化剂相结合的综合防灭火技术手段；主运输系统采用带式输送机运输，人员提升运输采用架空乘人装置；矿井安装有 KJ70X 型安全监测监控和 KJ1628J 型井下人员位置监测系统；建立有紧急避险、压风自救、供水施救、通信联络、应急广播等系统，事故煤仓给煤机操作平台上方和下方各安装一部视频监控摄像仪。

4. 事故发生地点

本起事故发生的地点为鑫隆煤业 10# 煤北胶带大巷 1257 m 处 4# －10# 煤层煤仓下方（见图 2）。

5. 鑫隆煤业上级公司

（1）山西桃园腾阳能源集团有限责任公司

山西桃园腾阳能源集团有限责任公司（以下简称腾阳集团）位于山西省吕梁市中阳县，公司始建于 1994 年，是集煤炭加工转化、煤化工、建材、生态农业等

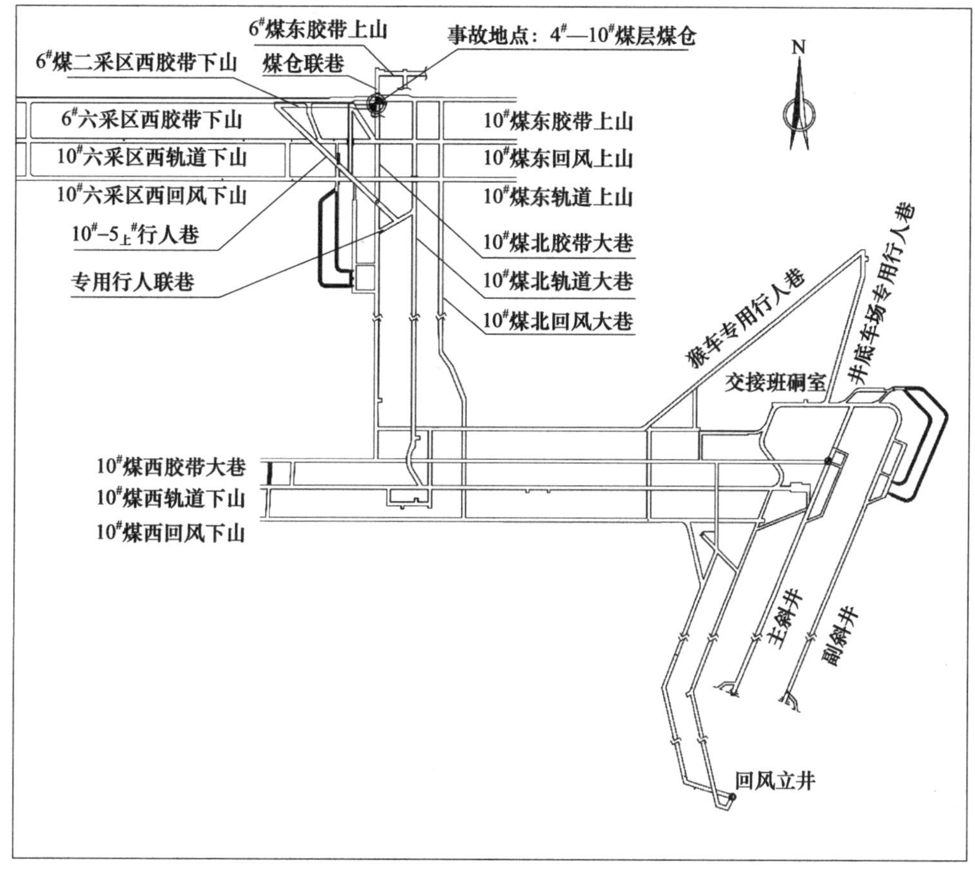

图 2　事故地点及相邻区域情况示意图

为一体的大型民营企业。

（2）山西桃园煤业投资管理有限公司

山西桃园煤业投资管理有限公司（以下简称桃园公司）位于山西省吕梁市中阳县，是腾阳集团下设的全资子公司，公司配备总经理等 6 名经理层管理人员，设有生产技术部等 8 个管理部门，负责对鑫隆煤业等四家公司的投资与管理，煤炭总产能 390 万 t/a，证照齐全、有效。

6. 事故主要责任人

矿长高某、生产副矿长姚某、机电副矿长董某、防治水副总工程师王某、安全副总工程师兼安监科科长白某、运输副总工程师兼机运队队长马某。

（三）事故发生经过及应急救援情况

1. 事故发生经过

3 月 11 日 15 时左右，机运队三班组长张某文在巡查期间，发现事故煤仓下口给煤机出煤不畅，存在煤流中断现象。

16 时许，张某文和给煤机司机康某明在操作硐室听见“咚”的一声，查看后发现事故煤仓给煤机插板变形、南侧翘起，插板两侧跑道轮各掉三个，张某文将此情况电话汇报机运队队部。

16 时 59 分，张某文安排人员测量煤仓煤位，煤仓存煤高度 32 m。

17 时 18 分，机运队副队长乔某平电话向三班带班矿领导姚某汇报了现场情况，提出需要 $5_{上}$# 煤停止生产，不能往煤库放煤。

17 时 20 分，姚某前往二采区 6# 煤二采区西胶带下山皮带机头告知皮带机司机停止 5202 回风顺槽系统巷和 5202 运输顺槽系统巷皮带运输。汇报调度室给煤机出现故障，要求四班不要安排 $5_{上}$# 煤掘进作业。随后前往事故煤仓下口查看，安排张某文不要动给煤机。

17 时 30 分，马某主持召开机运队四班班前会，副队长乔某平、副队长白某伟、四班班长曹某兵等 28 人参会，班前会贯彻了《10# 北胶带给煤机更换插板、油缸安全技术措施》（生产矿长未会签）、《电（氧）焊安全技术措施》（未经矿长审批）。

马某安排四班皮带组长刘某亮带领清巷工邢某生等 3 名工作人员到地面工业广场将新油缸和插板装车；安排四班班长曹某兵带领人员更换事故煤仓给煤机油缸与插板，副队长白某伟现场监管。安全副总工程师兼安监科科长白某按照措施要求，安排安全员岳某平现场盯守。

19 时许，皮带机司机兼给煤机司机高某平到达操作硐室在此设警戒。白某伟、曹某兵带领四班组长郭某海、清巷工任某年、皮带司机冯某生与岳某平相继到达事故煤仓给煤机操作平台。

20 时 35 分许，四班带班矿领导白某到达事故煤仓操作平台，另一名带班领导防治水副总工程师王某在操作硐室等候。

曹某兵安排作业人员将手拉葫芦一头固定在给煤机南侧的起吊锚索上，另一头固定在插板上，拉拽插板发现拉不动。

白某伟安排将给煤机北侧中部挡板拆卸，查看插板是否掉轨，拆卸后发现有一块大石头卡着，煤仓堵塞，作业人员未按规定停止作业和上报调度室，而是使用风镐将石头撬走，又操作手拉葫芦将插板拉出一部分后，仓内落下一些矸石，但因插板南侧翘起顶住巷道顶板锚杆外露部分不能完全拉出。

刘某亮等 4 人在地面装车完毕后，也先后到达事故煤仓给煤机操作平台上帮忙更换给煤机插板。

21 时 52 分许，白某伟使用氧焊将锚杆外露部分切割后，插板可以开合。作业人员将插板关闭后，白某离开操作平台前往其他地点巡查，刘某亮离开操作平台前往操作硐室，此时平台上剩余 9 人。

白某离开后，白某伟和曹某兵打开插板放煤，并组织人员处理堵仓。

作业人员先后违章采用大锤敲击、用水管冲煤仓内堵塞物等方式处理煤仓堵塞。期间，马某通过手机APP视频发现给煤机插板打开，打电话询问给煤机插板是不是打开了，刘某亮在操作硐室内接到电话并回复“拉开插板正在用水冲”，马某未制止就挂断电话。

21时58分，煤仓内的堵塞物突然发生溃泄，将给煤机及操作平台冲垮，站在平台东北角电缆桥架上的冯某生和任某年先后从电缆桥架跳到10#煤东胶带上山逃生，白某伟、曹某兵等7人被掩埋。

2. 事故报告情况

21时58分，刘某亮使用井下电话汇报机运队值班员赵某忠事故情况，赵某忠立即汇报乔某平。

22时12分，乔某平汇报当日值班领导、矿长高某。

22时33分，高某向中阳县应急管理局党委委员汇报事故情况。

23时22分，高某又向中阳县应急管理局值班室汇报了事故情况。

23时58分，中阳县应急局向国家矿山安全监察局山西局汇报事故情况。

3. 应急救援情况

事故发生后，高某平与刘某亮先后将受伤人员冯某生、任某年救出，然后叫来机运队电工班长任某民、电工王某明一同将邢某生从泥矸中拉出，进行了现场急救。任某民跑去通知运输队其他人员参与救援。

高某接到汇报后，立即启动应急救援预案，安排白某立即赶赴10#煤东胶带皮带机头组织抢险并确认被困人数，安排姚某组织人员入井救援，随后将事故情况逐级上报。

接到事故报告后，吕梁市立即启动煤矿事故二级应急响应，组织国家矿山应急救援汾西队、吕梁市应急综合救援支队和煤矿兼职救护队等共计200余人投入事故抢险救援。

国家矿山安全监察局、山西省人民政府均派出工作组第一时间赶赴现场，指导抢险救援工作。

3月11日23时42分，2名受伤人员任某年和冯某生自行升井，被送往中阳县人民医院住院治疗。

3月15日09时41分，最后一名被困人员被护送升井，抢险救援工作结束。

7名被困人员升井后，经井口医务人员确认，均无生命体征。

4. 事故现场勘查情况

(1) 煤仓下口区域

10#煤北胶带大巷为矩形断面，巷道宽5 m、高4.7 m。事故发生后泥矸从事故煤仓内溃出，堆积在巷道内，成分以泥岩为主（见图3)。

图 3　煤仓溃仓后安装视频截图

煤仓下口收口位于巷道顶板西侧，预埋槽钢法兰盘，法兰盘东侧与给煤机上部槽钢梁连接，钢梁端部的插板推拉油缸伸出，连接完好（见图 4）。

10# 煤六采区西胶带下山巷道中部堆积救援时堆放的溃泄物约 16 m³（见图 5）。

图 4　给煤机上部槽钢梁连接情况

图 5　淤泥堆积情况

巷道北侧堆放着给煤机甲带输送机，甲带托辊缓冲支架多个损坏，甲带上堆放着切割分解后的甲带输送机卸料口导料槽（见图 6）。

图 6　给煤机甲带输送机及卸料口导料槽

（2）煤仓上口区域

事故煤仓上口无水流入煤仓的迹象，各种保护齐全，转载点喷雾装置完好，无跑冒滴漏现象。煤仓上口设置有防止人员进入的护栏（见图 7），煤仓箅子孔眼尺寸为 450 mm×400 mm，有一处最大规格为 450 mm×900 mm，事故发生后在箅子上加装一层钢筋网（见图 8），用铅垂线测量箅子至煤仓内存矸上平面距离为 46.2 m。

图 7　煤仓上口护栏

图 8　煤仓上口箅子情况

5202 回风顺槽系统巷和 5202 运输顺槽系统巷工作面为全岩，岩性为砂质泥岩，两工作面掘进出矸均通过带式输送机进入事故煤仓。

（四）事故直接原因

1. 直接原因

煤仓堵塞，煤矿企业在维修给煤机插板、油缸的过程中，超定员作业，打开给煤机插板，违章采用水冲方式处理堵塞，造成煤仓堵塞物瞬间溃出，冲垮给煤机和操作平台，掩埋作业人员。

2. 原因分析

（1）煤仓堵仓原因。5104 综采工作面于 2024 年 3 月 6 日停采后，5202 运输顺槽系统巷、5202 回风顺槽系统巷两个掘进工作面正常作业，两个掘进工作面均为砂质泥岩，加上煤仓上口箅子孔眼尺寸超规定要求，造成大量超过给煤机适应物料粒度的大块泥矸与生产用水（综掘机喷雾、支护打眼用水、防尘洒水、皮带降尘喷雾等）经皮带进入煤仓，混合黏结，造成煤仓堵塞。

（2）煤仓溃仓原因。现场作业人员违反规定采用水管冲刷方式处理堵仓，造成煤仓下部泥矸被水流冲走，形成空洞，与给煤机甲带形成高差，上部黏结堵塞的泥矸在重力作用下失稳垮落，给煤机甲带输送机受冲击脱落，泥矸大量涌出压垮平台。

（3）事故扩大原因。放煤时，现场超定员作业，9 人站在给煤机操作平台上，造成事故扩大。

（五）责任追究情况

1. 追究刑事责任

鑫隆煤业矿长高某、生产副矿长姚某、机电副矿长董某、防治水副总工程师王某、安全副总工程师兼安监科科长白某和运输副总工程师兼机运队队长马某共 6 人因涉嫌重大责任事故罪，已被中阳县公安局采取刑事强制措施。

2. 党纪政务处分

9 名公职人员受到党纪政务处分，其中，中阳县应急管理局 5 人；中阳县人民政府 2 人；吕梁市应急管理局 2 人。

3. 给予行政处罚的单位及人员

对 6 名责任人进行了行政处罚，其中，鑫隆煤业 2 人；桃园煤业、腾阳集团 4 人。给予鑫隆煤业处人民币 400 万元的罚款。

二、事故教训与预防措施

（一）存在的主要问题及教训

1. 对煤仓溃仓风险认识不足，对大量泥矸进入煤仓的风险管控不到位

鑫隆煤业《2024 年度安全风险辨识评估报告》中未对煤仓溃仓风险进行预测评估，未按要求制定煤仓清理风险管控措施；2024 年 3 月 6 日 5104 综采工作面停采后，矿方未研判到大量泥矸进入煤仓易造成堵塞的风险，未对 5202 运输顺槽系统巷、5202 回风顺槽系统巷两个掘进工作面出矸（主要成分为砂质泥岩）进行合理管控，导致矸石与生产用水混合黏结，造成煤仓堵塞。事故前一班，矿方对井下汇报的"煤仓下口给煤机出煤不畅，存在煤流中断现象"的问题没有引起高度重视，未研判到大量泥矸进入煤仓易造成堵塞的风险。

2. 违章处理煤仓，超定员作业

现场作业人员违反规定采用水管冲刷方式处理堵仓，造成煤仓下部泥矸被水流冲走，形成空洞，与给煤机甲带形成高差，上部黏结堵塞的泥矸在重力作用下失稳垮落，给煤机甲带输送机受冲击脱落，泥矸大量涌出压垮平台。

按照煤矿相关安全作业规程，给煤机操作平台处通常有明确的定员标准，这一区域出于安全与操作便利性考量，正常作业定员多为 1～3 人。放煤时，现场超定员作业，9 人站在给煤机操作平台上，造成事故扩大。

3. 煤仓设计不合规，未按规定设置防止煤（矸）堵塞的设施

鑫隆煤业《4# —10# 煤层采区煤仓施工设计方案》中，未按规定设置防止煤（矸）堵塞的设施；2023 年 12 月，机运队将煤仓上口的箅子更换为尺寸 450 mm×400 mm，其中一处箅子孔眼最大规格为 450 mm×900 mm。

4. 隐患排查不到位，未发现事故煤仓上口长期使用超设计尺寸箅子

机电运输管理部门、安监部日常检查中未发现事故煤仓上口长期使用超设计尺寸箅子的事故隐患；带班领导在给煤机出煤不畅的情况下，未深入排查煤仓存在的事故隐患。

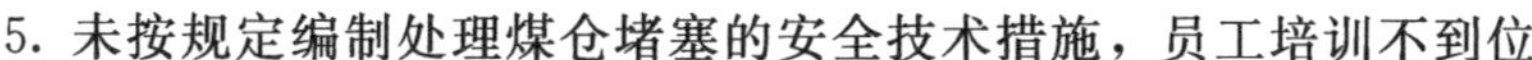

5. 未按规定编制处理煤仓堵塞的安全技术措施，员工培训不到位

在明知给煤机出煤不畅、存在煤流中断现象的情况下，煤矿未按规定安排制定处理煤仓堵塞的安全技术措施。

煤矿在贯彻《10#北胶带给煤机更换插板、油缸安全技术措施》时未按规定将措施内容向当班队组职工进行详细讲解，未能确保每一位作业人员熟知措施内容，部分现场作业人员未签字。

6. 安全管理责任不落实，带班领导履职不到位

2名带班领导下井带班过程中，未履行带班职责，未在现场盯守，未能发现并制止违章作业、超定员作业等行为；机运队队长对现场人员违章采用水冲方式处理给煤机堵仓的情况没有及时制止。

调度指挥中心未履行“上传下达”职责，3月11日19时，调度员通过微信群聊方式发送“4#－10#采区煤仓堵仓”消息，未跟踪督促消除煤仓堵塞的事故隐患；主要负责人未认真履行职责，值班期间未密切关注井下生产作业情况，未及时发现并处置煤仓堵仓问题。

7. 鑫隆煤业上级单位（桃园公司、腾阳集团）对鑫隆煤业管理不到位，责任制不健全

未健全完善公司安全管理人员岗位责任制，未明确井下煤仓的日常巡查管理部门及职责。

未针对煤仓开展专项检查，日常隐患排查中未发现事故煤仓上口长期使用超设计尺寸箅子的事故隐患。

未深刻吸取华晋焦煤沙曲一矿“11·11”煤仓溃仓、“12·13”较大煤仓坠落事故教训，未研究制定防范同类型事故发生的措施，也未制定本企业井下煤仓的管理规定。

未督促所属煤矿认真组织观看同类型事故警示教育片，全员安全教育培训工作不扎实。

8. 政府有关部门安全监管检查不到位，安全监管专员未严格履行驻矿盯守责任

驻矿安全监管“五人小组”成员事故当班未履行职责，未对煤仓更换给煤机插板及井下动火的特殊作业进行跟踪盯守，未对事故地点进行巡查；驻矿安全监管“五人小组”、煤矿安全监管“五人小组”日常监管检查中均未发现事故煤仓上口长期使用超设计尺寸箅子的事故隐患。

（二）事故警示及预防措施

1. 加强风险辨识的全面性和系统性，建立健全风险管控措施

煤矿企业应建立完善的风险评估机制，定期对生产过程中的各类风险进行全

面、系统的识别和分析，特别是对煤仓溃仓等重大风险要进行重点评估，制定相应的风险管控措施。

利用先进的监测技术和设备，如传感器、监控系统等，对煤仓的煤位、温度、湿度、压力等参数进行实时监测，及时发现异常情况并发出预警信号，以便采取有效的预防措施。

2. 优化煤仓设计与设施配置

煤仓的设计应充分考虑煤炭的物理性质、流量、粒度等因素，合理确定煤仓的形状、尺寸、坡度等参数，确保煤仓内煤炭能够顺畅流动，减少堵塞的可能性。

安装有效的防堵塞设施，如煤仓箅子、振动器、空气炮等，防止大块煤、矸石等进入煤仓，同时定期对这些设施进行检查和维护，确保其正常运行。

3. 使用先进技术处理堵仓

规范堵仓处置流程，推广采用空气炮、超声波、固定机械装置等先进工艺处理堵仓。

4. 要全面和科学地编制安全技术措施

在编制安全技术措施时，要组织专业人员进行充分的论证和分析，确保措施的科学性、合理性和可行性，同时要按照规定的程序进行审批，确保措施的权威性。

将安全技术措施向全体作业人员进行详细的讲解和培训，确保每一位员工都能够熟知措施的内容和要求，并严格按照措施执行，同时要做好培训记录和考核工作，确保培训效果。

5. 带班领导要尽职尽责，进一步落实安全生产责任制

带班领导要切实履行职责，深入作业现场，加强对作业人员的监督和指导，及时发现和纠正违章作业、违规操作等行为，确保现场作业安全。

合理安排作业人员，严禁超定员作业，严格执行操作规程和安全规定，加强对作业现场的安全检查和隐患排查，及时消除各类安全隐患。

6. 投资主体（管理公司）要建立健全安全生产责任制，加强对下属单位的监督检查

上级管理公司要加强对下属企业的管理，制定详细的安全管理人员岗位责任制；监督下属企业建立健全各种安全管理制度。明确井下煤仓等关键部位的日常巡查管理部门及职责，确保每个环节都有专人负责，避免出现管理空白和职责不清的问题。

定期对所属煤矿的煤仓等重点部位、重点工艺要进行全面、细致的检查，包括煤仓的结构、设施、设备、防护装置等，及时发现并整改存在的安全隐患。

7. 政府有关部门牢固树立安全发展理念，切实落实安全生产监管责任

深入学习贯彻习近平总书记关于安全生产重要论述和指示批示精神，牢固树

立“人民至上、生命至上”安全发展理念，监督检查煤矿企业严格落实主体责任，督促煤矿企业做好安全风险辨识和评估、隐患排查治理等工作，整治违章指挥、违章作业行为，坚决防范各种事故的发生，为矿山企业安全发展保驾护航。

三、事故解析与风险防控

（一）采区煤仓及其危险性

1. 采区煤仓

采区煤仓由上部收口、仓身、下部收口及放煤闸门四部分组成。煤仓的功能，是存储和排卸煤炭。合理地设置采区煤仓，是提高采区生产能力，保证矿井正常生产的重要措施。

2. 采区煤仓的危险性

（1）煤仓堵塞风险

煤炭湿度大、粒度不均匀，含有较多的大块矸石、黏土等黏性成分时，容易在煤仓仓壁黏结、堆积，久而久之造成堵塞；煤仓设计不合理，例如仓壁倾角过小，不符合煤炭自然安息角要求，也会致使煤炭下滑不畅而堵塞。

一旦堵塞，会中断采煤工作面煤炭运输流程，导致刮板输送机等设备被迫停机，影响生产效率；后续清理堵塞时，作业人员需要进入煤仓附近，面临被垮落煤炭掩埋、坠落等风险。

（2）煤仓溃仓风险

煤仓长期受煤炭冲击、磨损，仓壁支护结构受损、强度降低，当煤仓内煤炭储量过多、压力过大时，超出仓壁承载极限，就可能引发溃仓；煤仓施工质量差，存在隐蔽的空洞、裂隙等缺陷，也会为溃仓埋下隐患。

溃仓瞬间会有大量煤炭倾泻而出，冲击附近的人员、设备，造成人员伤亡、设备损坏，严重破坏采区的运输、通风等系统，使井下作业环境恶化，后续恢复难度大、周期长。

（3）瓦斯积聚风险

煤仓内煤炭不断堆积、下落，部分煤体被破碎，瓦斯解吸逸出；倘若煤仓通风不良，缺乏有效的风流交换，瓦斯就难以排出，进而积聚。

瓦斯积聚达到爆炸界限，一旦遇到火源，如电气设备失爆产生的电火花、摩擦产生的明火等，会引发瓦斯爆炸，造成毁灭性灾难，波及范围广，危及整个采区甚至相邻采区人员生命安全与井下设施。

（4）粉尘危害

煤炭在煤仓内装卸、转运过程中，由于落差大、冲击频繁，煤块之间相互摩擦、碰撞，产生大量粉尘；通风风流带动粉尘飞扬，使其在煤仓周边巷道弥漫。

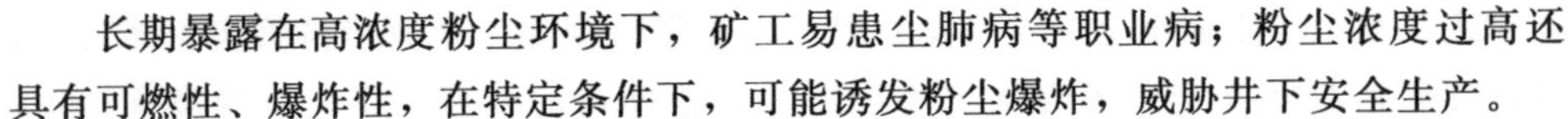

长期暴露在高浓度粉尘环境下，矿工易患尘肺病等职业病；粉尘浓度过高还具有可燃性、爆炸性，在特定条件下，可能诱发粉尘爆炸，威胁井下安全生产。

（二）主要法律法规要求

1.《中华人民共和国安全生产法》部分条款

第二十二条 生产经营单位的全员安全生产责任制应当明确各岗位的责任人员、责任范围和考核标准等内容。

生产经营单位应当建立相应的机制，加强对全员安全生产责任制落实情况的监督考核，保证全员安全生产责任制的落实。

第二十四条 矿山、金属冶炼、建筑施工、运输单位和危险物品的生产、经营、储存、装卸单位，应当设置安全生产管理机构或者配备专职安全生产管理人员。

前款规定以外的其他生产经营单位，从业人员超过一百人的，应当设置安全生产管理机构或者配备专职安全生产管理人员；从业人员在一百人以下的，应当配备专职或者兼职的安全生产管理人员。

第二十五条 生产经营单位的安全生产管理机构以及安全生产管理人员履行下列职责：

（一）组织或者参与拟订本单位安全生产规章制度、操作规程和生产安全事故应急救援预案；

（二）组织或者参与本单位安全生产教育和培训，如实记录安全生产教育和培训情况；

（三）组织开展危险源辨识和评估，督促落实本单位重大危险源的安全管理措施；

（四）组织或者参与本单位应急救援演练；

（五）检查本单位的安全生产状况，及时排查生产安全事故隐患，提出改进安全生产管理的建议；

（六）制止和纠正违章指挥、强令冒险作业、违反操作规程的行为；

（七）督促落实本单位安全生产整改措施。

生产经营单位可以设置专职安全生产分管负责人，协助本单位主要负责人履行安全生产管理职责。

第二十八条第一款 生产经营单位应当对从业人员进行安全生产教育和培训，保证从业人员具备必要的安全生产知识，熟悉有关的安全生产规章制度和安全操作规程，掌握本岗位的安全操作技能，了解事故应急处理措施，知悉自身在安全生产方面的权利和义务。未经安全生产教育和培训合格的从业人员，不得上岗作业。

第三十二条　矿山、金属冶炼建设项目和用于生产、储存、装卸危险物品的建设项目，应当按照国家有关规定进行安全评价。

第三十七条　生产经营单位使用的危险物品的容器、运输工具，以及涉及人身安全、危险性较大的海洋石油开采特种设备和矿山井下特种设备，必须按照国家有关规定，由专业生产单位生产，并经具有专业资质的检测、检验机构检测、检验合格，取得安全使用证或者安全标志，方可投入使用。检测、检验机构对检测、检验结果负责。

第四十一条第一款　生产经营单位应当建立安全风险分级管控制度，按照安全风险分级采取相应的管控措施。

第四十四条第一款　生产经营单位应当教育和督促从业人员严格执行本单位的安全生产规章制度和安全操作规程；并向从业人员如实告知作业场所和工作岗位存在的危险因素、防范措施以及事故应急措施。

2.《中华人民共和国矿山安全法》部分条款

第九条　矿山设计下列项目必须符合矿山安全规程和行业技术规范：

（一）矿井的通风系统和供风量、风质、风速；

（二）露天矿的边坡角和台阶的宽度、高度；

（三）供电系统；

（四）提升、运输系统；

（五）防水、排水系统和防火、灭火系统；

（六）防瓦斯系统和防尘系统；

（七）有关矿山安全的其他项目。

第十二条　矿山建设工程必须按照管理矿山企业的主管部门批准的设计文件施工。

矿山建设工程安全设施竣工后，由管理矿山企业的主管部门验收，并须有劳动行政主管部门参加；不符合矿山安全规程和行业技术规范的，不得验收，不得投入生产。

第十五条　矿山使用的有特殊安全要求的设备、器材、防护用品和安全检测仪器，必须符合国家安全标准或者行业安全标准；不符合国家安全标准或者行业安全标准的，不得使用。

第二十条　矿山企业必须建立、健全安全生产责任制。

矿长对本企业的安全生产工作负责。

第二十六条　矿山企业必须对职工进行安全教育、培训；未经安全教育、培训的，不得上岗作业。

矿山企业安全生产的特种作业人员必须接受专门培训，经考核合格取得操作资格证书的，方可上岗作业。

3.《煤矿安全规程》部分条款

第七条 对作业场所和工作岗位存在的危险有害因素及防范措施、事故应急措施、职业病危害及其后果、职业病危害防护措施等，煤矿企业应当履行告知义务，从业人员有权了解并提出建议。

第九条 煤矿企业必须对从业人员进行安全教育和培训。培训不合格的，不得上岗作业。

主要负责人和安全生产管理人员必须具备煤矿安全生产知识和管理能力，并经考核合格。特种作业人员必须按国家有关规定培训合格，取得资格证书，方可上岗作业。

矿长必须具备安全专业知识，具有组织、领导安全生产和处理煤矿事故的能力。

第十七条 煤矿企业必须建立应急救援组织，健全规章制度，编制应急救援预案，储备应急救援物资、装备并定期检查补充。

煤矿必须建立矿井安全避险系统，对井下人员进行安全避险和应急救援培训，每年至少组织1次应急演练。

4.《煤矿重大事故隐患判定标准》部分条款

第四条 “超能力、超强度或者超定员组织生产”重大事故隐患，是指有下列情形之一的：

（一）煤矿全年原煤产量超过核定（设计）生产能力幅度在10%以上，或者月原煤产量大于核定（设计）生产能力的10%的；

（二）煤矿或其上级公司超过煤矿核定（设计）生产能力下达生产计划或者经营指标的；

（三）煤矿开拓、准备、回采煤量可采期小于国家规定的最短时间，未主动采取限产或者停产措施，仍然组织生产的（衰老煤矿和地方人民政府计划停产关闭煤矿除外）；

（四）煤矿井下同时生产的水平超过2个，或者一个采（盘）区内同时作业的采煤、煤（半煤岩）巷掘进工作面个数超过《煤矿安全规程》规定的；

（五）瓦斯抽采不达标组织生产的；

（六）煤矿未制定或者未严格执行井下劳动定员制度，或者采掘作业地点单班作业人数超过国家有关限员规定20%以上的。

案例30　高处作业无证上岗违章指挥吞下苦果

——北京远和利时电子工程有限公司“6·20”高空坠落事故暴露出的主要问题与警示

一、事故详情

（一）事故基本情况

2024年6月20日13时50分左右，在北京市通州区潞城镇后北营家园发生一起高处坠落事故，造成一人死亡，直接经济损失135万元。

（二）涉事单位及相关责任人情况

1. 事故发生单位——北京远和利时电子工程有限公司

北京远和利时电子工程有限公司成立于2014年6月5日，注册地址北京市通州区潞城镇，法定代表人黄某。

2022年5月28日青岛海尔家生活服务有限公司和北京远和利时电子工程有限公司签订了服务协议，将通州区宋庄镇、永顺镇、梨园镇、潞城镇、新华、中仓、北苑、玉桥街道范围内的设备安装、售后维修工作交给了对方，协议一年一续约。

2. 事发位置

事发位置位于北京市通州区潞城镇后北营家园某单元某室北侧靠东侧房间，事发时两名安装人员正在安装1台变频热泵式分体挂壁式空调器。

3. 事故主要责任人

2024年4月肖某经北京远和利时电子工程有限公司空调安装主管吕某招聘面试入职公司，随后，肖某找来孙某也入职公司。后二人在公司互为搭档一起做空调安装工作。

经调查，吕某在对肖某与孙某招聘面试时详细了解到二人均未持有特种作业操作证（高处安装、维护、拆除作业）（以下简称高处作业证），仍安排二人入职并派单给二人从事空调安装作业。

同时，吕某向公司安全负责人王某汇报肖某没有高处作业证，王某仅吩咐让其安排尽快考试取证，当时肖某和孙某已正式开始在公司安排下进行空调安装高处作业。

王某和吕某均未对二人不得进行高处作业作出强制性规定，也未及时制止二人无证上岗的严重违章作业行为，默许放任二人在未持有特种作业操作证的情况下长期从事空调安装高处作业。

（三）事故发生经过及应急救援情况

1. 事故发生经过

2024年6月19日晚，北京远和利时电子工程有限公司空调安装工肖某，按照主管吕某派来的工单，去事发位置安装1台空调。

2024年6月20日13时40分，肖某与本公司空调安装工孙某（34岁，河北省邯郸市人）来到业主户内，给业主户内北侧靠西卧室安装空调。

二人到西侧卧室后，孙某开始用胶带缠连接管，肖某开始安装室内机的挂架。

当二人工作进行完毕后，肖某抱起室内机站在床下，孙某站在床上手拿连接管向空调孔外侧推。

突然连接管发生卡滞情况，孙某跳下床并放下连接管跑至隔壁卧室。

十几秒后肖某听到隔壁传来噼里啪啦物体撞击声音，其马上放下室内机向隔壁跑去。

肖某到隔壁后从窗外向下看到孙某趴在楼下室外地面上，于是大喊让业主拨打120并马上乘坐电梯下楼查看。

到楼外后肖某看到孙某头冲南脚冲北，面部朝下趴于地面，耳部出血，呼喊其无反应。

14时左右急救人员到场后，经检查宣布孙某已无生命体征，当场死亡。

2. 应急救援情况

接到事故报告后，通州区政府立即成立专项处置领导小组，统筹组织区应急管理局、区公安分局等职能部门和属地人民政府分工开展现场应急处置、死者家属安抚和善后等工作。

应急救援过程中，相关职能部门行动迅速、协调配合，有序组织开展了应急救援和善后处置等工作。

（四）事故直接原因

（1）孙某安全意识淡薄，在未取得高处作业证、不具备高处作业专业知识和操作技能、未遵守相关的安全管理规定和操作规程、且未佩戴任何劳动防护用品的情况下，违章冒险进行高处作业，对此次事故发生负有直接责任。

（2）吕某作为本单位空调安装主管，在明知空调安装存在高处坠落风险隐患

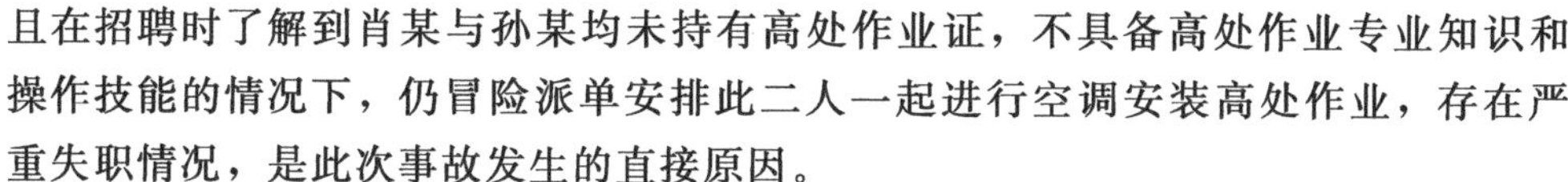

且在招聘时了解到肖某与孙某均未持有高处作业证，不具备高处作业专业知识和操作技能的情况下，仍冒险派单安排此二人一起进行空调安装高处作业，存在严重失职情况，是此次事故发生的直接原因。

(3) 王某作为本单位的安全负责人，在吕某和其汇报了肖某未持有高处作业证的情况后，仅吩咐让吕某安排尽快考试取证，而未对肖某与孙某不得进行高处作业作出任何强制性规定，未及时制止和纠正违章指挥、冒险作业和违反操作规程的行为，同时也未检查本单位安全生产状况，及时排查生产安全事故隐患，导致肖某和孙某在未持有高处作业证，不具备高处作业专业知识和操作技能的情况下依然长期从事空调安装高处作业，是此次事故发生的直接原因。

（五）责任追究情况

1. 追究刑事责任

(1) 孙某，对此次事故发生负有直接责任，鉴于其已经死亡，不予追究其责任。

(2) 吕某，对事故负有直接责任，公安机关对其立案侦查，依法追究其刑事责任。

(3) 王某，对事故负有直接责任和领导责任，公安机关对王某立案侦查，依法追究其刑事责任。

2. 给予行政处罚的单位及人员

(1) 北京远和利时电子工程有限公司，由应急管理部门给予北京远和利时电子工程有限公司罚款的行政处罚。

(2) 北京远和利时电子工程有限公司法定代表人黄某，由应急管理部门给予其上一年度年收入40%罚款的行政处罚。

3. 给予其他处理的人员

肖某，由北京远和利时电子工程有限公司按照公司内部管理规定对其进行处理。

二、事故教训与预防措施

（一）存在的主要问题及教训

1. 高处作业管理流于形式，安全生产主体责任不落实

企业特种作业人员相关管理制度不健全；高处作业的特种作业人员不具备必要的安全生产知识，教育培训不到位；从业人员不熟悉有关的安全生产规章制度和安全操作规程，安全技术交底工作不到位。监督教育员工严格执行本单位的空调安装高处作业的安全生产规章制度和安全操作规程不到位；监督教育本公司从

业人员按照使用规则佩戴和使用劳动防护用品不到位。

企业主要负责人黄某，落实安全生产第一责任人的责任不到位，督促检查本单位的安全生产工作不到位，未及时消除高处作业无证上岗的事故隐患。

2. 从业人员缺乏自我保护意识，违章作业

空调安装工在未取得高处作业证、不具备高处作业专业知识和操作技能，不遵守企业安全管理规定和操作规程，且未佩戴任何劳动防护用品的情况下，违章冒险进行高处作业。

3. 安排无证人员从事高处作业，冒险违章指挥

企业空调安装主管领导，在招聘时就了解到肖某与孙某均未持有高处作业证，且不具备高处作业专业知识和操作技能，也明知空调安装存在高处坠落风险隐患，仍冒险派单安排此二人一起进行空调安装高处作业。

4. 长期存在无证上岗的行为，隐患排查整治工作不到位

企业没有注册并使用京通“企安安”APP，未通过该系统开展隐患“自查自报自改”工作；对现场的安全管理工作管理不到位，未能采取有效措施及时消除高处作业无证上岗的事故隐患。

（二）事故警示及预防措施

1. 严格落实安全生产主体责任，加强高处作业安全管理

生产经营单位要建立健全安全生产责任制，将安全责任落实到每个岗位、每个人，建立明确的责任追究机制，对违反安全规定的行为进行严肃处理。

严格落实高处作业安全管理制度，健全公司高处作业规章制度和操作规程。

2. 严格遵守高处作业规章制度和操作规程，严禁违章作业

从业者要严格遵守公司的高处作业规章制度和操作规程，不冒险作业、不违规操作；高处作业，必须持证上岗，且要认真做好安全防护措施，确保系好安全带。

从业人员要积极参加公司组织的高处作业安全培训和演练，主动学习安全知识和技能，不断提高自己的安全意识和应急处理能力。

3. 高处作业必须持证上岗，严禁违章指挥

生产经营单位应制定严格的高处作业人员管理制度，明确高处作业的资格要求、培训考核、作业流程等，确保高处作业人员持证上岗。

企业主要负责人应仔细核实本公司高处作业人员是否持有高处作业证，严禁违章安排无证人员进行高处作业。

4. 加强隐患排查整治力度

生产经营单位应对安全生产状况进行经常性检查，督促高处作业人员严格执行高处作业规章制度和操作规程，对高处作业现场各类违章违规行为要采取“零

容忍”的态度，从严查处高处作业人员习惯性违章行为。

企业主要负责人要完善高处作业规章制度和操作规程，加强对本单位安全生产工作的督促、检查，及时消除安全生产事故隐患。

5. 加强高处作业安全教育

生产经营单位要加强对员工的高处作业安全培训，提高员工的安全意识，确保员工切实掌握高处作业的安全防护知识和技能。

三、事故解析与风险防控

（一）高处作业及其风险

1. 高处作业

高处作业是指在坠落高度基准面 2 m 及 2 m 以上有可能坠落的高处进行的作业（见图 1）。

图 1　高处作业

坠落高度基准面是指通过可能坠落范围内最低处的水平面。这是一个重要的参考标准，用于判断作业是否属于高处作业。例如，在建筑工地，如果一个平台距离地面的垂直距离达到 2 m 或超过 2 m，那么在这个平台上进行的工作就属于高处作业。

它的确定需要考虑作业环境的实际情况。如在有地下室或坑洼的建筑场地，要将地下室底部或坑洼底部作为参考来计算坠落高度基准面，而不是简单地以地面为基准。

2. 高处作业的风险

（1）高处坠落风险

高处作业中最大的风险之一就是坠落，可能导致严重的人身伤害甚至死亡。

高处坠落风险包括多种类型，如临边坠落、洞口坠落、脚手架坠落、悬空高处作业坠落、踩破轻型屋面坠落、拆除工作中坠落以及登高过程中坠落等。这些坠落事故往往由于以下原因造成：

①建筑作业面周边未安装防护栏或防护栏不合格。

②违章作业，如作业人员在未设置防护措施的情况下进行高处作业。

③防护栏损坏或被移走，未能及时修复或重新设置。

④作业人员防护措施落实不到位，如未佩戴安全带或未正确使用安全带。

（2）物体打击风险

在高处作业中，物体可能从高处坠落，对下方的人员和设备造成伤害。这种风险通常由于以下原因产生：

①随意抛掷物品，导致物体从高处落下。

②工具或材料未妥善固定，在作业过程中坠落。

③未能及时清理作业区域的杂物，增加了物体坠落的可能性。

（3）触电风险

高处作业中可能涉及电气设备和线路，因此，触电风险较高。触电事故往往由于以下原因造成：

①电气设备和线路未进行定期检查和维护，存在安全隐患。

②使用不合格的绝缘工具和材料，导致直接接触裸露的电线。

③违章操作电气设备，如未按照电气安全操作规程进行作业。

（二）主要法律法规要求

1.《中华人民共和国安全生产法》部分条款

第二十一条 生产经营单位的主要负责人对本单位安全生产工作负有下列职责：

（一）建立健全并落实本单位全员安全生产责任制，加强安全生产标准化建设；

（二）组织制定并实施本单位安全生产规章制度和操作规程；

（三）组织制定并实施本单位安全生产教育和培训计划；

（四）保证本单位安全生产投入的有效实施；

（五）组织建立并落实安全风险分级管控和隐患排查治理双重预防工作机制，督促、检查本单位的安全生产工作，及时消除生产安全事故隐患；

（六）组织制定并实施本单位的生产安全事故应急救援预案；

（七）及时、如实报告生产安全事故。

第二十二条 生产经营单位的全员安全生产责任制应当明确各岗位的责任人员、责任范围和考核标准等内容。

生产经营单位应当建立相应的机制，加强对全员安全生产责任制落实情况的监督考核，保证全员安全生产责任制的落实。

第三十条第一款　生产经营单位的特种作业人员必须按照国家有关规定经专门的安全作业培训，取得相应资格，方可上岗作业。

第四十四条　生产经营单位应当教育和督促从业人员严格执行本单位的安全生产规章制度和安全操作规程；并向从业人员如实告知作业场所和工作岗位存在的危险因素、防范措施以及事故应急措施。

生产经营单位应当关注从业人员的身体、心理状况和行为习惯，加强对从业人员的心理疏导、精神慰藉，严格落实岗位安全生产责任，防范从业人员行为异常导致事故发生。

第五十七条　从业人员在作业过程中，应当严格落实岗位安全责任，遵守本单位的安全生产规章制度和操作规程，服从管理，正确佩戴和使用劳动防护用品。

第五十八条　从业人员应当接受安全生产教育和培训，掌握本职工作所需的安全生产知识，提高安全生产技能，增强事故预防和应急处理能力。

2.《特种作业人员安全技术培训考核管理规定》部分条款

第五条　特种作业人员必须经专门的安全技术培训并考核合格，取得《中华人民共和国特种作业操作证》（以下简称特种作业操作证）后，方可上岗作业。

第九条第一款　特种作业人员应当接受与其所从事的特种作业相应的安全技术理论培训和实际操作培训。

案例31　安全带之“殇”

——天津东大化工集团有限公司“6·20”一般高处坠落事故暴露出的主要问题与警示

一、事故详情

（一）事故基本情况

2020年6月20日16时30分左右，位于天津市滨海新区新城镇凯威路728号的天津东大化工集团有限公司（以下简称东大公司）在对管道膨胀节进行维修作业时，发生一起高处坠落事故，造成1人死亡，直接经济损失约120万元。

经调查认定，东大公司“6·20”一般高处坠落事故是一起生产安全责任事故。

（二）涉事单位及相关责任人情况

1. 事故发生单位——东大公司

东大公司成立于2002年8月14日，企业类型为有限责任公司，法定代表人赵某某，住所为天津开发区南港工业区港达路21号。经营范围：化工产品（危险化学品及易燃易爆易制毒品除外，且限闭杯闪点大于60 ℃）制造等。

2. 高处安全作业证情况

2020年6月20日13点30分左右，吴某某申请并编制了《高处安全作业证》。该证写明作业高度为15 m，作业人为吴某某、张某某，监护人为吴某某，实施安全教育人为刘某某，危害辨识为坠落危险。确认的安全措施为作业人员身体条件符合要求、作业人员着装符合工作要求、作业人员佩戴合格的安全帽、作业人员佩戴安全带及安全带高挂低用。之后，生产单位作业负责人石某、作业单位负责人南某某、审核部门刘某某均对该高处作业表示同意。

3. 事故发生现场情况

经现场勘验，事故发生在精馏车间精馏塔出口管道膨胀节（直径80 cm）位置，张某某坠落起点为膨胀节下方用于维修的踏板上，距地面约15 m。踏板为宽约30 cm的木板，沿膨胀节下方搭设一圈，踏板的临空侧均未设置防护栏杆（见图1）。

事故调查组牵头单位滨海新区应急局委托天津市劳动防护用品质量监督检验测试中心对事故现场提取的事故发生时死者佩戴的安全带（吊绳）进行静态力学性能检验，检验结论为不合格（见图 2）。

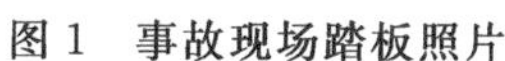
图 1　事故现场踏板照片

图 2　不合格安全带照片

4. 事故主要责任人

（1）赵某某，东大公司法定代表人，安全生产主要负责人。

（2）郭某某，东大公司副总经理，负责公司安全、生产等工作。

（3）石某，苯甲酸车间主任、操作票签发人。

（4）南某某，苯甲酸车间副主任、操作票签发人。

（5）刘某某，安保办副主任、操作票签发人。

（三）事故发生经过及应急救援情况

1. 事故发生经过

2020 年 6 月 20 日 11 时左右，东大公司精馏车间副主任吴某某进行日常巡查时发现仪表显示精馏塔真空低，现场查勘发现 3 楼精馏塔出口管道膨胀节的法兰泄漏。

吴某某随即领取安全带等防护用品并指派张某某一同进行检修，二人在膨胀节下方搭设踏板做紧固法兰的准备工作。

当日 15 时左右，吴某某和张某某佩戴好安全带及安全帽，开始进行膨胀节法兰螺栓紧固作业，吴某某负责将螺栓固定，张某某使用活扳手进行螺栓紧固。

16 时 30 分左右，张某某在紧固螺栓时，由于重心不稳身体后倾，从踏板上坠落，安全带在坠落过程中与装置上方一钢梁摩擦，安全带断开，张某某随之坠落到地面。

事故造成 1 人死亡，死亡人员为张某某，死亡原因为脑外伤、胸外伤。

2. 应急救援情况

事故发生后，东大公司立即拨打110和120电话，将张某某送至天津北大医疗海洋石油医院抢救，经送医抢救无效死亡。

该公司于21时左右向新城镇人民政府报告事故，存在迟报行为。

滨海新区应急局接110信息后会同新城镇及时赶赴现场进行处置，未发生次生事故。

（四）事故直接原因

通过现场勘验、调查询问、视频分析、检验鉴定和专家论证等技术手段，调查组认定：张某某在高处作业时失去重心坠落，其佩戴的安全带在坠落过程中断开，是事故发生的直接原因。

（五）责任追究情况

1. 给予行政处罚的单位及人员

赵某某，滨海新区应急管理局对其处以2019年年收入40%的罚款。

东大公司，天津市滨海新区应急管理局对其处以35万元人民币的罚款。发证机构撤销其天津市安全生产三级标准化证书。

2. 给予公司内部处罚

郭某某、石某、南某某、刘某某，东大公司依据公司内部规定对其进行处理。

二、事故教训与预防措施

（一）存在的主要问题及教训

1. 企业主要负责人落实第一责任人的责任不到位

东大公司主要负责人未建立健全本单位的安全管理制度和操作规程；实施本单位安全生产教育和培训不到位；督促、检查本单位的安全生产工作，及时消除生产安全事故隐患不到位；未及时向负有安全生产监督管理职责的有关部门上报事故情况。

2. 安全带不符合国家标准，高处作业临边防护缺失

单位未向作业人员提供符合国家标准的安全带，导致坠落中安全绳断开，未起到保护作用。

作业所使用踏板的临空一侧，均未按照安全规范要求设置防护栏杆。

3. 高处作业审批把关不严

在高处作业审批流程中，相关审核人员严重失职。面对作业现场存在的安全带不符合国家标准以及高处作业临边防护缺失等极为明显的重大事故隐患，竟毫

无察觉。在这样的情况下，依然确认了所谓的安全措施，并对《高处安全作业证》予以审核通过。

4. 现场作业监护不到位

未安排专人进行旁站式监护；未向作业人员详细告知作业场所和工作岗位存在的危险因素、防范措施。

5. 安全教育培训不到位

作业人员不具备高处作业的安全生产知识，不熟悉有关的安全生产操作规章制度和安全操作规程，不掌握高处作业的安全操作技能。

（二）事故警示及预防措施

1. 建立健全高处作业安全管理制度与操作规程

生产经营单位应依据国家相关法律法规及行业标准，结合自身实际情况，制定全面、细致且切实可行的高处作业安全管理制度与操作规程。

明确高处作业的各个环节的操作规范，包括作业前的风险评估、安全防护设施的搭建与检查、作业人员的资质要求、作业过程中的安全监督以及作业后的现场清理等，确保每一项操作都有章可循，杜绝管理漏洞。

2. 配备合格的劳动防护用品

严格按照国家标准采购合格的高处作业劳动防护用品，如安全带、安全网、安全帽等，并建立完善的采购验收记录，确保防护用品质量可靠。

定期对劳动防护用品进行检查与维护，发现损坏、过期或失效的及时更换，保证在作业过程中防护用品始终处于良好状态，切实发挥保护作用。

3. 严格高处作业审批

建立健全高处作业审批流程，明确审批责任。审批人员在审核《高处安全作业证》时，必须深入作业现场，对安全措施的落实情况进行全面细致的检查，包括高处作业平台的稳定性、临边防护设施的完整性、劳动防护用品的配备与使用等，严禁走过场。对于存在安全隐患的作业申请，坚决不予批准，直至隐患消除。

4. 加强安全教育培训

定期组织全体员工开展高处作业安全知识培训，包括高处作业的风险识别、正确使用劳动防护用品、安全操作规程以及应急处置方法等内容。通过案例分析、视频演示、现场模拟等多种形式，提高员工的安全意识与操作技能。

5. 加强高处作业现场监护

在高处作业过程中，安排专人进行旁站式现场监护。监护人员应具备丰富的安全知识与实践经验，能够及时发现并纠正作业人员的不安全行为，对作业现场的突发情况迅速做出反应并采取有效处置措施，确保高处作业安全有序进行。

三、事故解析与风险防控

（一）高空作业安全带的作用

高空作业安全带是一种用于高处作业场景下保障作业人员生命安全的个人防护装备。它主要通过约束人体的关键部位，如腰部、肩部和腿部，在作业人员发生坠落时，将人体悬挂在空中，防止其直接坠落到地面或其他危险区域，同时能够有效缓冲坠落产生的冲击力，减少对人体的伤害（见图 3）。

图 3　高空作业安全带外观图

按照使用条件的不同，可以分为以下 3 类。

1. 围杆作业安全带

通过围绕在固定构造物上的绳或带将人体绑定在固定的构造物附近，使作业人员的双手可以进行其他操作的安全带。

2. 区域限制安全带

用以限制作业人员的活动范围，避免其到达可能发生坠落区域的安全带。

3. 坠落悬挂安全带

高处作业或登高人员发生坠落时，将作业人员悬挂的安全带。

（二）不合格安全带的危险性

1. 断裂风险导致直接坠落

不合格安全带可能存在材料强度不足的问题。如果安全带的织带材料没有达到规定的抗拉强度标准，在承受人体重量或者受到坠落冲击时，就很容易发生断裂。例如，一些劣质安全带采用低质量的纤维材料，其抗拉强度远低于合格产品要求的数千牛顿，当作业人员坠落时，安全带无法承受相应的拉力，像一根脆弱的绳子一样断裂，使作业人员直接坠落到地面，造成严重的伤害甚至危及生命。

安全带的金属配件如扣环、挂钩等质量差也会带来断裂风险。这些金属部件如果是用劣质金属或未经严格质量检验制造的，可能存在内部缺陷，如砂眼、裂纹等。当受到较大拉力时，就可能在这些薄弱部位发生断裂。比如，在作业人员悬挂过程中，若金属扣环突然断裂，安全带的各个部分就会分离，作业人员会立刻坠落。

2. 连接失效增加坠落概率

不合格安全带的连接部分设计不合理或者制作工艺差，容易出现连接失效的

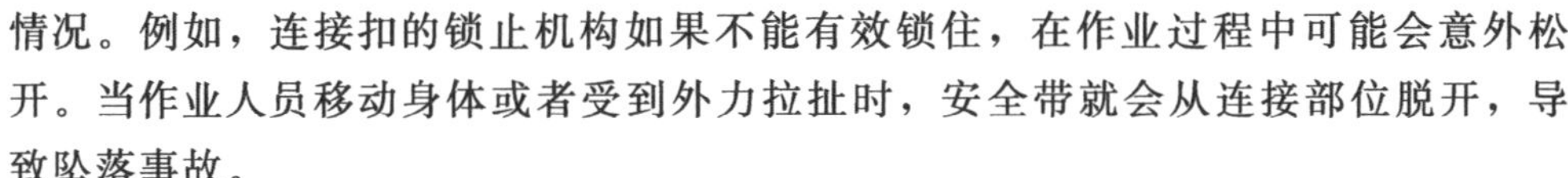

情况。例如，连接扣的锁止机构如果不能有效锁住，在作业过程中可能会意外松开。当作业人员移动身体或者受到外力拉扯时，安全带就会从连接部位脱开，导致坠落事故。

有些安全带的连接部位没有经过严格的拉力测试，无法承受规定的静拉力和冲击拉力。在正常使用时可能看似连接正常，但一旦发生坠落，连接部位就会因为无法承受人体的冲击力而分离，使安全带失去保护作用。

3. 缓冲性能差加大伤害程度

缺乏有效的缓冲装置或者缓冲装置性能不达标是不合格安全带的一个重要问题。当作业人员坠落时，合格的安全带通过缓冲装置延长坠落制动距离，从而减少冲击力。但不合格的安全带可能没有缓冲装置，或者缓冲装置不能正常工作。例如，缓冲器内部的弹性元件失效或者材料变形不符合要求，在坠落时无法有效减缓冲击力，人体会在短时间内受到巨大的冲击力，这可能导致作业人员的骨骼骨折、内脏破裂等严重伤害。

（三）主要法律法规要求

1.《中华人民共和国安全生产法》部分条款

第二十一条　生产经营单位的主要负责人对本单位安全生产工作负有下列职责：

（一）建立健全并落实本单位全员安全生产责任制，加强安全生产标准化建设；

（二）组织制定并实施本单位安全生产规章制度和操作规程；

（三）组织制定并实施本单位安全生产教育和培训计划；

（四）保证本单位安全生产投入的有效实施；

（五）组织建立并落实安全风险分级管控和隐患排查治理双重预防工作机制，督促、检查本单位的安全生产工作，及时消除生产安全事故隐患；

（六）组织制定并实施本单位的生产安全事故应急救援预案；

（七）及时、如实报告生产安全事故。

第二十三条　生产经营单位应当具备的安全生产条件所必需的资金投入，由生产经营单位的决策机构、主要负责人或者个人经营的投资人予以保证，并对由于安全生产所必需的资金投入不足导致的后果承担责任。

有关生产经营单位应当按照规定提取和使用安全生产费用，专门用于改善安全生产条件。安全生产费用在成本中据实列支。安全生产费用提取、使用和监督管理的具体办法由国务院财政部门会同国务院应急管理部门征求国务院有关部门意见后制定。

第四十五条　生产经营单位必须为从业人员提供符合国家标准或者行业标准的劳动防护用品，并监督、教育从业人员按照使用规则佩戴、使用。

第四十七条 生产经营单位应当安排用于配备劳动防护用品、进行安全生产培训的经费。

2.《化工和危险化学品生产经营单位重大生产安全事故隐患判定标准（试行）》部分条款

依据有关法律法规、部门规章和国家标准，以下情形应当判定为重大事故隐患：

（二）特种作业人员未持证上岗。

（十六）未建立与岗位相匹配的全员安全生产责任制或者未制定实施生产安全事故隐患排查治理制度。